高等院校电气类新工科建设用书

现代交流伺服系统

赵希梅　金鸿雁　编　著

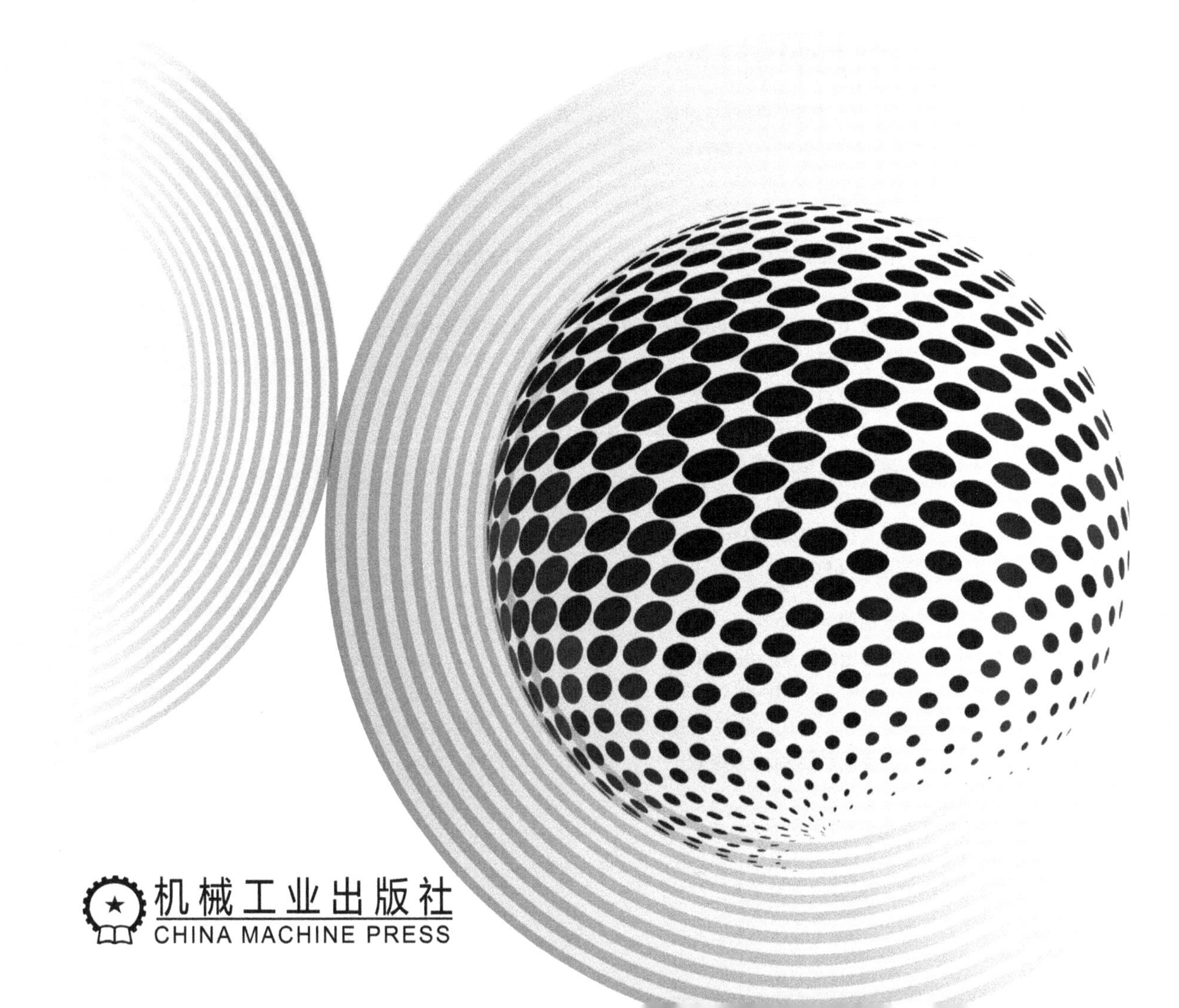

机械工业出版社
CHINA MACHINE PRESS

本书主要内容包括：伺服系统的基本概念，交流永磁伺服电动机结构、数学模型、系统的组成和工作原理等，重点介绍了系统各主要环节的设计、系统的控制方法和实现等。从第 1 章的基本概念出发引领全书的介绍，直至当前的最新发展理念 jerk 的引入。全书由浅入深，理论与实践相结合，由系统到局部渐进深入，直至本书的核心内容——自控式永磁交流伺服系统之矢量控制理论思想与实现。

本书可供高等院校本科生作为教材使用，特别适合自动化类、电子电气类专业，也适用于机械工程类的数控机床、工业机器人等专业。也可作为电力电子与电力传动、电机或电器学科的研究生教材；同时对科学研究和工程技术人员也具有一定的参考作用。

图书在版编目（CIP）数据

现代交流伺服系统/赵希梅，金鸿雁编著. —北京：机械工业出版社，2024.2
ISBN 978-7-111-74787-1

Ⅰ. ①现… Ⅱ. ①赵… ②金… Ⅲ. ①交流伺服系统 Ⅳ. ①TM921.54

中国国家版本馆 CIP 数据核字（2024）第 037904 号

机械工业出版社（北京市百万庄大街22号 邮政编码100037）
策划编辑：李小平　　　　责任编辑：李小平
责任校对：郑 婕 张 征　　责任印制：郜 敏
北京富资园科技发展有限公司印刷
2024年6月第1版第1次印刷
184mm×260mm・10.5印张・259千字
标准书号：ISBN 978-7-111-74787-1
定价：65.00 元

电话服务　　　　　　　　网络服务
客服电话：010-88361066　　机 工 官 网：www.cmpbook.com
　　　　　010-88379833　　机 工 官 博：weibo.com/cmp1952
　　　　　010-68326294　　金 书 网：www.golden-book.com
封底无防伪标均为盗版　　机工教育服务网：www.cmpedu.com

前言
Preface

随着现代计算机技术、电力电子技术和微电子技术的蓬勃发展，数控机床、机器人和智能化控制等已应用于诸多高新技术领域。其中伺服系统是自动化行业中实现精确定位、精准运动的必要途径，极大地影响着我国智能制造的技术水平和市场竞争力。为满足广大读者的需求，作者结合当前国内外相关文献，将自己的科研工作经验与学习体会进行总结，编写本书。

为适应学科发展需要，本书以理论体系的完整性为原则，介绍了伺服系统的基本概念、发展历程，交流永磁伺服电动机的结构、原理和数学模型以及伺服驱动的负载机械特性，永磁直线同步电动机伺服系统的系统组成及其重要组成部分——传感器、功率变换电路和控制器，并系统地介绍了 PID 控制、滑模控制以及自抗扰技术等控制方法，最后引入最新发展理念加加速度——jerk 的学习。全书由浅入深，内容实用、图文并茂、理论与实践相结合，由系统到局部渐进深入，直至核心内容。

本书共 10 章：第 1 章介绍了伺服系统概述；第 2 章介绍了交流永磁伺服电动机的分类、结构、数学模型、工作原理及矢量控制；第 3 章介绍了伺服驱动的负载机械特性；第 4 章介绍了永磁直线同步电动机伺服系统的组成、原理，分析系统存在的问题；第 5 章介绍了常用的传感器；第 6 章介绍了交流伺服系统的功率变换电路的构成及设计；第 7 章介绍了永磁同步电动机伺服系统的特殊问题；第 8 章介绍了交流伺服系统的控制形式及其相应的控制器；第 9 章介绍了 PID 控制及其他控制方法等；第 10 章介绍了 jerk 的理论和实际意义。

鉴于以上情况，本书可供高等院校作为本科生教材使用，特别适合自动化类、电子电气类专业，也适用于机械工程类的数控机床、工业机器人等专业。同时还可作为电力电子与电力传动、电机与电器学科的研究生教材。

此外，本书对科学研究和工程技术人员也具有一定的参考作用。在编写过程中，得到了郭庆鼎教授的热情关怀和指导，也得到了杨俊友教授，王丽梅教授、夏加宽教授以及其他诸位老师的支持和帮助，作者铭记于心并在此表示衷心感谢！

本书较全面系统地介绍了现代交流永磁伺服系统，对国家一流本科专业、一流课程建设、一流教材建设的有效改革与提高也是一种新尝试。由于本书涉及的技术领域范围广，加之作者学识和能力有限，同时还尝试纳入一些较新的内容，书中谬误和不足在所难免，诚恳希望各位学者、专家不吝赐教，广大读者予以批评指正，以便及时更正。

编　者

2024 年 2 月于沈阳

目录
Contents

第 1 章　伺服系统概述

随着微电子技术、电力电子技术、计算机技术、自动控制技术、新材料技术和新工艺的不断进步，当代伺服技术的发展已经达到相当高的水平。

伺服技术的应用无所不在，遍及各个领域，例如绕地飞行和高空探测的各类卫星，地面上飞驰的高速列车和新能源电动汽车，在海上游弋的万吨邮轮和舰船，探测深处天体的天文射电望远镜巨型天线，军事上的导弹发射架的天线驱动，工业高精加工机械零件的数控加工中心，生产线上的装配机器人，特定环境下完成特殊任务的各类机器人，生活用品中的影碟机，各种办公室自动化设备等。可以这么说，没有现代伺服系统，就没有国家的现代化。

1.1　伺服系统的基本概念

1.1.1　伺服系统的定义

在自动控制系统中，被控对象的输出量能够以一定速度和足够的精度跟踪输入量的变化且复现输入量的系统，称为随动系统，也叫伺服系统。被控量可能是气体或液体的压力、流速、流量或温度等过程控制变量；但在大多数情况下，所指的伺服系统是被控对象为机械（或机构）运动体的位置、速度、加速度乃至加加速度（jerk）的控制系统，这种由动力及传感器所组成的负反馈闭环系统称为伺服机构，即伺服系统。

1.1.2　伺服系统发展回顾

“伺服”一词是英文 servo 的音译，它源于拉丁文 servus，意为奴隶之意。众所周知，在奴隶社会中，奴隶必须无条件地服从主人的命令，从事繁重的体力劳动。从这里可以体会到“伺服”一词的寓意。后来，随着经济技术的发展，人们就把这个社会学中的名词引申到工程技术领域中，控制被驱使的机械运动。1866 年英国工程师罗伯特·怀特黑德（Robert Whitehead）发明了鱼雷，第一次用压缩空气做动力驱动鱼雷在水下运动击中水上目标。1868 年，法国工程师法尔科（J. Farcot）发明了反馈调节器，又把它与蒸汽机阀连接起来操作蒸汽船的船舵，被称为伺服机构。在总结前人的经验基础上，美国人黑曾（H. Hazen）于 1934 年发表了《关于伺服机构理论》的论文，促进了经典控制理论的诞生。

第二次世界大战不久，美国空军面临着研发新型飞机的任务，委托巴森兹公司与麻省理工学院（Massachusetts Institute of Technology，MIT）的伺服机构研究所，在 1951 年研发出三坐标数控铣床，用于加工复杂的飞机叶片。

1952 年巴森兹公司的福雷斯特（J. W. Forrester）等 4 人向美国专利局申请了“数控伺

服机构”的专利，历经十年的考核，终于在1962年得到批准。这件事情震动了国际数控界，“伺服机构”专利的重要性由此可见一斑。

此后，由于经济发展和国防空间技术发展的需要，伺服技术得到了突飞猛进的发展，新产品层出不穷，理论也越来越成熟，尤其是日本和德国在数控机床的制造和应用上已达到了国际领先水平。

1.1.3 伺服系统的组成

伺服系统应用场合千差万别，其系统的组成环节各异。但是伺服系统作为一种自动控制系统都有大致相同的结构和组成环节。如图1-1所示，它表示的是一般化的伺服系统的各功能环节及其组成的系统原理图。

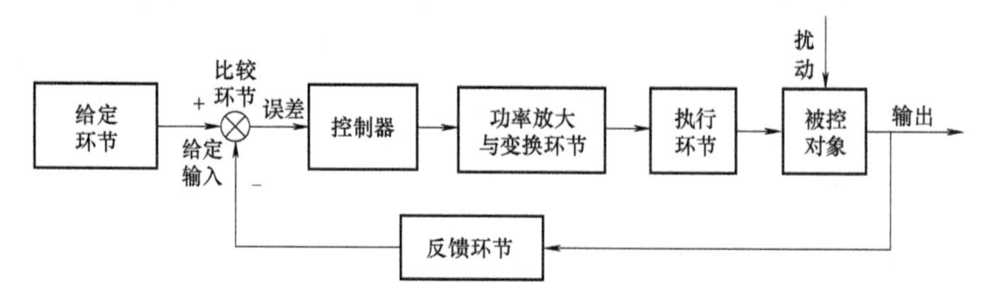

图1-1 伺服系统的一般结构

1）给定环节：产生给定的输入信号。

2）反馈环节：对系统输出（被控量）进行测量，并将它转换成反馈信号。

3）比较环节：将给定的输入信号与反馈信号加以比较（二者必须同量纲）产生误差信号，常以⊗表示。

4）控制器（有时也称为调节器）：根据误差信号的某种规律，产生出相应的控制信号，使输出被控量按规定的要求变化。控制器是控制系统实现控制要求的最核心部分。

5）功率放大与变换环节：控制器输出的控制信号能量一般不足以直接推动激励执行环节动作，放大环节可经由能源提供形式适宜且强度足够的功率，推动执行机械的动作。

6）执行环节（执行机构）：控制信号获得功率放大后，激励被控机械对象使其被控的输出量产生出应有的变化。

7）被控对象：是伺服控制系统所要控制的设备运动或生产过程动作，这些运动或动作称为伺服系统的被控对象。

8）扰动：除给定的输入信号外，能使被控量偏离给定输入信号的要求值或规律地来自系统内部或外部的一种与给定信号要求相左的物理量，都称为扰动。

1.2 对伺服系统的基本要求

一般来说，可根据各种形式的被控量，如蒸汽流量、液体高度或温度等变量构成伺服系统；但实际上，在绝大多数情况下，一些非常重要的伺服机构都是机电式的。因为伺服机构的重要目的是用电动机和齿轮箱（机械变速箱）来确定受控物体的位置，所以伺服机构就

是伺服系统，又称为随动系统。大多数书中所说的伺服系统是针对这种伺服系统而言。

各类伺服系统广泛应用于工业、国防武器、空间技术与科学实验中。由于被控对象不同、工作要求不同，对伺服系统的具体要求也千差万别，要针对实际要求具体对待。但是，对伺服系统来讲，普遍存在着一些共同的要求。为了说明这些普遍要求，需要充分认识伺服系统的输入输出过程。

1.2.1　稳定性好

稳定性是指伺服系统在给定输入信号或外界干扰信号作用下，经由短暂调节过程后，系统的输出量到达一个新的或恢复到原来的平衡状态。

实际系统中都存在集中性或分布性的电感与电容，而电感中的电流、电容上的电压都是不能跃变的；无论是信息在运算、传递过程与功率变换传输过程中都是需要时间的；更何况电动机本身与其轴上所驱动的机械负载装置具有更大的机械惯性、电磁惯性并与其串行叠加，更加大了惯性的作用。在电源所提供的功率强度有限情况下，输出量不可能在瞬间达到给定信号的期望值；抑制干扰信号也需要一个短暂的抵制与恢复过程，才能使输出达到或恢复原过程，这一过程，被称为过渡过程或动态过程。

由上述分析可知，稳定性反映了动态过程的振荡倾向和系统重新恢复到平衡状态工作的能力。如果系统受到扰动后偏离了原工作状态，而控制装置再也不能使系统恢复到原状态，并且越来越偏离原状态；或当输入指令改变时，控制装置再也无法使被控对象跟踪指令运行，并且误差越来越大，以至到∞，如图 1-2 中的过程曲线③所示，这样的系统就称为不稳定系统。不稳定系统在一般的情况下完全由该系统的结构和参数所决定，这是系统的本质特性，通常与外界的正常输入信号无关。常用的输入信号函数在具有较高阶导数情况下，这个输入函数和控制对象的结构与参数配合不适当时，也可使系统变成不稳定的。

系统稳定是系统正常工作的前提条件，一个不稳定的系统，谈其他性能毫无意义。不但要求稳定，而且还要系统具有一定稳定裕量，即有在一定的裕量范围内能抵抗扰动和参数变化的能力，亦即所谓的鲁棒性。

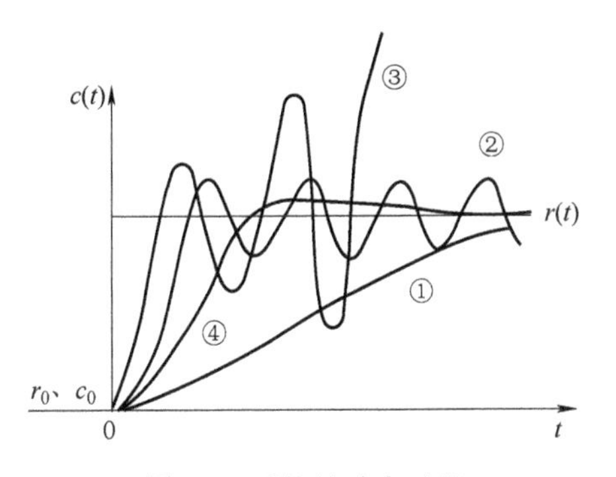

图 1-2　系统的动态过程

1.2.2　动态特性快速精准

动态特性反映在动态过程中，对给定信号的响应，要求响应快速并且振荡强弱有度，响应平稳均匀，与给定信号的动态差异希望快速减小。如果响应过程持续时间长，将使系统长时间内出现较大偏差，这种系统在跟踪上显得迟钝，难以复现快速变化的指令信号，就认为是动态过程中伺服系统的跟踪性不好，如图 1-2 中的响应曲线①所示。

快速性和稳定性的性能要求，体现在动态过程中，往往是矛盾的。所以要求既快又稳，还要折中处理。在保证良好稳定性的前提下，要尽可能实现快速；同时在动态响应过程中，被控制量与给定量的偏差尽量小，而且偏差存在的时间短，即系统的动态精度高。如图 1-2 的曲线④所示。

1.2.3 稳态特性平稳无静差

跟随给定信号的过渡过程的结束到达一个新的平衡状态后，或者系统受扰动重新恢复到平衡之后，最终保持的精度，反映了动态响应过程结束后的稳态特性。对稳态特性的主要要求是被控量与给定量的偏差越来越小，理想的情况是偏差为零。

由于被控对象与控制目的要求不同，因而对系统的动态特性和稳态特性要求亦不同。

例如，随动系统主要用于跟踪时（如导弹发射装置），对快速性和动态误差要求相对较高；而对机器人伺服系统则不允许发生振荡，又要求较高的运动轨迹跟踪精度；对于数控加工中心，则要求多轴驱动的伺服系统既要各轴系统的动、静态误差都小，又要各轴伺服驱动的特性参数严格一致，因为特性实现良好的匹配才能完成高精零件的加工。

快、稳、准三项要求相互制约，往往产生矛盾。如提高快速性，将会导致系统的振荡增强；改善系统的相对稳定性，就可能导致系统反应迟钝；延长动态过程，提高稳态精度，就可能引起系统动态性能改变（过渡过程时间改变及振荡甚至导致不稳定）。具体设计伺服系统时，在全面熟知伺服系统驱动对象的整个要求时，要抓住主要要求，兼顾其他，同时又要考虑经济效益成本等诸多方面，具体问题抓住主要矛盾，综合考虑后决定。基本要求要满足，不可脱离要求实际，单纯追求高指标，要适可而止。

1.3 伺服系统的分类

伺服系统可按不同原则进行分类，具体如下。

1.3.1 按调节理论分类

（1）开环伺服系统

这是一种简单的伺服系统，没有被控系统输出量的检测与反馈。最典型的开环系统是执行元件操作用步进电动机的伺服系统。这种系统的信息流是单方向指向的：每给出一个脉冲信号，步进电动机就转动一个角度，而这个旋转角度不再反馈到输入端，即输出量不参与输入端对系统的控制。开环伺服系统因其结构简单、成本低廉的特点，应用领域广阔。

（2）闭环伺服系统

闭环伺服系统具有输出量的检测装置，把输出量检测后反馈到系统的输入端，与输入信号进行比较得到差值，该差值经过放大和变换后驱动执行元件使输出向减小误差的方向变化，直到误差等于零为止。在这类系统中，控制作用不但由给定信号决定，而且也由最终输出信号参与控制。它们共同决定了最终的输出量状态，精度显著提高，且误差大为减小。但也应该看到，如果闭环系统内各个环节的参数匹配不好，将会引起系统振荡，甚至使稳定性遭到破坏。一般说来，闭环伺服系统控制性能好，但调试复杂，成本也相对较高，适用于高性能要求的应用场合。

（3）半闭环伺服系统

半闭环伺服系统主要用在系统最终端输出量不易测量的场合。而选择在最终端输出量之前的某一个适当位置上取反馈信号，但要求这个反馈信号与最终端的输出信号之间具有简单精准的对应关系。与开环系统相比，它具有反馈通道，可以提高伺服系统性能。实际上这也

是一种闭环系统，只是检测点位置没有设在最终端而已，半闭环系统也存在着稳定性问题。这种系统的性能介于开环系统和闭环系统之间，但却能给实际工作带来很大便利，因此得到了广泛使用。

半闭环伺服系统的不足之处在于不能补偿半闭环检测点到最终输出量之间的传导误差，因为半闭环检测点与最终输出量间的这一传递过程是在闭环之外，未被包围在闭环之内。

1.3.2　按使用执行元件分类

在伺服技术不同的时期，先后出现了不同的执行元件。按所用执行元件的不同，构成了下面不同类型的伺服系统。

1）气压伺服系统：最初以压缩空气为动力，推进水中的负载-鱼雷螺旋桨。

2）电-气伺服系统：系统的误差检测与前置放大部分采用的是电气技术，而执行元件却是气动的。

3）电-液伺服系统：系统的误差检测与前置放大部分是电气的，而系统的功率放大与执行元件是液压的。

4）液压伺服系统：系统的误差、检测放大与执行全是由液压元件实现的系统。

5）电动伺服系统：组成系统的元件除了机械部分之外，均是由电子-电磁元件组成，而执行元件是由各种类型的电动机完成的。根据电动机的不同类型大体上可分为直流伺服系统和交流伺服系统两大类。其中：①直流伺服系统的执行元件为直流伺服电动机或无刷直流伺服电动机；②交流伺服系统的执行元件为各种交流伺服电动机。其中又细分为感应型伺服电动机和同步型伺服电动机，按电动机的运动形式可分为旋转型运动和直线型运动两种交流伺服系统。当今，性能最好、应用最广的执行元件是交流永磁式同步电动机组成的交流伺服系统。当然在有的场合下，交流永磁直线同步伺服系统也获得了非常好的应用。本书重点讲述的是旋转式交流永磁伺服电动机为执行元件的交流伺服系统。

1.3.3　按系统信号特点分类

1）连续伺服系统：系统传递的电信号都是时间的连续函数，而不是离散的，称该系统为连续伺服系统，通常也称模拟伺服系统。

2）数字伺服系统：系统中至少有一处传递的电信号是时间断续的、离散的脉冲数字信号，则称为数字伺服系统，通常也称为采样系统或离散伺服系统。

1.3.4　按系统部件输入-输出特性不同分类

1）线性伺服系统：系统各部件的输入-输出特性在正常工作范围内呈线性关系，描述这种系统的微分运动方程是线性微分方程。如方程的系数是常数，则称为定常线性伺服系统；如果微分方程的系数不是常数而是时间的函数，则称为变系数线性伺服系统。

2）非线性伺服系统：系统中含有输入-输出的特性是非线性部件，描述这种系统特性的是非线性微分方程。对非线性系统的处理比较困难，并且没有成熟一致的通用方法，需根据情况而定。

严格地讲，任何实际的伺服系统都具有一定的非线性因素存在，都不是纯正的线性系统，因为系统的组成元部件总是存在一定的死区或饱和等现象。

1.4 伺服系统的发展历程

伺服系统的发展经历了液压到电动的过程。电动伺服系统的发展与伺服电动机的发展密不可分，作为执行元件的伺服电动机在很大程度上决定了整个伺服系统的性能优劣，因为整个伺服系统的电磁惯性和机械惯性主要由伺服电动机所决定。就伺服电动机而言，已有半个多世纪的发展历史，主要经历了三个阶段。

（1）第一阶段（20 世纪 60 年代之前）

这个阶段主要是以步进电动机驱动的液压伺服马达，稍后以功率步进电动机直接驱动为中心的步进电动机时代，是液压伺服系统及功率步进电动机伺服系统的全盛时期。整个伺服系统为开环系统。液压伺服系统具有巨大驱动扭矩，控制简单、可靠性高，在整个速度范围内保持恒转矩输出，主要应用在重型设备和一些关键场合。它的主要缺点是需要清洁能源，易污染环境、效率低、维护麻烦。

（2）第二阶段（20 世纪 60~70 年代）

这一时期是直流伺服电动机，特别是大惯量直流电动机诞生、发展、应用的全盛时期。由于直流伺服电动机具有十分优良的调速性能，所以得到了迅速发展，成为伺服系统的主流，特别是大惯量直流电动机伺服在各类数控机床中得到了大力推广应用，有力地推动了伺服技术的发展，成为风靡一时的伺服方案，由步进电动机为主的开环系统发展成了以大惯量直流电动机为主的闭环伺服系统。虽然电动机的惯量增加很大，但惯量大，对于防噪声干扰、环境振动都有鲁棒性。惯性大可通过加大电源能量的激励抵消大惯性对快速性的影响，综合看来性能还是很优越的。但是，直流伺服电动机存在固有缺点，就是存在着机械换向器和电刷，结构复杂，增加了维护的麻烦，长期运转的可靠性降低，也不宜做高速运行，重载时电刷易于产生火花，工作中电动机的转子容易发热，影响到与之相连的精密传动部件——滚珠丝杠的精度，难以应用在高速大容量伺服系统中。后虽几经改造，但因不能克服它的致命缺点——机械换向器所固有的缺陷最终被淘汰。

（3）第三阶段（20 世纪 80 年代至今）

由于伺服电动机的结构及永磁材料、半导体功率器件、控制技术以及电动机运行机理的深入研究，随之出现了直流无刷电动机（亦称方波电流驱动的交流电机）、交流伺服电动机（正弦电流驱动），矢量控制感应伺服电动机，永磁同步交流伺服电动机等新型驱动形式。尤其在 20 世纪 80 年代之后，矢量控制技术更加成熟，再加上微型计算机的发展与普及，极大地推动了交流伺服系统的发展，使交流伺服系统的性能达到和超过了直流伺服系统的水平。交流伺服电动机的无刷化和逆变器的高频化以及惯量的降低、坚固耐用、无需维护，使其独占鳌头。

至于当前的永磁交流伺服电动机，仍然是首选的执行元件。至于未来，感应式交流伺服电动机由于其制造成本低、坚固耐用，基本不需维护，也许在微电子芯片制造成本低廉的情况下，它还有较强竞争能力。

1.5 交流伺服电动机与直流伺服电动机的综合比较

电气伺服系统技术在各领域应用最为广泛，其主要原因是由于伺服电动机控制方便、灵活，并容易获得驱动能源，没有污染公害，维护容易。特别是微电子技术和软件技术的发展，为电气伺服技术的发展及应用普及，提供了广阔的前景。在电气伺服领域，按伺服系统的执行元件来分，主要有直流（DC）伺服电动机和交流（AC）伺服电动机两大类。它们在过去和现代都曾有过广泛应用，为当前和以后的应用选择起见，现将它们各自优缺点的综合比较列于表 1-1 中。

表 1-1　直流伺服电动机（DC）与交流伺服电动机（AC）的综合性能比较

比较内容	机种		
	永磁同步型 AC 伺服电动机	异步型 AC 伺服电动机	DC 伺服电动机
电动机构造	比较简单	简单	因有电刷和换向器，结构复杂
变流机构	P-MOSFET 逆变器或 IGBT	P-MOSFET 逆变器或 IGBT	
最大转矩约束	永磁体去磁	无特殊要求	整流火花，永磁体退磁
发热情况	只有定子线圈发热，有利	定、转子均发热，需采取措施	转子发热，不利
高速化	比较容易	容易	稍有困难
大容量化	稍微困难	容易	难
制动	容易	困难	容易
控制方法	稍复杂	复杂（矢量控制）	简单
磁通产生	永磁体	二次感应磁通	永磁体
感应电压	电枢感应电压	二次阻抗电压	电枢感应电压
环境适应性	好	好	受火花限制
维护性	无	无	较麻烦

这里再一次指出，直流电动机伺服系统应用较早，在 20 世纪 70~80 年代之前，是高性能伺服技术的代表，并达到鼎盛时期。有的领域至今还在应用，对伺服技术的发展是不可逾越的一个阶段。随着 AC 伺服的发展，DC 伺服被逐渐取代。下面对 AC 永磁伺服系统由简到繁逐一做介绍。

1.6　交流永磁伺服系统简介

为了对永磁交流伺服系统能有一个初步的认识，首先介绍它的组成，示于图 1-3 中；而后再对其各组成部分作简要说明，以期初学者对永磁交流伺服系统能有一个较为全面的初步认识。

系统的执行元件是永磁交流同步伺服电动机，其结构如图 1-4 所示。

永磁同步交流伺服电动机主要是由定子和转子两大部分组成，其结构是在转子上装有特殊形状的永磁体，用以产生恒定磁场，为提高伺服电动机性能提供了条件。电动机的定子铁心上绕有三相电枢绕组，接在可控的变频电源上。

系统的检测元件是速度与位置传感器，在本系统中，安装在伺服电动机非负载侧的轴端，采用的是旋转变压器，用以检测电动机本身的磁极位置、电动机速度和系统定位。在许多情况下也采用各种光电编码器。

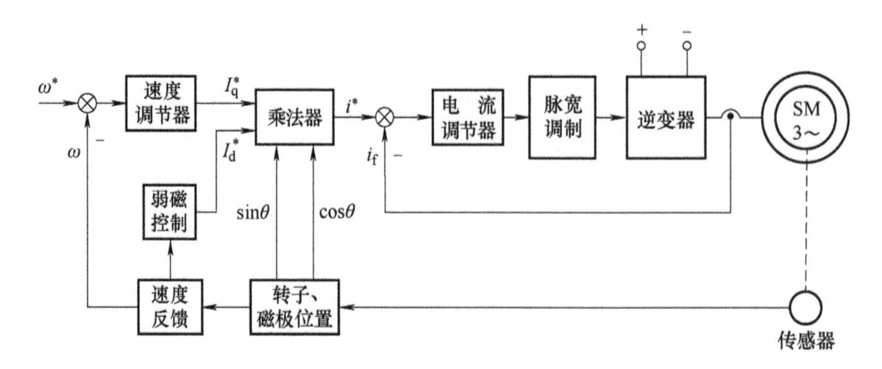

图 1-3　永磁同步电动机 AC 伺服系统的组成

功率逆变采用 PWM 型变换器，向伺服电动机提供三相对称交流电源，用以推动电动机旋转。一般功率逆变电路要求输出的电压频率和电压幅值保持协调关系，以使电枢中的电流保持良好的正弦性。

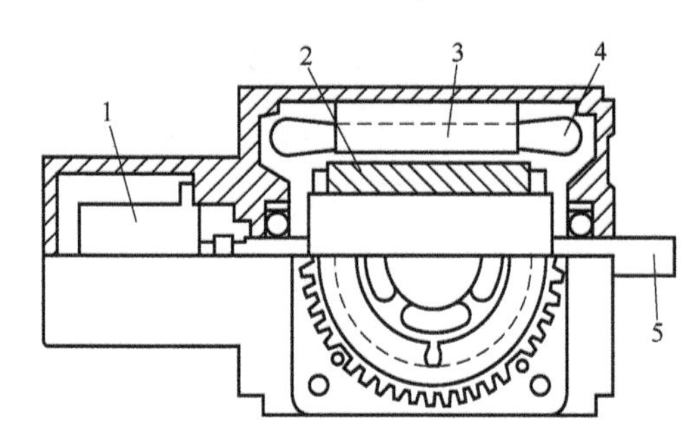

图 1-4　永磁同步伺服电动机的结构

1—检测器（旋转变压器）　2—永磁体　3—电枢铁心　4—电枢三相绕组　5—输出轴

本系统有二级串级放大器，是速度调节器（Automatic Speed Regulator，ASR）和电流调节器（Automatic Current Regulator，ACR），速度控制器是用来控制电动机转子运行速度的，一般比例-积分控制规律，它的输出作电流控制器的指令值。因为是交流电动机，需要送给电动机定子的是交流电，那如何实现的呢？这就是需要一个乘法器，被乘数是速度控制器的输出直流信号；另一个乘数是磁极位置检测器的输出信号 $\cos\theta$ 与 $\sin\theta$，其中角度 θ 代表磁极位置，而 $\sin\theta$ 和 $\cos\theta$ 与速度控制器的输出信号在乘法器中相乘，输出后就成为交流电流指令了，与实际的反馈电流构成闭环控制，就在电枢中有交流正弦电流了。这里采用了 d-q 坐标变换方法，把定子的三相正弦电流变换 d-q 轴正交的二相电流可实现由转子检测磁极位置再来决定定子电流相位 θ 角，确保系统正常运行而不失步。这也是永磁交流伺服电动机最关键的工作运行原理。

1.7　伺服系统的典型输入信号

首先说明为什么要研究典型输入信号。

1）实际伺服系统在工作中，可能遇到各种不同的输入信号，而这些信号的变化规律完全是不确定的，也不可能事先知道，因此往往不能采用解析方法。例如，火炮跟随系统在跟踪目标敌机的过程中，火炮操作者根本不可能事先知道飞机的飞行轨迹，火炮伺服系统的输入信号就是一个变化多端的复杂未知信号。

2）另外，伺服系统的性能不但与被控对象的特性有关，同时也与输入信号的形式相关。输入信号通过控制对象与控制器组成闭环系统得到输出的被控制量，所以研究输入信号的形式对输出是很重要的。

3）在选择控制方案、设计与分析各种伺服系统的性能时，需要相互对比其性能的优劣，这就需要有一个比较的基准作为参考；而且根据伺服控制对象的需要，选择同一类型的输入信号才能做出比较与判断。

4）实际的输入信号往往是一种或多种典型信号的组合。典型信号是可以用解析方法表达的时间函数，尽管与实际输入信号有一定的差别，但在输出性能的主要方面可以得到与实际系统相一致的结果。

综合各方面的情况来看，研究典型输入信号，并以此作为测试信号还是有特别意义的。

典型输入信号有以下六种。

1. 阶跃输入函数（step input function）

阶跃信号表示输入量的一种瞬变，如图 1-5 所示。

其数学表达式为

$$r(t)=Ru(t)=\begin{cases}R, & t\geqslant 0\\0, & t<0\end{cases} \tag{1-1}$$

式中，R 为恒值；$u(t)$ 为单位阶跃函数。

当 $R=1$ 时，也可用 $1(t)$ 表示单位阶跃函数。当起始时刻为 $t_0=\tau$ 时的单位阶跃输入函数如图 1-6 所示。

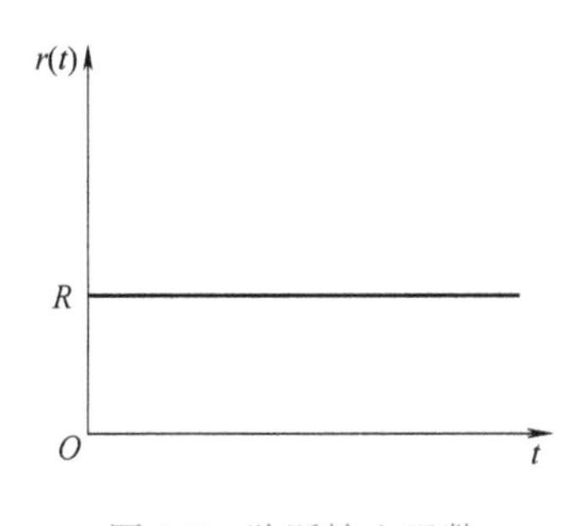

图 1-5　阶跃输入函数

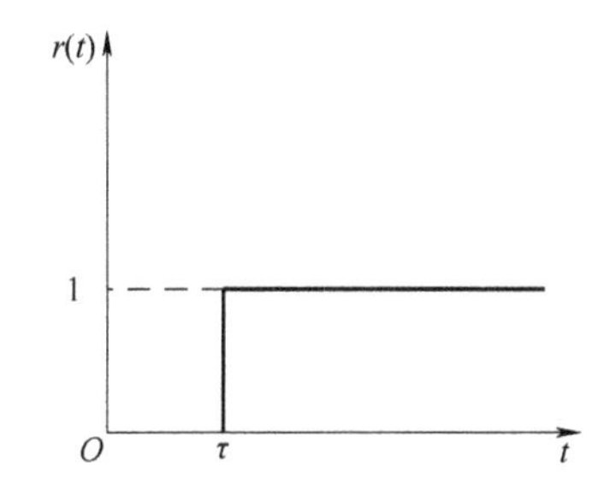

图 1-6　当 $t_0=\tau$ 时的单位阶跃输入函数

其数学表达式为

$$r(t)=Ru(t-\tau)=\begin{cases}R, & t\geqslant \tau\\0, & t<\tau\end{cases} \tag{1-2}$$

由分析可知，阶跃函数占有很宽的频带。阶跃作用等价于频域内有无限多个正弦信号的合成结果。在实际伺服系统中，相当于在伺服电动机轴上突然加上或卸去负载，这是电动机载荷的突然变化，属于电动机在工作中最为不利的情况。对于突加的给定阶跃信号，就是要求电动机输出能够在瞬间实现输入的要求，立即跟上，这也是最为严苛的情况。这就是说，通过这些突发的阶跃要求或突发的扰动，在最严苛的要求下，可以考查该系统的反应能力和抗扰能力，如果系统有很好的响应能力，就可以认为该系统是优良的。

2. 斜坡（速度）输入函数（ramp input function）

斜坡函数表示一个匀速信号，该信号对时间 t 的变化率是一个常数。斜坡函数等于阶跃函数对时间 t 的积分，如图 1-7 所示。它可用来检测系统匀速运动的性能。

其数学表达式为

$$r(t)=Rtu(t)=\begin{cases}Rt, & t\geqslant 0\\0, & t<0\end{cases} \tag{1-3}$$

式中，R 为恒值；$tu(t)$ 为单位速度函数。

有的伺服系统所驱动的负载要求匀速，随着时间 t 的增长，而对时间的变化率为一个常数。这在数控机床的进给伺服系统中有所应用，保证加工机械零件的质量。

3. 抛物线（加速度）输入函数（parabolic input function）

抛物线输入函数表示匀加速信号，由速度输入函数对 t 的积分而得，如图 1-8 所示。加速度输入函数的数学表达式为

$$r(t)=\frac{1}{2}Rt^2u(t)=\begin{cases}\dfrac{1}{2}Rt^2, & t\geqslant 0\\0, & t<0\end{cases} \tag{1-4}$$

式中，R 为恒值；$Rt^2u(t)$ 为单位加速度函数。

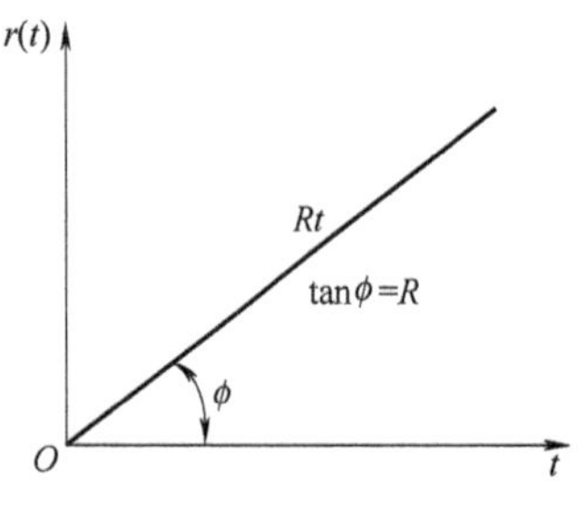

图 1-7　斜坡输入函数

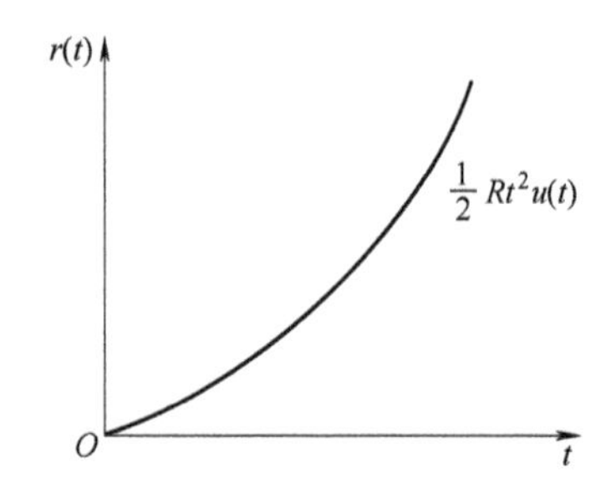

图 1-8　抛物线输入函数

从阶跃输入函数到速度函数再到加速度函数，它们对时间 t 的变化逐次加快，在实际系统中，较少采用比抛物线更快的输入函数，但在特别情况下还是需要的。

4. 脉冲输入函数（pulse input function）

实际的脉冲输入函数如图 1-9 所示，数学表达式为

$$r(t)=\begin{cases}\dfrac{A}{h}, & 0\leqslant t\leqslant h\\0, & t<0,t>h\end{cases} \tag{1-5}$$

式中，h 为脉冲宽度，应极小，一般工程上要求 $h\leqslant 0.1T$，T 为系统的时间常数；A 为恒值，当 $A=1$，$h\to 0$，称为理想单位脉冲，其表达式为

$$r(t)=\delta(t)=\begin{cases}\infty\\0\end{cases} \tag{1-6}$$

$$\int_{-\infty}^{\infty}\delta(t)=1 \tag{1-7}$$

单位脉冲可看作单位阶跃函数的导数，$r(t)$ 只在 $t=0$ 时有突跳，所以 $r(t)$ 在 $t=0$ 时的导数为∞，而在其他时间上皆为 0。

5. 正弦函数（sin input function）

正弦输入函数如图 1-10 所示，其数学表达式为

$$r(t)=A\sin(\omega t+\phi) \tag{1-8}$$

式中，A 为振幅；ϕ 为相位移；ω 为振荡角频率。

正弦函数容易得到，因而十分有用。若求得对所有频率的正弦函数响应特性，则可准确地确定整个系统的特性。

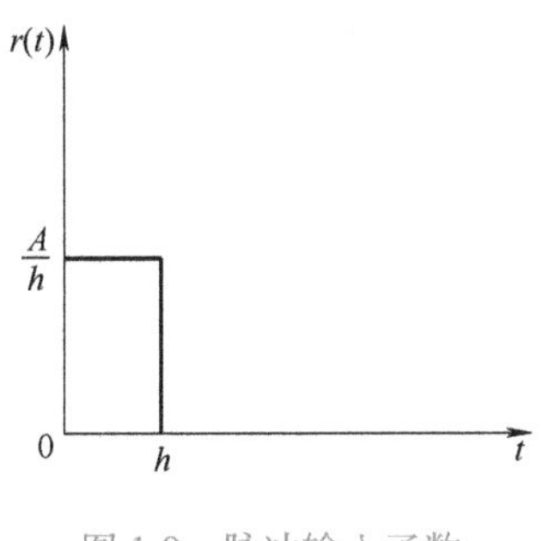

图 1-9　脉冲输入函数

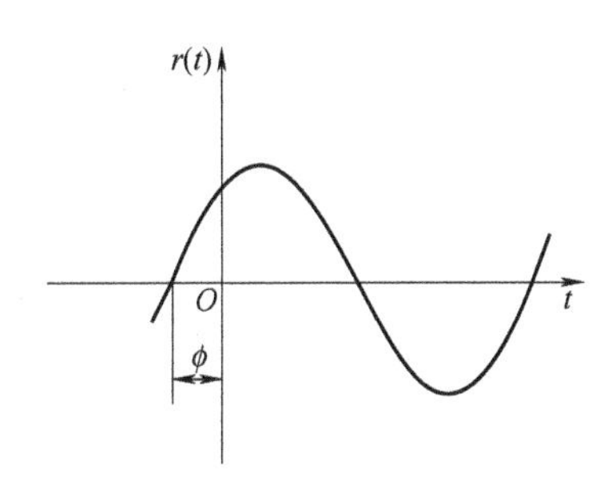

图 1-10　正弦输入函数

余弦函数 $\cos t$ 与正弦函数一样，同样有应用价值，而且两个函数在时间上正交，即相位相差正好是 90°，这个在 d-q 坐标变换上，把电流分解成两个分量：励磁分量和转矩分量，分别实现正交解耦控制是有重要意义的。

6. 加加速度输入函数（jerk input function）

由于这是一个较少讨论的物理量，它的意义还没有得到广泛的认同，在国内很少见到在物理力学中提到这样的术语。但在国外的物理学中，偶尔会提到这个问题，也有一定的研究，并且在实践中已得到应用。特别是机械加工中，尤其在高档数控机床的进给伺服系统轨迹跟踪控制中。为了避免在轨迹急转弯突变过程中，需要采用加加速度控制，即把加速度对时间的变化率定义为加加速度，也称为急动度，即为 $j=\dot{a}$ 或 $\dot{a}=\text{jerk}$，式中的 a 为加速度，$\dot{a}$ 为 加加速度，也记为 j，我国在数控机床上也开始注意到这样的问题了。

复习题及思考题

（1）什么是伺服系统，它的主要研究内容是什么？

（2）伺服系统由哪几种部分组成？

（3）对伺服系统有哪些基本要求？

（4）按照使用的驱动元件分类，可将伺服系统分为哪几类？

（5）依照调节理论和系统信号特点，可将伺服系统分为哪几类？

（6）分别解释开环、闭环和半闭环的概念。

（7）什么是线性伺服和非线性伺服系统？

（8）为什么直流伺服电动机逐渐被交流伺服电动机所取代？

（9）画出永磁同步电动机交流伺服系统的组成框图。

（10）伺服系统的典型输入信号有哪几种？

第 2 章　交流永磁伺服电动机

2.1　交流永磁伺服电动机的分类与结构

2.1.1　分类

目前在交流伺服驱动系统中，普遍应用的交流永磁伺服电动机有两大类：①无刷直流电动机（Brushless DC Motor，BDCM）；②三相永磁同步电动机（Permanent Magnet Synchronous Motor，PMSM）。

有刷直流电动机是用机械换向器和电刷的作用将直流电转换为近似梯形波的交流电，而所谓的 BDCM 是将方波电流（实际上也是梯形波）直接输入定子。颠倒了原来直流电动机的定、转子，并且在转子上采用永磁体，在定子侧用电子换向器取代了传统的机械换向器，因而得名无刷直流电动机。

PMSM 的基点是用转子的永磁体取代了转子上的励磁绕组，从而省去了励磁线圈、集电环和电刷。PMSM 要求输入定子的电流是三相正弦，所以称为三相永磁同步伺服电动机。

当然，主要是从永磁体励磁磁场在定子相绕组中所感应出来的电动势波形来区分上述两类伺服电动机。为了产生恒定电磁转矩，要求逆变器向 BDCM 输入三相对称方波电流，而向 PMSM 输入三相对称正弦电流。同时要求 BDCM 的每相感应电动势为梯形波，而 PMSM 每相感应电动势应为正弦波。图 2-1 给出了这两类伺服电动机永磁体励磁磁通密度 B_m、感应电动势 e_a、定子电流 i_a、每相功率 p_a、p_b、p_c 和总功率 p 的波形。

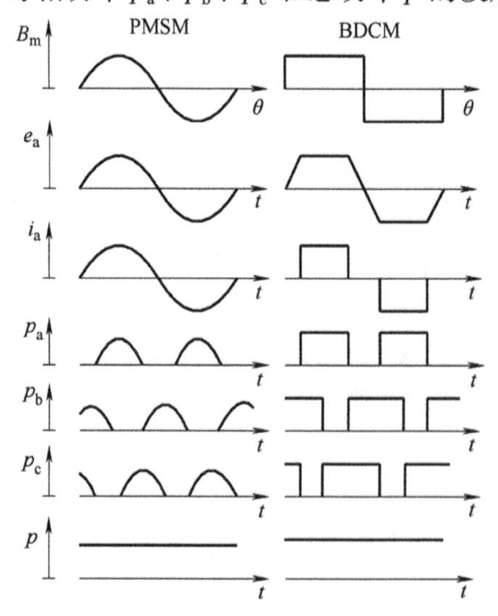

图 2-1　无刷直流电动机和三相永磁同步电动机的波形

2.1.2　结构

两类永磁交流伺服电动机的结构形式，要按运行要求和应用条件而定，还与选择的永磁材料有关。就总体结构而言，大多数是采用内转子；就磁场方向来说，多用径向方式；就定子结构而言，多采用分数绕组和有槽铁心。

就内转子结构而言，有三种安放永磁体方式：凸装式、嵌入式、内埋式，前两种形式又称为外装式结构。图 2-2 绘出了凸装式转子永磁体的 3 种几何形状，其中图 2-2a 具有圆套筒型整体磁钢、每极磁钢的宽度与极距相等，而提供十分接近矩形的磁场分布。在小直径转子电动机中，可以采用这种径向异极的永磁环。但在大直径电动机中，必须采用若干个分离的永磁体。如果永磁体的厚度一致，宽度又小于一个极距，那么在永磁体的上方，气隙的磁通密度近似均匀分布，整个磁场分布接近为梯形。

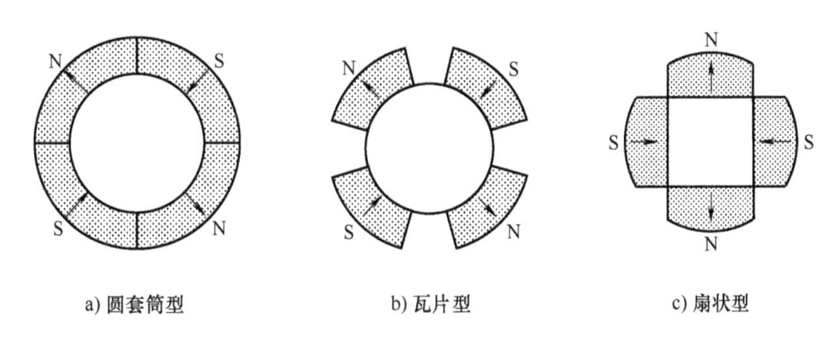

图 2-2　凸装式转子永磁体

在图 2-3a 中，不是将永磁体凸装在转子表面上，而是嵌入转子表面之下。永磁体的宽度小于一个极距，相邻永磁体间的铁心构成一个大“齿”。将这种结构称之为嵌入式，对凸装式或嵌入式转子，一般用环氧树脂将永磁体直接粘在转轴上，为防止离心力的破坏作用，必要时再用纤维质将其全绑扎起来。

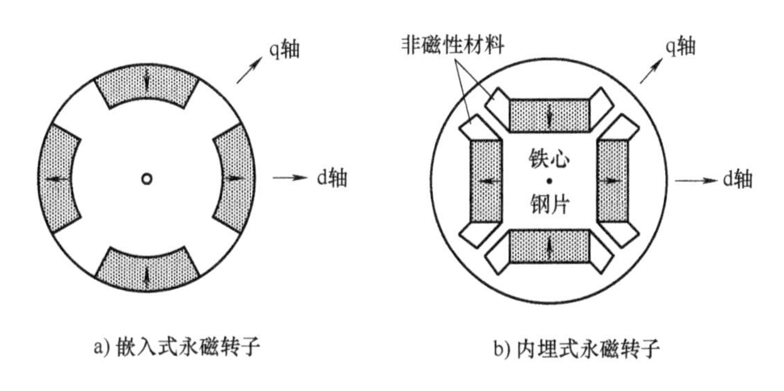

图 2-3　嵌入式、内埋式永磁转子结构

凸装式和嵌入式结构不仅转子直径可以做得较小，低惯量，特别是若将永磁体直接粘在转轴上，还可以获得低电感，有利于改善动态性能。因此许多永磁交流伺服电动机都做成这种外装式结构。

另外一种转子结构，如图 2-3b 所示，它不是将永磁体装在转子表面，而是将其埋装在转子铁心内部，每个永磁体都被铁心所包容，这种方式称为内埋式结构。这种结构机械强度高，也具有较高的气隙磁通密度。图 2-3b 所示的这种内埋式结构是属于径向充磁的方式，这种充磁方式气隙磁通密度在一定程度上会受到永磁体供磁面积的限制。在某些电动机中，可能要求更高的气隙磁通密度，在这种情况下，就需要利用另一种内埋式永磁转子结构，它将永磁体横向充磁。为将磁极表面的磁通集中起来，相邻磁极表面的极性应该相同（扩大供磁面积），这样可以得到比外装结构更高的气隙磁通。

还有一种内埋式转子结构，它的永磁体既不完全是径向放置，又不完全是横向放置，或者永磁体既有径向充磁的，又有横向充磁的，目的都是更有效地集中磁通。

2.1.3 内埋式转子结构的磁路特点

因为永磁材料的磁导率十分接近于空气，所以凸装式永磁交流伺服电动机的交、直轴的电感基本相同。而嵌入式和内埋式结构的伺服电动机与凸装式不同，其交轴电感大于直轴电感，这样，除了电磁转矩外，电动机还会产生磁阻转矩。

特别是对内埋式结构，应该充分地认识它的凸极性，是很有必要的。永磁体装在转子内部，改变了电动机交、直轴磁路，它会影响到电动机转矩的生成，从而影响和决定电动机的电磁特性。可充分利用这一特点，来提高伺服电动机的效率和改善调速性能。

图 2-4 所示为一台四极内埋永磁转子。将径向穿过永磁体磁场的中心线定义为直轴（d 轴），将径向穿过极间中心线定义为交轴（q 轴），两个磁极轴线相差 45°机械角度（电角度 90°）通过 d 轴磁路的磁通，一定要穿过两个永磁体，这相当于在 d 轴磁路上串联两个厚度等于永磁体的大气隙。因为 q 轴磁通仅经气隙和定、转子铁心，而不通过永磁体，所以 q 轴励磁电感要明显高于 d 轴励磁电感即 $L_{mq}>L_{md}$。转子凸极是产生磁阻转矩的原因，磁阻转矩的大小与两轴电感间的差值成正比。这样，从概念上讲，可将整个转矩解释为是一种混合式结构转矩，由凸极同步电动机的磁阻转矩和凸装式永磁转子同步电动机的电磁转矩组合而成。

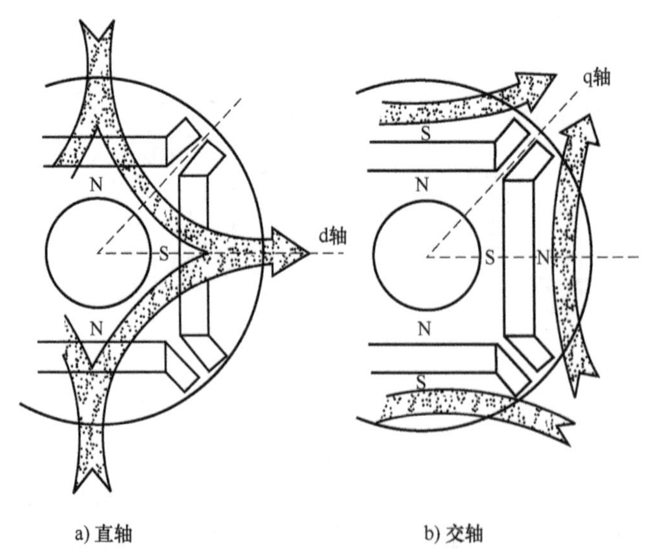

图 2-4　四极内埋式永磁电动机磁路

通过调整内埋式转子的设计参数，可以分别控制这两项转矩相对于总转矩的比例。利用转子的凸极性，可以进行较为灵活地设计，以此来改进电动机的输出和调速特性。例如，可以利用磁阻转矩提高转矩/电流比，即降低永磁体励磁，减小空载电动势。这样不仅可以避免高速区由于过电压造成的危险，又可以在弱磁方式下进一步拓宽速度范围；另外从经济观点看，利用转子的凸极性也为节省永磁材料提供了可能。

嵌入式永磁电动机的交、直轴电感间的差异程度一般介于凸装式和内埋式之间，其凸极效应也介于两者之间。

2.2 永磁交流伺服电动机的数学模型

2.2.1 为简化数学模型所做的一些假设

这些假设概括起来总共有八点：电动机的磁路是线性的，如果不计剩磁、饱和、磁滞和涡流效应，可以使用叠加原理；电动机的定、转子之间气隙磁场在空间上是按正弦规律分布，不计高次谐波的影响；电动机的转子上没有阻尼绕组，永磁体也没有阻尼作用；交流永磁三相同步电动机的定子绕组为三相对称绕组，在空间上互差 120°，通过三相正弦电流，在时间上互差 120°电角度；不计定、转子表面的齿槽效应的影响；不考虑频率变化和温度变化对定子绕组电阻和漏抗的影响；电动机的结构对直轴和交轴来说是对称的；反电动势波形是严格的正弦型的。满足以上 8 条要求，这个电动机就是所谓的“理想电动机”，在理想电动机的条件下推导出伺服电动机的数学模型。实际使用中的电动机与其有所区别，根据实际需要，可采用适当措施抑制与补偿这些不利影响，以满足应用要求。

2.2.2 定子电压等物理量分析

定子通入三相正弦对称电压、电流后，在定、转子气隙中产生同步旋转磁场带动转子以同步速度运行。那么为建立 d-q 轴坐标系，把它放在何处好呢？显然可以建立在永磁体转子上，也可以建立在定子产生的旋转磁场上，二者都是同步速度旋转的。很明显，把 d-q 坐标系选在转子更方便、具体、形象。站在转子上观察定子方面的物理量，两者之间处于相对静止的状态，而不必考虑这些物理量相对参考系的运动。

定子电压方程为

$$u_q=R_si_q+L_qpi_q+\omega_rL_di_d+\omega_r\psi_f \tag{2-1}$$

$$u_d=R_si_d+L_dpi_d-\omega_rL_qi_q+p\psi_f \tag{2-2}$$

磁链方程为

$$\psi_q=L_qi_q \tag{2-3}$$

$$\psi_d=L_di_d+\psi_f \tag{2-4}$$

转矩方程为

$$\begin{aligned}T_e&=p_n(\psi_di_q-\psi_qi_d)\\&=p_n[\psi_fi_q+(L_d-L_q)i_di_q]\end{aligned} \tag{2-5}$$

感应电势为

$$e_f = \omega_r \Psi_f \tag{2-6}$$

式（2-1）~式（2-6）各式都是涉及永磁交流伺服电动机本身的电磁变量，这些式子描述了电动机工作的内在机理，这就是伺服电动机的数学模型。如果考虑到电动机轴上所带动的机械负载，则有运动方程，也可以说是加负载后电动机的数学模型，反映负载和电动机之间的运动关系为

$$T_e = T_L + B\left(\frac{\omega_r}{p_n}\right) + Jp\left(\frac{\omega_r}{p_n}\right) \tag{2-7}$$

式中，u_d、u_q、i_d、i_q、ψ_d、ψ_q、L_d 和 L_q 分别是 d、q 轴的电压、电流、磁链和电感，在 d-q 坐标中，他们都是直流量；ψ_f 为永磁体正弦基波励磁场链过定子绕组的磁链；ω_r 为转子角速度；R_s 为定子电阻；p_n 为极对数；p 为微分算子；e_f 为在永磁体正弦基波磁场作用以 ω_r 速度旋转时在定子绕组中感应的电势；T_e 为电磁转矩；T_L 为负载转矩；J 为转动惯量。

二极理想电机 PMSM 的物理模型如图 2-5 所示，图中假定了定子电流的正方向。正向电流由 A、B、C 进入，由 X、Y、Z 端出来。正向电流流进相绕组产生的正弦分布磁通势波的轴线分别是相绕组的轴线：as、bs、cs，并且假设绕组中反电动势的正方向与电流正方向相反，取转子逆时针旋转方向为正方向。

在两相坐标系中，一般选择永磁体内部由 S→N 极指向为 d 轴的正方向，逆时针超前 d 轴 90°电角度选择为 q 轴，转子的速度即 d-q 坐标系速度，把由 A 相固定轴线算起，到 q 轴之间角度 θ_r 确定为转子旋转位置坐标。

电压方程还可以写为

$$\begin{cases} u_q = R_s i_q + L_q p i_q + \omega_r L_d i_d + \omega_r \psi_f \\ u_d = R_s i_d + L_d p i_d - \omega_r L_q i_q + p\psi_f \end{cases} \tag{2-8}$$

若 $p\psi_f = 0$，则有

$$\begin{cases} u_q = R_s i_q + L_q p i_q + \omega_r L_d i_d + \omega_r \psi_f \\ u_d = R_s i_d + L_d p i_d - \omega_r L_q i_q \end{cases} \tag{2-9}$$

式中，$\omega_r \psi_f = e_f$。

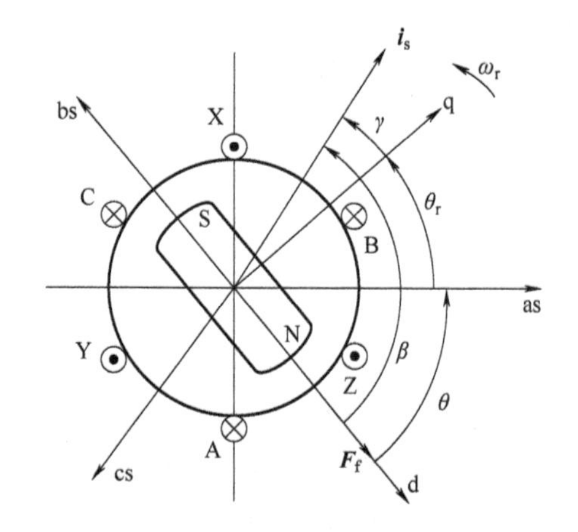

图 2-5 二极理想电机 PMSM 电动机物理模型简图
as—A 相绕组轴线 bs—B 相绕组轴线
cs—C 相绕组轴线
i_s，F_f—空间矢量 AX—A 相线圈
BY—B 相线圈 CZ—C 相线圈

式（2-8）表示该永磁电动机的动态两轴电压方程，该方程可用图 2-6a 的等效电路表示，图 2-6b 便表示其稳态电路。对应的电压方程是微分算子项 $p=0$ 的电压方程，而

$$\begin{cases} u_q = R_s i_q + \omega_r L_d i_q + e_f \\ u_d = R_s i_d - \omega_r L_q i_q \end{cases} \tag{2-10}$$

由上述分析可知，实际供电系统是三相电压、电流，这是真实存在的物理结构与发生的电磁作用。可是为研究方便，借用了直流电动机的概念，利用直流电动机励磁电流和电枢电流产生转矩相互独立控制的优势，试图把交流电动机的电枢电流也分为这样的两个电流实现同样方法控制。可是在交流电动机线路中只有这一个电流存在，又如何能分为两个独立控制的电流呢？这里所要讲的就是想要把永磁交流电动机的定子电流分成一个励磁分量和一个转矩电流分量，二者在空间上正交，而矢量的坐标变换控制为解决这个问题提供了有效方法。

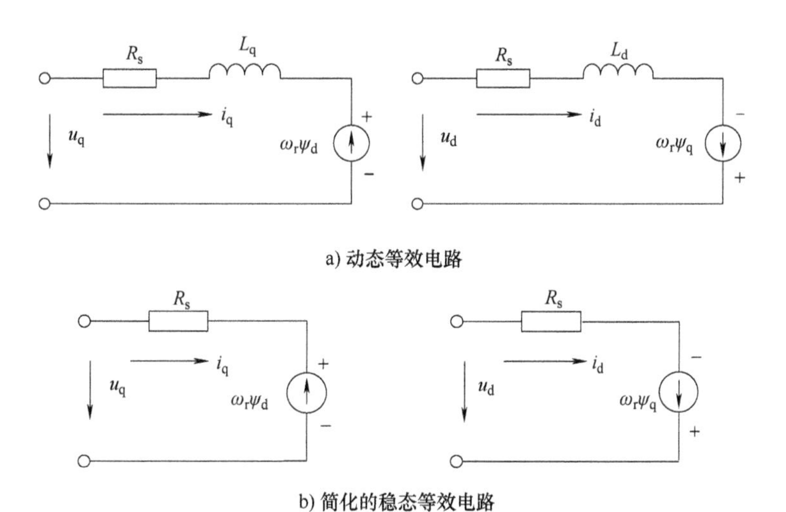

图 2-6　永磁伺服电动机的动态与稳态等效电路

2.2.3　定子电压 3/2 变换与 2/3 变换

实际上，定子上所施加的三相正弦交流稳态电压 u_A、u_B、u_C 为正弦量，在变换前后两个坐标系统间的输入功率不变的约束下，前三相系统变为二相 d、q 轴变量即恒定直流量。变换的公式为

$$\begin{bmatrix} u_d \\ u_q \\ u_0 \end{bmatrix} = \sqrt{\frac{2}{3}} \begin{bmatrix} \cos\theta_r & \cos\left(\theta_r - \frac{2\pi}{3}\right) & \cos\left(\theta_r + \frac{2\pi}{3}\right) \\ \sin\theta_r & \sin\left(\theta_r - \frac{2\pi}{3}\right) & \sin\left(\theta_r + \frac{2\pi}{3}\right) \\ \sqrt{\frac{1}{2}} & \sqrt{\frac{1}{2}} & \sqrt{\frac{1}{2}} \end{bmatrix} \begin{bmatrix} u_A \\ u_B \\ u_C \end{bmatrix} \tag{2-11}$$

此为 3/2 变换，其反变换为 2/3 变换，为式（2-11）的反变换，表示为

$$\begin{bmatrix} u_A \\ u_B \\ u_C \end{bmatrix} = \sqrt{\frac{2}{3}} \begin{bmatrix} \cos\theta_r & \sin\theta_r & \sqrt{\frac{1}{2}} \\ \cos\left(\theta_r - \frac{2\pi}{3}\right) & \sin\left(\theta_r - \frac{2\pi}{3}\right) & \sqrt{\frac{1}{2}} \\ \cos\left(\theta_r + \frac{2\pi}{3}\right) & \sin\left(\theta_r + \frac{2\pi}{3}\right) & \sqrt{\frac{1}{2}} \end{bmatrix} \begin{bmatrix} u_d \\ u_q \\ u_0 \end{bmatrix} \tag{2-12}$$

上述变换关系对电流和磁链同样适用。

在式（2-11）与式（2-12）中，出现了零序变量。即除了变量 u_d、u_q 外而引入了一个独立于 u_d、u_q 的新变量 u_0。这是为什么呢？首先从数学上讲，是为矩阵运算上求逆方便而设的一个零序电压 u_0 分量。可以设想它产生的电流称为零序电流，记为 i_0，可以想象它在定子三相绕组中流通，却不产生气隙合成磁通势。比如说当电动机为四线制时，相当于 i_0 在三相中流通，而时间相位相同的一组电流，该组电流产生的空间合成磁势为零。也可以理

解为一个零轴，这个零轴完全垂直于 d、q 轴的轴线，u_0 是零轴电压而产生电流 i_0，而在实际的矢量变换控制系统中，电动机的定子多数是不带有零线的星形联结。因而更简洁的变换关系为

$$\begin{bmatrix} u_q \\ u_d \end{bmatrix} = \sqrt{\frac{2}{3}} \begin{bmatrix} \cos\theta_r & \cos\left(\theta_r - \frac{2\pi}{3}\right) & \cos\left(\theta_r + \frac{2\pi}{3}\right) \\ \sin\theta_r & \sin\left(\theta_r - \frac{2\pi}{3}\right) & \sin\left(\theta_r + \frac{2\pi}{3}\right) \end{bmatrix} \begin{bmatrix} u_A \\ u_B \\ u_C \end{bmatrix} \tag{2-13}$$

其反变换为

$$\begin{bmatrix} u_A \\ u_B \\ u_C \end{bmatrix} = \sqrt{\frac{2}{3}} \begin{bmatrix} \cos\theta_r & \sin\theta_r \\ \cos\left(\theta_r - \frac{2\pi}{3}\right) & \sin\left(\theta_r - \frac{2\pi}{3}\right) \\ \cos\left(\theta_r + \frac{2\pi}{3}\right) & \sin\left(\theta_r + \frac{2\pi}{3}\right) \end{bmatrix} \begin{bmatrix} u_q \\ u_d \end{bmatrix} \tag{2-14}$$

2.2.4 定子电压变换前后的功率约束

功率不变约束问题对于平衡系统来说，两个参考坐标间的输入功率在上述变换关系下为

$$p = u_d i_d + u_q i_q = u_A i_A + u_B i_B + u_C i_C \tag{2-15}$$

即变换前后，两个参考坐标的总功率不变。所以，由 d-q 坐标参考得到电磁转矩，就是电动机的实际转矩。为满足这种功率不变的变换关系，d、q 轴每相绕组的匝数应为原三相绕组每相的有效匝数的$\sqrt{3/2}$倍。此外，若原三相系统变量为稳态正弦量，变换后的 d、q 变量即为恒定的直流量。同时此直流量的大小为正弦量有效值的$\sqrt{3}$倍。这是在功率不变的条件下得到的结果。当变量由 A、B、C 三相平衡系统变换为二相平衡系统时，两相系统中的线圈匝数增加为原来的$\sqrt{3/2}$倍，简单地说匝数增加了；而电流增加为原来电流的$\sqrt{3}$倍，即相数减少了一相，匝数和电流都相应增加了，才能保持功率不变。

2.2.5 关于永磁体等效励磁电流的问题

永磁交流伺服电动机的气隙磁通主要来源是转子的永磁体，它作为主要的磁通源是不能改变的。为了能方便地表述它作为励磁的作用，把 ψ_f 视为永磁体基波励磁磁场链过定子绕组的磁链。对于凸装式转子结构，可以用解析法作近似计算，具体做法是可以将每极永磁体模拟为具有恒定励磁电流的线圈，其外形尺寸与永磁体相同，高度为永磁体厚度的 l_m。如果两者能产生同一气隙磁场，那么对外所提供的磁通势必须是相同的。于是，对于具有凸装式永磁转子的同步伺服电动机，等效励磁线圈产生的空间磁通势波形如图 2-7 所示，图中

$$F_c = \frac{B_r}{u_r u_0} l_m \tag{2-16}$$

磁通势的基波（见图中的正弦虚线）幅值为

$$F_{c1} = \frac{4}{\pi} \frac{B_r}{u_r u_0} l_m \sin\alpha \tag{2-17}$$

式中，B_r 为永磁体的剩磁感应强度；u_0 为真空磁导率；u_r 为相对磁导率；α 为空间矩形磁

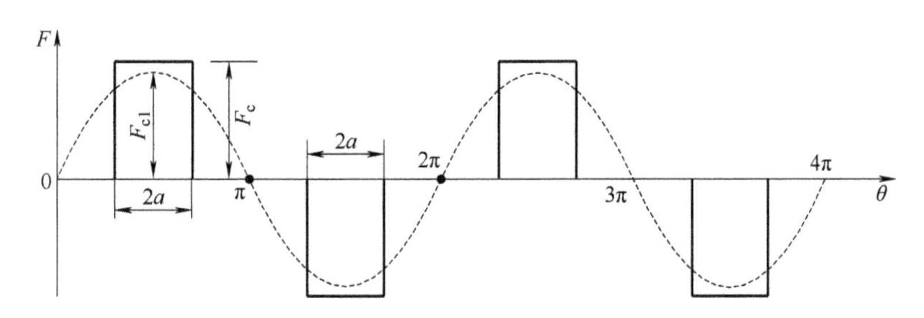

图 2-7　凸装式永磁伺服电动机的永磁体空间磁通势空间分布

通势波宽度 1/2（rad）。

若将等效线圈归算到定子侧，则定子 d 轴绕组产生的基波磁通势幅值应与 F_{c1} 相同（不考虑空间谐波影响），于是有

$$\frac{\sqrt{\frac{3}{2}}N_s}{2p_n}i_f=\frac{4}{\pi}\frac{B_r}{u_r u_0}l_m\sin\alpha \tag{2-18}$$

式中，p_n 为极对数；i_f 为归算到定子侧的等效励磁电流；N_s 为等效正弦分布绕组的每相匝数，N_s 与实际匝数 N 的关系为

$$N_s=\frac{4}{\pi}k_\omega N \tag{2-19}$$

式中，k_ω 为基波的绕组系数。

由式（2-18），可得出 i_f 为

$$i_f=\frac{8}{\pi}\sqrt{\frac{2}{3}}\frac{p_n}{N_s}\frac{B_r}{u_r u_0}l_m\sin\alpha \tag{2-20}$$

这样，就可以将磁链方程式（2-4）写成

$$\psi_d=L_d i_d+L_{md}i_f \tag{2-21}$$

式中，L_{md}为 d 轴励磁电感，而 $L_{md}i_f=\psi_f$。

于是定子电压方程变为

$$\begin{cases}u_q=R_s i_q+pL_q i_q+\omega_r(L_d i_d+L_{md}i_f)\\u_d=R_s i_d+p(L_d i_d+L_{md}i_f)-\omega_r L_q i_q\end{cases} \tag{2-22}$$

2.3　转矩方程和运动方程

电动机的电磁转矩是由磁链和电流相作用而得到的，可根据下式求得

$$T_e=p_n(\psi_d i_q-\psi_q i_d) \tag{2-23}$$

式中，p_n 为极对数。

将磁链方程代入上式，有

$$T_e=p_n[\psi_f i_q+(L_d-L_q)i_d i_q] \tag{2-24}$$

而电动机的运动方程为

$$T_e=T_L+B\Omega_r+Jp\Omega_r \tag{2-25}$$

式中，T_L 为负载转矩；B 为黏滞摩擦系数；Ω_r 为电动机轴的机械角速度；J 为电动机转子和所带机械负载的总转动惯量。

机械角速度和电角速度有如下关系：$\omega_r=p_n\Omega_r$ 为电角速度，于是电动机的运动方程为

$$T_e=T_L+B\left(\frac{\omega_r}{p_n}\right)+Jp\left(\frac{\omega_r}{p_n}\right) \tag{2-26}$$

下面进一步分析电动机的电磁转矩和磁阻转矩的形成过程。

在转子参考坐标中，若取 d 轴及方向为虚轴，取 q 轴为实轴，则在这个复平面中，可将定子电流空间向量 $\boldsymbol{i}_s$ 表示为

$$\boldsymbol{i}_s=i_q-ji_d \tag{2-27}$$

$\boldsymbol{i}_s$ 与 d 轴间角度为 β，于是有

$$i_d=\boldsymbol{i}_s\cos\beta \tag{2-28}$$

$$i_q=\boldsymbol{i}_s\sin\beta \tag{2-29}$$

将上式代入式（2-24）得

$$T_e=p_n\left[\psi_f\boldsymbol{i}_s\sin\beta+\frac{1}{2}(L_d-L_q)\boldsymbol{i}_s^2\sin2\beta\right] \tag{2-30}$$

或者

$$T_e=p_n\left[L_{md}i_f\boldsymbol{i}_s\sin\beta+\frac{1}{2}(L_d-L_q)\boldsymbol{i}_s^2\sin2\beta\right] \tag{2-31}$$

电磁转矩 T_e 与 β 角的关系如图 2-8 所示，β 角实际上是定子三相合成旋转磁通势波轴线与永磁体励磁磁场轴线间的夹角，式（2-30）或式（2-31）中括号内的第一项就是这两个磁场相互作用所产生的电磁转矩，如图 2-8 中的曲线 1 所示。括号内的第二项是磁阻转矩（见曲线 2），它是由凸极效应引起的，并与两轴电感参数的差值成正比。

由 T_e-β 曲线进一步看出，对于电动机作用而言，当 $\beta<\pi/2$ 时，磁阻转矩为负，具有制动性质。当 $\beta>\pi/2$ 时，磁阻转矩才具有驱动性质。这一点与电励磁的凸极同步电动机恰恰相反。这是因为电励磁凸极同步电动机，凸极效应反映在直轴电感 L_d 大于交轴电感 L_q 上。而对于嵌入式或者内埋式永磁伺服电动机，转子的凸极性反映在直轴电感 L_d 小于交轴电感 L_q 上。所以，在嵌入式或者内埋式的 PMSM 所组成的伺服系统中，可以灵活有效地利用这个磁阻转矩。

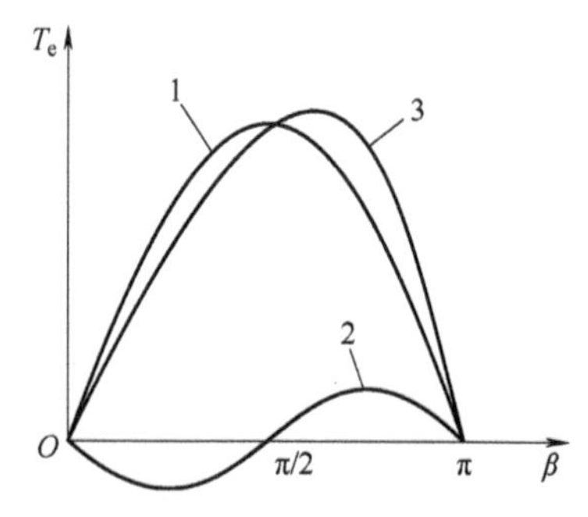

图 2-8　T_e 和 β 之间的关系曲线

例如在以恒功率方式运行时，通过调整和控制 β 角可以提高输出转矩，扩大调速范围。当 $\beta>\pi$ 时，永磁同步电动机将变为发电动机运行。

对于凸装式转子永磁同步电动机 $L_d=L_q$，于是没有了磁阻转矩，电磁转矩将成为唯一的驱动转矩，当把 $i_d=0$ 作为控制方式时，表示为

$$T_e=p_nL_{md}i_fi_q=p_n\psi_fi_d=k_mi_q \tag{2-32}$$

式中，k_m 为伺服电动机的转矩系数。

亦即电磁转矩仅与电流的交轴分量 i_q 有关。当直轴电流分量 i_d 控制为零时，每单位定子电流产生的转矩值为最大，转矩的响应与定子电流响应成正比。

2.4　伺服电动机的状态方程与电流反馈线性化

上述的电压方程、转矩方程和运动方程构成了 PMSM 的数学模型。这个模型是非线性的，因为方程中含有变量电角速度 ω_r 与交直轴电流 i_q 或 i_d 的乘积项。显然在导线电流中流动的只有一个定子电流 i_s，人为控制强制让它们分成两个正交分量，在这个过程中，电动机的轴角速度还阻止他们的变化。这使它们正交化分离更加受阻困难。但还幸好，由于电动机轴速的变化远较电流的变化慢，使这种影响有限，为了便于动态仿真并观察电流和速度的变化率与哪些因素有关，将电压方程和运动方程写成状态方程的形式，即

$$pi_d=\frac{u_d-R_si_d+\omega_rL_qi_q}{L_d} \tag{2-33}$$

$$pi_q=\frac{u_q-R_si_q-\omega_rL_di_d-\omega_rL_{md}i_f}{L_q} \tag{2-34}$$

$$p\omega_r=\frac{p_nT_e-p_nT_L-B\omega_r}{J} \tag{2-35}$$

上式表明了转子速度和两轴电流之间存在着复杂的干涉关系。电流作为动力驱动转子速度，反过来转子速度却又阻碍影响着电流。这种彼此纠缠循环相互作用，在实际电动机中是不可避免的存在，但为了设计适合这种影响的电流控制器，在某些电感较大、但电动机惯性较小的电动机驱动系统中还是要考虑这种非线性因素影响，对此通常采用电流反馈线性化处理手段来设计电流控制器以减弱速度对其影响。选择一个新变量构成一个新的线性系统，所选择的新变量必须包含原变量乘积的非线性项。

现选择新变量为

$$V_d=u_d+\omega_rL_qi_q \tag{2-36}$$

$$V_q=u_q-\omega_rL_di_d-\omega_r\psi_f \tag{2-37}$$

若设 $L_d=L_q=L$，将式（2-36）、式（2-37）分别代入式（2-33）和式（2-34）中，就得到了线性化的电流子系统动态方程，表示为

$$V_d=L\dot{i}_d+R_si_d \tag{2-38}$$

$$V_q=L\dot{i}_q+R_si_q \tag{2-39}$$

在上述由新变量所构成的线性化系统中，已经看不到转子速度的扰动项了，而完全是一个电流的动态方程了。

这时，就可以针对线性化后的电流子系统动态方程，设计一个电流负反馈 PI 控制器，表示为

$$V_d=K_{pd}e_d+K_{id}\int e_d\mathrm{d}t \tag{2-40}$$

$$V_q=K_{pq}e_q+K_{iq}\int e_q\mathrm{d}t \tag{2-41}$$

式中，$e_d=i_d^*-i_d$ 为 d 轴电流误差，其中 i_d^* 为 d 轴电流指令；$e_q=i_q^*-i_q$ 为 q 轴电流误差，其中 i_q^* 为 q 轴电流指令；K_{pd}和 K_{pq}为 d 轴与 q 轴比例控制增益；K_{id}、K_{iq}为 d 轴及 q 轴积分控制增益。

现将式（2-40）和式（2-41）分别代入线性化后的电流动态子系统中，就可以得到d、q轴电流的传递函数为

$$G_{\rm d}(s)=\frac{I_{\rm d}(s)}{I_{\rm d}^{*}(s)}=\frac{K_{\rm pd}s+K_{\rm id}}{Ls^{2}+(K_{\rm pd}+R)s+K_{\rm id}} \tag{2-42}$$

$$G_{\rm q}(s)=\frac{I_{\rm q}(s)}{I_{\rm q}^{*}(s)}=\frac{K_{\rm pq}s+K_{\rm iq}}{Ls^{2}+(K_{\rm pq}+R)s+K_{\rm iq}} \tag{2-43}$$

由式（2-42）和式（2-43）可知，$G_{\rm d}(s)$ 与 $G_{\rm q}(s)$ 皆为二阶系统，现将其与标准的二阶系统作比较，可以求出相应的控制增益。

若标准的二阶系统为

$$G(s)=\frac{\omega_{\rm n}^{2}}{s^{2}+2\xi\omega_{\rm n}s+\omega_{\rm n}^{2}} \tag{2-44}$$

令上式分母为零，可得到该标准二阶系统的特征方程为

$$s^{2}+2\xi\omega_{\rm n}s+\omega_{\rm n}^{2}=0 \tag{2-45}$$

式（2-44）的标准方程分别与式（2-42）和式（2-43）相比较可知，只要确定标准二阶系统的阻尼比 ξ 与自然无阻尼角频率 $\omega_{\rm n}$，就可以得到PI电流控制器的控制增益。

$$2\xi\omega_{\rm n}=\frac{K_{\rm pd}+R}{L}=\frac{K_{\rm pq}+R}{L} \tag{2-46}$$

$$\omega_{\rm n}^{2}=\frac{K_{\rm id}}{L}=\frac{K_{\rm iq}}{L} \tag{2-47}$$

即

$$K_{\rm pd}=K_{\rm pq}=2\xi\omega_{\rm n}L-R \tag{2-48}$$

$$K_{\rm id}=K_{\rm iq}=L\omega_{\rm n}^{2} \tag{2-49}$$

在这里，只要被控对象，即电动机参数 L 及 R 已知，并指定 ξ 和 $\omega_{\rm n}$，就可以求出PI型电流控制器的比例增益和积分增益，两个轴的调节器可以是相同的。但要注意：在设计 $i_{\rm d}=0$ 的控制方案时，不要以为既然 $i_{\rm d}=0$，就不需要d轴的电流控制器了。在设计 $i_{\rm d}^{*}=0$ 时，若要求实际的 $i_{\rm d}=0$，就需要d轴控制器在高速调整中才能实现 $i_{\rm d}=0$ 的控制。

上述的电流反馈线性化只是考虑 $\omega_{\rm r}i_{\rm q}$ 或 $\omega_{\rm r}i_{\rm d}$ 非线性因素对设计电流控制器的影响而提出的一种设计方法，并不是说在实际工作中速度 $\omega_{\rm r}$ 对电流 $i_{\rm q}$、$i_{\rm d}$ 就没有干扰了。实际上在一般的设计中，由于机械惯性较大而电磁惯性又很小。那么就可以认为速度 $\omega_{\rm r}$ 对电流的影响很小，甚至没等速度升多高，电流的调整过程就完成了，这时近似地认为速度没有干扰电流，就可以直接设计电流控制器了。而在速度控制器设计中，可以把电流环当作一个没有电磁过程的纯放大环节来近似处理。总之，此时可以把电气子系统和机械子系统当成两个独立的串行环节。

2.5 交流永磁伺服电动机矢量控制的基本原理

矢量控制思想是由德国学者Blaschke等人提出来的，首先是应用到感应电动机（Induction Motor，IM）中，从那时起，人们对改善IM的性能做了大量的研究。矢量控制思想的提

出和技术成功应用对交流电动机的应用都具有划时代的意义。矢量控制的思想同样可以应用到永磁交流同步伺服电动机中，而且更容易实现，参数的敏感性也不像在 IM 中那样突出和严重，也用不着采用磁通观测器来观测磁通。对永磁伺服电动机而言，矢量控制最适宜了。另外，应用高矫顽力和高剩磁感应的永磁材料，可使永磁电动机的功率密度高于感应电动机，也可获得更高的转矩/惯量比。所以，目前在高性能伺服驱动系统中，普遍采用矢量控制的永磁电动机伺服系统。下面主要结合具有正弦波反电势的 PMSM 来反复讨论矢量控制原理，而对于具有梯形波反电动势的无刷直流电动机（BDCM），也称永磁交流伺服电动机，主要是强调和阐述定子电流与反电动势的匹配和同步问题。

在谈及矢量控制原理时，还应说到直流伺服电动机的工作问题，它也是矢量控制思想的起源因素之一。众所周知，在他励直流电动机中，励磁磁场和电枢磁通势间的空间角度是由电刷和机械换向器所固定。通常情况下，两者在空间上是正交的，虽然电刷可以前后稍做移动。因此，在励磁磁场固定时，电磁转矩和电枢电流存在线性关系，通过调节电枢电流，可以直接控制转矩。另外，为了使电动机在额定速度以上的高速运行，可采用恒功率方式运行，这通过弱磁方式实现。正是因为在很宽的速度范围内，都能平滑地控制转矩，直流电动机才在长期历史时期内于电气传动中获得了十分广泛的应用。这样看来，直流电动机的良好性能为交流电动机调速提供了一个示范性榜样，所以人们想办法把交流电动机的调速模仿直流机那样的电磁作用，而去掉其电刷与整流器。

如前所述，如果选择 d 轴作励磁磁场的正方向，逆时针旋转 90°为 q 轴，作为转矩电流，二者在空间是正交的。如实际的三相交流能在约束功率不变的条件下变换成等效的 d-q 轴二相电流而且正交的话，就可以像直流电动机那样的运行。那么如何实现对直流电动机的物理模仿呢？电动机本身没有这种能力，主要就是靠电动机外的驱动自动控制系统来实行的。

首先要检测转子的磁极位置角 θ_r 和转子角速度 ω_r，在实际系统中，逆变器输出逆变频率取决于转子的角速度，逆变器触发开关信号来源于转子角位置信息。这就保证了逆变器的输出频率始终与转子角速度相等，转子角位置作交流电流的相位。常将这种运行方式称“自同步”或“自控”式，从这个意义上讲，对 PMSM 的矢量控制，也就是这种自控式运行的矢量控制。

对于凸装式转子结构，$L_d=L_q$，则式（2-32）重写如下：

$$T_e=p_nL_{md}i_fi_q=p_n\psi_fi_q=k_mi_q$$

这相当于 $i_d=0$ 的情形，很显然这时的电磁转矩只与 i_q 有关，二者具有正比的线性关系，很类似直流电动机。

如果电流 i_q 的幅值也得到调节（为速度控制器的输出），这就做到了“电流矢量”（即空间磁势矢量）控制了。

可见，i_q 是转矩分量。由于 i_f 是归算到定子侧的等效永磁体的励磁电流，是不可调的，这就得到了和直流电动机同样的调节效果。当外部对电动机的转矩指令确定后，也就给定了 q 轴分量值 i_q^*。d 轴电流分量值 i_d 对永磁有增或去磁作用，根据运行要求而定。例如，在恒功率高速运行时，那是为了扩大速度调节范围，需要根据具体要求按一定规律来给定 i_d^*。

如果电动机内部实际值 i_d 和 i_q 与给定值相符，也就满足了上述控制要求。但问题是，实际向电动机输入的并不是 d、q 轴电流 i_d^*、i_q^*，而是三相电流 i_a、i_b、i_c。在正弦稳态下，前者是直流量，后者是正弦交流量。

为从实际输入的三相电流 i_a、i_b、i_c 得到要求的 i_d^*、i_q^*，需要进行两个参考坐标系间的坐标变换，其变换关系为

$$\begin{bmatrix} i_a^* \\ i_b^* \\ i_c^* \end{bmatrix} = \sqrt{\frac{2}{3}} \begin{bmatrix} \cos\theta_r & \sin\theta_r \\ \cos\left(\theta_r - \frac{2\pi}{3}\right) & \sin\left(\theta_r - \frac{2\pi}{3}\right) \\ \cos\left(\theta_r + \frac{2\pi}{3}\right) & \sin\left(\theta_r + \frac{2\pi}{3}\right) \end{bmatrix} \begin{bmatrix} i_d^* \\ i_q^* \end{bmatrix} \tag{2-50}$$

或

$$\begin{bmatrix} i_q^* \\ i_d^* \end{bmatrix} = \sqrt{\frac{2}{3}} \begin{bmatrix} \cos\theta_r & \cos\left(\theta_r - \frac{2\pi}{3}\right) & \cos\left(\theta_r + \frac{2\pi}{3}\right) \\ \sin\theta_r & \sin\left(\theta_r - \frac{2\pi}{3}\right) & \sin\left(\theta_r + \frac{2\pi}{3}\right) \end{bmatrix} \begin{bmatrix} u_a^* \\ u_b^* \\ u_c^* \end{bmatrix} \tag{2-51}$$

为使实际输入电动机三相电流 i_a、i_b、i_c 与由式（2-50）变换后得到的指令值 i_a^*、i_b^*、i_c^* 一致，通常必须设置电流闭环控制，将实际检测到电流与指令值组成电流闭环系统，迫使实际三相电流能严格地跟踪指令电流。或者将 i_a、i_b、i_c 变换成 i_d、i_q，由它们和指令之间构成闭环。这就是在电动机之外，通过对电流的强迫跟踪控制实现所谓的矢量控制，在上述变换中，还需要知道 d、q 轴相对于定子 A 相绕组轴线 as 的空间坐标 θ_r，这就要求时刻都在检测转子磁极相对 as 轴线的位置。这就需要在电动机轴的非负载侧装配有光电编码器或旋转变压器，可由它们随时检测转子的磁极位置，不断取得 θ_r 信息。

如果将 i_d 控制在非零状态，则可能改变运行方式，主要是高速弱磁控制。上述控制思想的示意图如图 2-9 所示。其中 CRPWM 是电压可控电流可调的脉宽调制器。

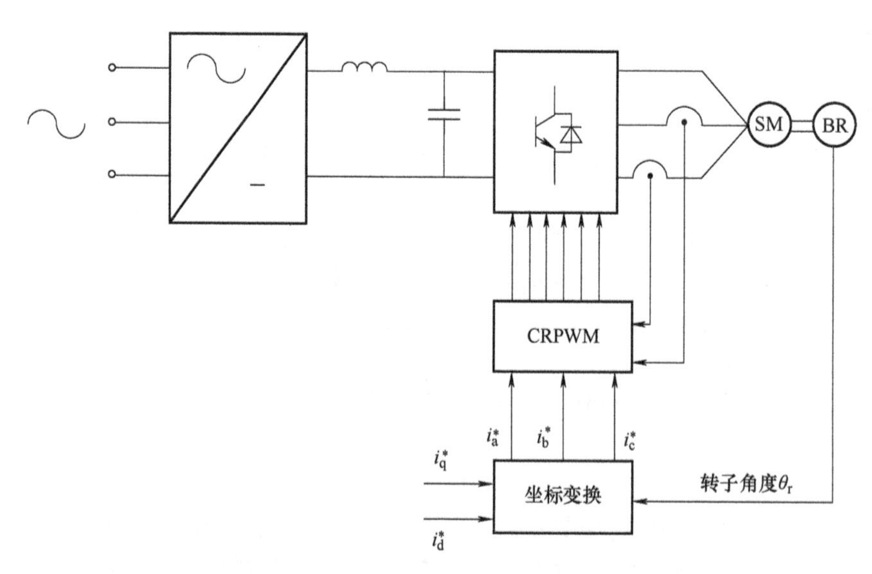

图 2-9　CRPWM 的矢量控制原理示意图

由上述分析可知，矢量控制的实质，就是控制电流的幅值和相位，并且能分别独立控制 d、q 两轴分量，通过坐标变换与闭环控制而实现。强迫交流永磁电动机严格按照所规定的

方式运行，无论是稳态还是瞬态过程中，都能保持这种状态工作，电磁转矩会像电流一样高速响应。这就和以往的直流伺服电动机性能相同了，甚至更高。

对于嵌入式和埋式永磁电动机，整个转矩中，还包括有磁阻转矩，这在前面已说明，有兴趣的可以自己学习，这里就不再论述了。

2.6 无刷直流电动机的数学模型与其矢量控制

如前所述，BDCM 的特征是反电动势为梯形波，这意味着电动机的定、转子之间的互感是非正弦的。因此不能够将定子的三相坐标方程变换为 d、q 坐标方程，因为 d、q 变换适用的条件是气隙磁场为正弦分布的电动机。在分析这种电动机的机理时，可以运用原有的相变量方程建立数学模型，比较方便，又可获得较准确结果。所做的假设同 PMSM 分析时一样。

2.6.1 定子的电压方程

$$\begin{bmatrix} u_a \\ u_b \\ u_c \end{bmatrix} = \begin{bmatrix} R_s & 0 & 0 \\ 0 & R_s & 0 \\ 0 & 0 & R_s \end{bmatrix} \begin{bmatrix} i_a \\ i_b \\ i_c \end{bmatrix} + p \begin{bmatrix} L_a & L_{ab} & L_{ac} \\ L_{ba} & L_b & L_{bc} \\ L_{ca} & L_{cb} & L_c \end{bmatrix} \begin{bmatrix} i_a \\ i_b \\ i_c \end{bmatrix} + \begin{bmatrix} e_a \\ e_b \\ e_c \end{bmatrix} \tag{2-52}$$

式中，假定三相绕组电阻相等，均为 R_s；L_a、L_b、L_c 分别为三相绕组的自感；L_{ab}为 A 相与 B 相绕组间的互感，其他相间亦然，且有 $L_{ab}=L_{ba}$，$L_{ac}=L_{ca}$，$L_{bc}=L_{cb}$。

上式的反电动势 e_a、e_b、e_c 为梯形波，电流为方波。其相互关系如图 2-10 所示。

对于凸装式转子结构，可以忽略凸极效应，因此定子的三相自感为常数，三相绕组间的互感也为常数，两者都与转子位置无关。因此有

$$L_a=L_b=L_c=L \tag{2-53}$$

$$L_{ab}=L_{ba}=L_{ca}=L_{ac}=L_{bc}=L_{cb}=M \tag{2-54}$$

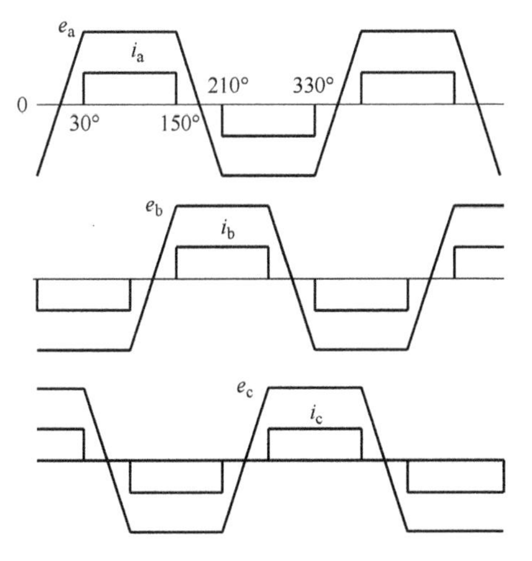

图 2-10　BDCM 电动机的反电势与电流波形

于是电压方程可写为

$$\begin{bmatrix}u_a\\u_b\\u_c\end{bmatrix}=\begin{bmatrix}R_s&0&0\\0&R_s&0\\0&0&R_s\end{bmatrix}\begin{bmatrix}i_a\\i_b\\i_c\end{bmatrix}+p\begin{bmatrix}L&M&M\\M&L&M\\M&M&L\end{bmatrix}\begin{bmatrix}i_a\\i_b\\i_c\end{bmatrix}+\begin{bmatrix}e_a\\e_b\\e_c\end{bmatrix} \tag{2-55}$$

若定子三相绕组为 Y 联结，且没有中线，则有

$$i_a+i_b+i_c=0 \tag{2-56}$$

可得

$$Mi_b+Mi_c=-Mi_a \tag{2-57}$$

将以上关系式代入式（2-55），则电压方程变为

$$\begin{bmatrix}u_a\\u_b\\u_c\end{bmatrix}=\begin{bmatrix}R_s&0&0\\0&R_s&0\\0&0&R_s\end{bmatrix}\begin{bmatrix}i_a\\i_b\\i_c\end{bmatrix}+\begin{bmatrix}L-M&0&0\\0&L-M&0\\0&0&L-M\end{bmatrix}p\begin{bmatrix}i_a\\i_b\\i_c\end{bmatrix}+\begin{bmatrix}e_a\\e_b\\e_c\end{bmatrix} \tag{2-58}$$

2.6.2 转矩方程和运动方程

电磁转矩为

$$T_e=p_n(e_ai_a+e_bi_b+e_ci_c)/\omega_r \tag{2-59}$$

运动方程为

$$T_e=T_L+B\left(\frac{\omega_r}{p_n}\right)+Jp\left(\frac{\omega_r}{p_n}\right) \tag{2-60}$$

为产生稳定的电磁转矩，需要输入如图 2-10 所示的定子电流 i_a、i_b 和 i_c，亦即要求方波定子电流；或者定子电流为方波时，要求反电动势为梯形波。如果在每半个周期内，方波电流持续时间为 120°电角度，那么梯形波及电动势的平顶部分相应地也应为 120°电角度，并且两者应严格同步。

2.6.3 状态方程和等效电路

可将电压方程式（2-58）写成状态方程形式，即

$$p\begin{bmatrix}i_a\\i_b\\i_c\end{bmatrix}=\begin{bmatrix}1/(L-M)&0&0\\0&1/L(L-M)&0\\0&0&1/L(L-M)\end{bmatrix}\cdot \left\{\begin{bmatrix}u_a\\u_b\\u_c\end{bmatrix}-\begin{bmatrix}R_s&0&0\\0&R_s&0\\0&0&R_s\end{bmatrix}\begin{bmatrix}i_a\\i_b\\i_c\end{bmatrix}-\begin{bmatrix}e_a\\e_b\\e_c\end{bmatrix}\right\} \tag{2-61}$$

电压方程式（2-58）的等效电路如图 2-11 所示。

下面来分析 BDCM 电动机的矢量控制问题。

在 BDCM 中，定子输入的三相电流为方波，为产生平滑电磁转矩，要求反电动势为梯形波，且两者在相位上应严格同步。对 BDCM 的矢量主要要求就是对这种同步性控制，所以 BDCM 的控制，在正常情况下，就是要求电枢反应磁场与永磁体励磁磁场正交，以保证

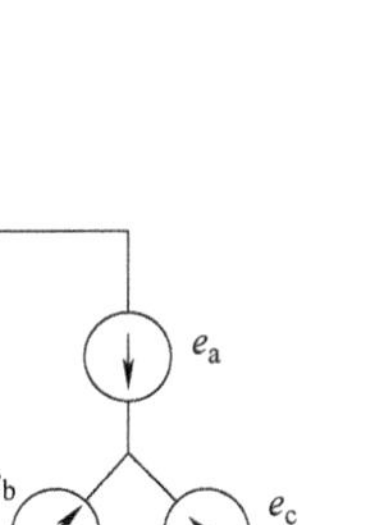
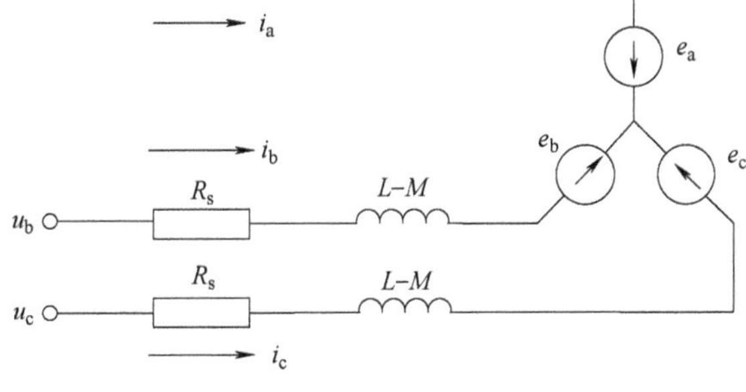

图 2-11　BDCM 等效电路

方波电流与梯形波电动势严格同步。

BDCM 正常运行时，只有两相同时导通（见图 2-10）。若 A 相和 B 相同时导通，则 $e_a=E_p$，$i_a=I_p$，$e_b=-E_p$，$i_b=-I_p$，$i_c=0$；设 $p_n=0$，由式（2-59）可得

$$T_e=2E_pI_p/\omega_r \tag{2-62}$$

式中，I_p 为 120°方波电流峰值；E_p 为反电动势峰值，假定在 120°区间内是恒定的，则

$$E_p=\psi_p\omega_r \tag{2-63}$$

式中，ψ_p 为梯形波励磁场峰值。

于是有

$$T_e=2\psi_pI_p=K_tI_p \tag{2-64}$$

式中，K_t 为转矩常数。

显然 BDCM 的转矩公式在形式上与直流电动机也是相同的，可以直接控制电磁转矩。但式（2-64）仅运用于严格同步状态。

转矩指令值 T_e^* 除以转矩常数 K_t 后，即得到给定电流指令 I_p^*。这个 120°的方波电流应与反电动势同步。例如图 2-10 中，对于 A 相反电动势要求 A 相电流在其相位 30°时导通，而在 150°时关断。电流的导通与关断受转子位置反馈信号控制，即通过转子位置信息的反馈来保证电流与反电动势的同步。因为某相电流导通后，在它需要进行换相前，幅值一直保持恒定，所以整个电动机仅需每隔 60°电角度进行一次位置信息反馈，一般用霍尔检测元件来确定换相点就可以，也可以用所谓的混合式光电编码器。

BDCM 的电流要进行换相，由于电流不能跃变，结果就可能使灌入电动机的实际相电流不是方波，而是接近方波的梯形波，这会使电磁转矩产生纹波。

此外，方波电流与梯形波反电动势必须严格同步，否则也会产生纹波转矩。事实上，对于具有非正弦定子电流这种无刷直流电动机，定子合成磁通势波不可能是严格同步的，这可能会造成转矩的脉动，脉动的频率为基波频率的 6 倍。因为 BDCM 在旋转一周内，要经过 6 次的电流换相，在一周 360°内，每隔 60°有一次电流换相。

由于转矩的这种不平稳性，势必会造成转速的波动，特别在低速时显得更严重，这会影响伺服系统的定位和重复定位精度。因此，高性能定位控制场合，首选的是 PMSM 而不是 BDCM。

造成这种转矩的不平衡主要有以下原因：

1）由于电流不能跃变，所以 BDCM 电流在换相过程中，由于电动机的电感限制了电流的变化率，电流的上升时间取决于直流电压和反电动势的差值以及定子绕组时间常数（定子漏感与电阻之比），时间常数越大，电流上升时间越长，实际电流波形与理想波形的偏差就越大，可以用梯形波来代替实际电流波，如图 2-12 所示。这个电流波形不是方波，而它是产生电磁转矩的一个因素。

2）磁通密度波波顶保持恒定不变的角度（即时间），在理想情况下是 120°，实际上，这个角度可能在 100°～150°范围内变化。在图 2-13 中，可以用增大或减小 θ_1 角来表示波顶小于或大于 120°的非理想电动势波。反电动势波波形与磁通密度波波形一致，它与标准的 120°也是增减相差，存在非理想的情况，它也是产生电磁转矩的两个因素之一。在 BDCM 中，1）与 2）两个因素的存在，是造成转矩波动的基本原因。

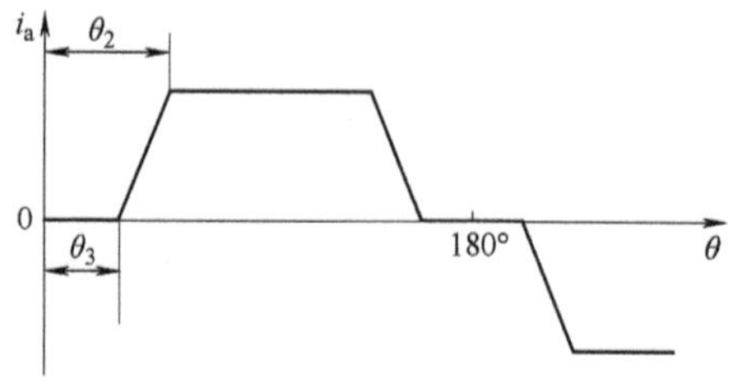

图 2-12　梯形波定子电流

这样看来产生恒定电磁转矩的两个因素都很难与理想条件一致，所以产生纹波转矩就是必然的了。由电机学理论可知，两个极数不同的空间旋转磁场是不会产生电磁转矩的。只有次数相同的谐波磁场相互作用后才会产生电磁转矩，如果这两个谐波磁场速度相同便会产生平均电磁转矩，如果速度不同，便只能产生脉动电磁转矩，其平均电磁转矩为零。

由理论分析可知，为减少转矩纹波，应使定子电流尽量逼近正弦波。对于 PMSM 来说，定子电流低次谐波分量很小，它们与转子磁场相互作用产生的转矩纹波自然就很小，这是正弦波馈电 PMSM 的一个很重要的特点。与 BDCM 相比，也是它的一个很突出的优点。此外，为获得尽量平滑的电磁转矩，还应进一步使转子励磁磁场正弦化，即尽量减小转子谐波磁场的幅值，或采用特殊的定子绕组设计，使其尽量接近理想的正弦绕组。

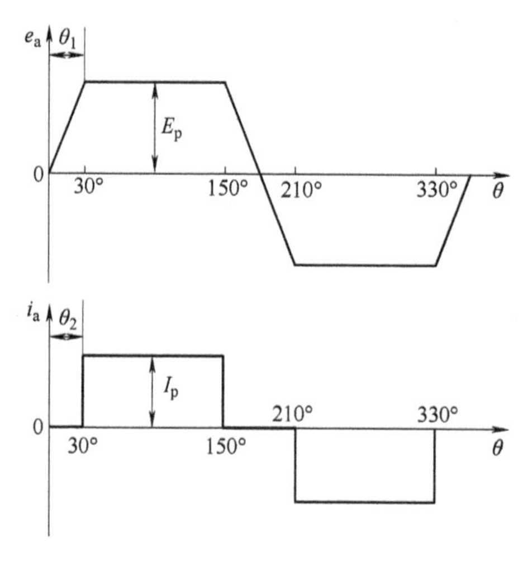

图 2-13　BDCM 反电势与电流波形

复习题及思考题

（1）在交流伺服驱动系统中，普遍的永磁交流伺服电动机可分为哪两类？

（2）就内转子结构而言，安装永磁体方式可以分为哪几种？

（3）什么是“理想电动机”？

（4）什么是矢量控制？

（5）矢量控制应用到永磁交流同步伺服电动机中有什么优点？

第 3 章　伺服驱动的负载机械特性

如前文所述，伺服驱动的主要对象是机械装置，而机械装置由多个部件和零件组成，它们有的做旋转运动，有的做直线运动；在运动中要求它们具有一定加速度、速度和位置（位移）。因此对驱动电动机提出了相应的要求，了解这些机械被控对象负载的特性，对设计选用伺服系统有重要意义。

3.1　旋转体的运动方程

交流伺服电动机的轴输出的是旋转运动，这与大多数机械负载的运动形式是一致的。首先，以电动机为例来说明。

3.1.1　转速

伺服电动机的转速是指其转子的旋转速度，以单位时间内转过的角度（rad/s）或以单位时间内的转数（r/min）来表示。

这种在单位时间内角度 θ 的变化为角速度 Ω，两者之间的关系为

$$\Omega=\frac{\mathrm{d}\theta}{\mathrm{d}t}\quad (\mathrm{rad/s}) \tag{3-1}$$

当用电动机的转速 n 来表示时，则有

$$\Omega=2\pi n\quad (\mathrm{rad/s}) \tag{3-2}$$

式中，n 为 r/s 或 r/min。

现在，来考虑直线运动和旋转运动之间的关系。直线运动的线速度 v 是指单位时间里运动体所移动的距离。若旋转半径为 r(m)，角速度为 Ω(rad/s)，则线速度和角速度之间的关系为

$$v=\Omega r\quad (\mathrm{m/s}) \tag{3-3}$$

3.1.2　转矩

伺服电动机的转矩 T 是以作用在转子上的力 F(N) 与其作用点的旋转半径 r(m) 之乘积来表示为

$$T=Fr\quad (\mathrm{N\cdot m}) \tag{3-4}$$

3.1.3　功

某物体受到力 F 作用并沿力的方向移动距离 s 时，力 F 所做的功 A 用力 F 和距离 s 的乘积表示

$$A=Fs=Fr\theta=T\theta \quad (\mathrm{J}) \tag{3-5}$$

式中，θ 为旋转体所转过的角位移；T 为旋转体所受的转矩。

3.1.4 功率

单位时间内所做的功，称为功率 P(J/s=W)。当旋转体运动时，功率可用转矩 T 和角速度 Ω 之积表示为

$$P=\frac{\mathrm{d}A}{\mathrm{d}t}=T\frac{\mathrm{d}\theta}{\mathrm{d}t}=T\Omega \quad (\mathrm{W}) \tag{3-6}$$

当物体受力 F 的作用后移动距离 s 时，若所做的功为 A，则直线运动的功率为

$$P=\frac{\mathrm{d}A}{\mathrm{d}t}=F\frac{\mathrm{d}s}{\mathrm{d}t}=Fv \quad (\mathrm{W}) \tag{3-7}$$

3.1.5 动能和惯量

质量为 m(kg) 的物体以速度 v(m/s) 沿直线运动时的动能为

$$E_{\mathrm{k}}=\frac{1}{2}mv^2 \quad (\mathrm{J}) \tag{3-8}$$

把直线运动和旋转运动的速度表达式代入式 (3-8)，便可以求得旋转运动体的动能为

$$E_{\mathrm{k}}=\frac{1}{2}mv^2=\frac{1}{2}mr^2\Omega^2=\frac{1}{2}J\Omega^2 \tag{3-9}$$

式中，J 为旋转体的转动惯量，且 $J=mr^2(\mathrm{kg}\cdot\mathrm{m}^2)$。

当一个旋转体是由若干个旋转质点组成时，该旋转体的转动惯量等于各质点的转动惯量之和为

$$J=\sum_i m_i r_i^2 (i=1,2,3,\cdots) \quad (\mathrm{kg}\cdot\mathrm{m}^2) \tag{3-10}$$

但实际的旋转体是由连续质点组成的。若在 r 处的质点密度为 $\rho(\mathrm{kg/m^3})$，该处的体积微分为 $\mathrm{d}V$，则旋转体的转动惯量为

$$J=\int_V \rho \mathrm{d}V \quad (\mathrm{kg}\cdot\mathrm{m}^2) \tag{3-11}$$

在实际设计产品时，需要知道伺服电动机所驱动的机械负载惯量 J，并把它折算到伺服电动机轴上，如图 3-1 所示。在具有惯量为 J_1 的交流伺服电动机轴，借助于变速机的连接具有惯量为 J_2 的负载。

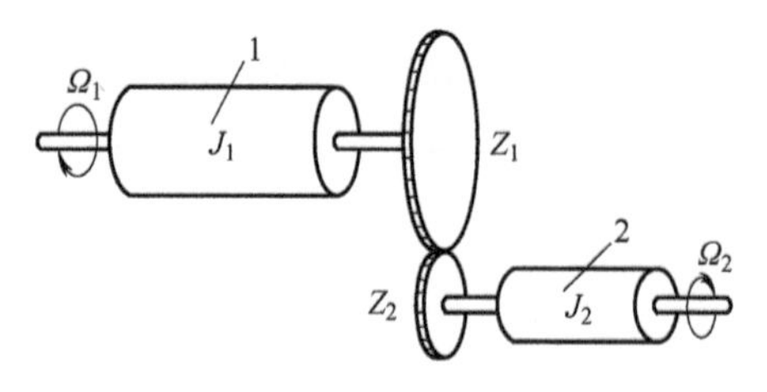

图 3-1 用变速机构连接的旋转体

1—交流伺服电动机 2—负载

设交流伺服电动机的角速度为 Ω_1，负载的角速度 Ω_2，则整个机械系统的动能为

$$\begin{aligned} E_{\mathrm{k}} &=\frac{1}{2}J_1\Omega_1^2+\frac{1}{2}J_2\Omega_2^2=\frac{1}{2}\left(J_1+\frac{\Omega_2^2}{\Omega_1^2}J_2\right)\Omega_1^2 \\ &=\frac{1}{2}\left[J_1+\left(\frac{Z_2}{Z_1}\right)J_2\right]\Omega_1^2=\frac{1}{2}(J_1+\alpha^2J_2)\Omega_1^2 \end{aligned} \tag{3-12}$$

式中，α 为变速比，且 $\alpha=Z_2/Z_1$。

在图 3-2 中，若在惯量为 J_1 的交流伺服电动机轴上，直接连一个惯量为 J_2 的滚筒，并借助于软连接将一个质量为 m 的质点连接在滚筒上，则质点 m 在交流伺服电动机轴上的惯量折算值可用下述方法来求得。

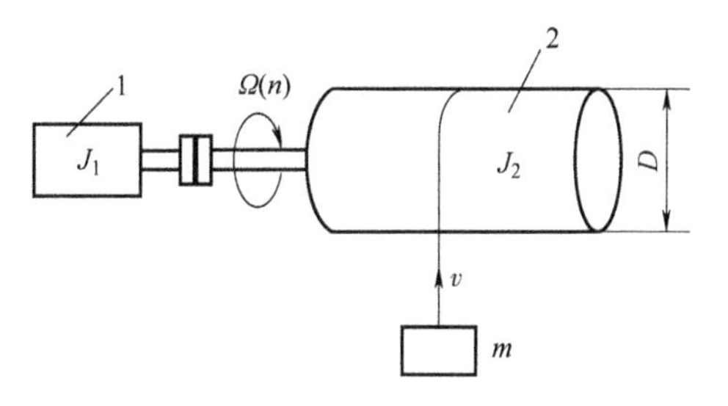

图 3-2　直线运动体的惯量

1—AC 伺服电动机　2—滚筒

设交流伺服电动机的角速度为 Ω，转速为 n，滚筒直径为 D，质点 m 的速度为 v，则全部动能 E_k 可由下式表示

$$E_k=\frac{1}{2}(J_1+J_2)\Omega^2+\frac{1}{2}mv^2=\frac{1}{2}\left(J_1+J_2+\frac{mv^2}{\Omega^2}\right)\Omega^2 \tag{3-13}$$

把 $v=\pi Dn$，$\Omega=2\pi n$ 代入上式，则有

$$E_k=\frac{1}{2}\left[J_1+J_2\frac{m(\pi Dn)^2}{(2\pi n)^2}\right]\Omega^2=\frac{1}{2}\left(J_1+J_2+\frac{mD^2}{4}\right)\Omega^2 \tag{3-14}$$

式中，J_1 为交流伺服电动机的转动惯量；J_2 为滚筒的惯量。

由式（3-14）可见，质量为 m 的质点在直径为 D 的旋转轴上做直线运动，回转轴的惯量为 $mD^2/4$。

图 3-3 表示通过丝杠牵引质量为 m_1 的质点和质量为 m_2 的工作台。

机械系统的总惯量计算如下：

$$J=J_1+J_2+\alpha^2\left[J_3+(m_1+m_2)\frac{D^2}{4}\right] \tag{3-15}$$

式中，J_1 为交流伺服电动机的惯量；J_2 为小齿轮惯量；J_3 为大齿轮惯量；D 为转动丝杠的直径；m_1 为质点质量；m_2 为工作台质量；α 为大小齿的减速比，也包括丝杠的减速在内。

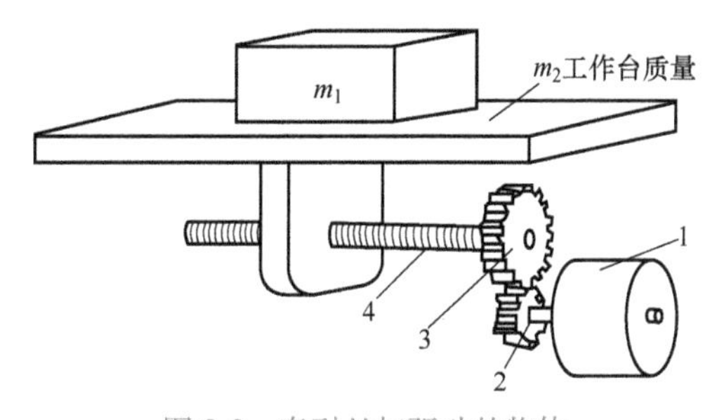

图 3-3　牵引丝杠驱动的物体

1—电动机　2—小齿轮　3—大齿轮　4—丝杠

在这里仅以齿轮减速比为例说明减速比的定义

$$\alpha=\frac{\text{高速}}{\text{低速}}=\frac{\text{大轮齿数}(z_2)}{\text{小轮齿数}(z_1)}=\frac{z_2}{z_1}>1$$

这一数字大于 1，定义为减速。在式（3-15）中，出现 α^2，显然把大齿轮后的惯性放大了 α^2 倍，加到电动机的轴上，这是不合理的，折算到电动机轴的惯性应该比折算前小才合理，那可能是式中由 $\alpha^2\to 1/\alpha^2$ 才对。请注意 α 的定义，如果 α 定义为 z_1/z_2，则式（3-15）自然成立。

3.1.6　运动方程式

按牛顿第二定律可知，当质量为 m 的物体在受力 F 作用时，若以速度 v 运动，则有

$$F=m\frac{\mathrm{d}v}{\mathrm{d}t} \tag{3-16}$$

牛顿第二定律也适用于旋转体运动。

设旋转半径为 r，角速度 Ω，并把 $v=r\Omega$ 代入上式，则有

$$F=mr\frac{\mathrm{d}\Omega}{\mathrm{d}t} \tag{3-17}$$

两边乘以 r，得到

$$Fr=T=mr^2\frac{\mathrm{d}\Omega}{\mathrm{d}t}=J\frac{\mathrm{d}\Omega}{\mathrm{d}t} \tag{3-18}$$

即 $T=J\frac{\mathrm{d}\Omega}{\mathrm{d}t}$ （N·m）。

式中，J 为旋转体的惯量；T 为旋转体的转矩。

3.2 负载的转矩特性

驱动机械运动的交流永磁伺服电动机的典型运动方式如图 3-4 所示。交流伺服电动机从静止的零速开始起动，一直加速到所规定的速度，并以此速度运行。当电动机接到停止命令时，交流伺服电动机就从工作速度开始减速，直到停止，这就完成了一个连续的运动过程。为了按上述方式来控制伺服电动机，它必须能产生足够的电磁转矩 T_e 以克服负载转矩 T_L，机械体的摩擦转矩 T_f 和负载所需的加速度转矩 T_a（$T_a=J(\mathrm{d}\Omega/\mathrm{d}t)$）之和的反作用。

如上所述，伺服电动机所产生的电磁转矩 T_e 与各负载间的平衡关系如图 3-5 所示，用运动方程表示，则有

$$T_e=T_L+T_f+J\frac{\mathrm{d}\Omega}{\mathrm{d}t} \tag{3-19}$$

下面就按机械负载在工作过程中所呈现出来对电动机转矩的要求，大致可分为三大类型负载。

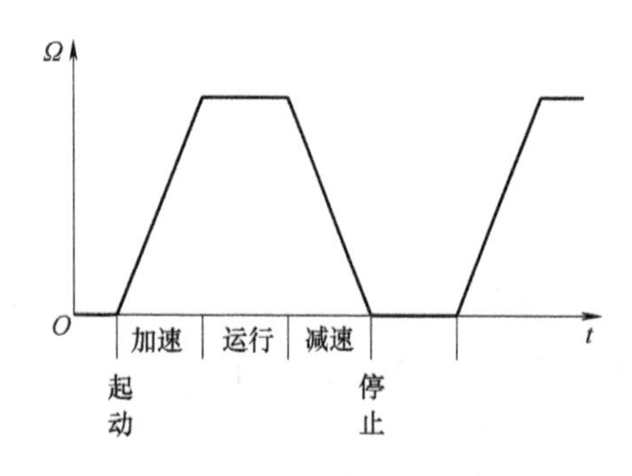

图 3-4 电动机的运动方式

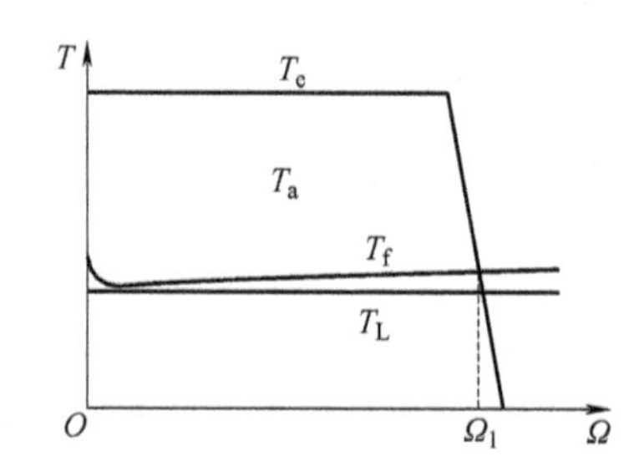

图 3-5 电磁转矩和负载转矩之间的关系

3.2.1 恒转矩负载

在这类负载中，负载转矩不随负载的运动速度变化而变化，负载的功率则随着速度的变化而变化，速度高则功率线性增大，速度低则功率线性降低。这类负载的典型代表有机床的进给机构，卷扬机卷取重物等都是恒转矩的典型，另外像汽车生产线上螺栓拧紧机构，饮料生产线上瓶盖拧紧动作等，也是恒转矩负载的应用。这种负载特性是很多应用场合的要求。

3.2.2　流体类负载

这类负载的转矩与速度的二次方成正比，功率与转速的三次方成正比，风机、水泵就是这类负载的典型代表。

3.2.3　恒功率负载

这类负载的特点是转矩与转速成正比，但转矩与转速的乘积所代表的功率却近似保持不变，可视为一个常数。这类负载的典型代表有金属切削机床的主轴驱动和卷取机等。

由图 3-6 知，交流伺服电动机的转矩-转速特性是一条直线，即转矩是一个常数。所以，交流伺服电动机特别适用于驱动机床进给轴这类恒转矩负载。

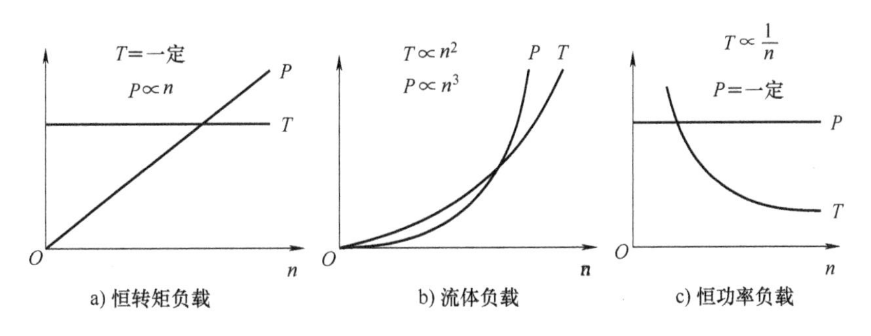

图 3-6　负载的种类和转矩与速度特性

下面，根据不同的负载，就计算交流伺服电动机容量与转矩的方法作简要说明。

（1）摩擦负载

传送带和机床等负载是使物体在水平方向运动，这类负载就是一种摩擦负载。当质量为 m 的物体对摩擦面施加的垂直方向的力为 F_v 时，若摩擦系数为 μ，则使物体沿水平方向移动的力为

$$F_h=\mu F_v \quad (\mathrm{N}) \tag{3-20}$$

当以速度 v 移动时，所需要的功率为

$$P=F_h v=\mu F_v v \quad (\mathrm{W}) \tag{3-21}$$

当物体以角速度 Ω 做旋转运动时，若轴承半径为 r，则此时所需要克服的摩擦转矩 T_f 和所提供的功率 P 分别为

$$T_f=\mu F_v r \quad (\mathrm{J}) \tag{3-22}$$

$$P=\mu F_v r\Omega \quad (\mathrm{W}) \tag{3-23}$$

在一定的速度内，可以认为摩擦系数不变。故对一定的速度而言，摩擦负载具有恒转矩负载特性，其功率与速度成正比。

顺便指出，物体从静止开始运动，其静摩擦比较大，当运动起来后，其动摩擦减小，而后速度上升摩擦渐增，这是一个复杂过程。电动机的驱动转矩一定要高于静摩擦力矩才可。

（2）重力负载

卷扬机、多关节机器人等机械克服重力将物体上、下移动，这种负载称重力负载。将质量为 m 的负载以速度 v 向上卷起时的力和功率 P 分别为

$$F_v = mg \quad (N) \tag{3-24}$$

$$P = F_v v = mgv \quad (W) \tag{3-25}$$

由于重力加速度是一定的，不随速度而变化，所以这种负载对速度而言，呈现出恒转矩特性，功率与速度成正比。

(3) 恒功率负载

机床的主轴和卷取机等负载都是恒功率负载的例子。在切削加工时，切削阻力的合力 F 如图 3-7 所示。在合力 F 中，需要提供分力 F_f，以使驱动装置移动，做纵向进给。由于图 3-7 中所示的刀具不做横向进给运动，所以分力 F_p 并不消耗功率，主分力 F_v 对应于主轴的驱动功率，若主轴运动速度和进给速度分别为 v 和 v_f，则主轴驱动功率和进给驱动功率分别为

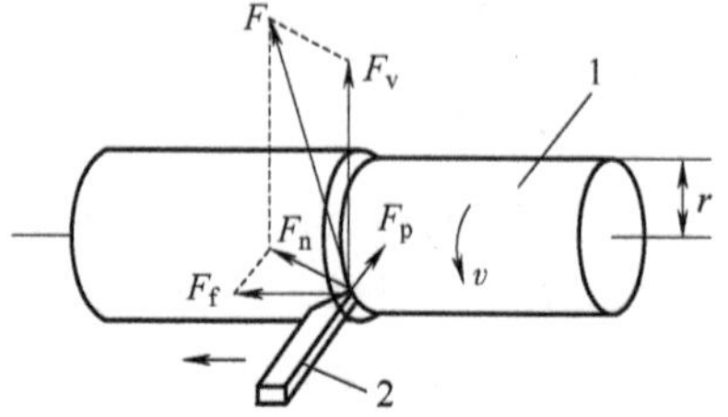

图 3-7 切削阻力的合力
1—被加工工件 2—车刀

$$P_v = F_v v \quad (W) \tag{3-26}$$

$$P_f = F_f v_f \tag{3-27}$$

切削阻力因工件材料而异，与刀具的材质几乎无关。当工件的材质及切削角度一定时，虽然可以认为切削阻力是一定的，但由于工件切削半径的变化，转矩也随之改变。一般来说，当被加工的工件半径变化时，应使工件的运动转速升高；而当工件较大时，应使其转速降低。这样才能保证工件圆周的线速度保持为一常数，不随半径变化而变化，从而确保加工质量。

(4) 加速负载

在印刷电路板的元件插入装置、绘图机等负载中，其负载很轻，但却处于频繁起动和制动的运行方式中，在这种情况下，不仅需要较大的起动和制动转矩，也需要确定 AC 伺服电动机的充分容量。

设质量为 m 的物体以加速度 a(m/s^2) 做直线运动的加速或减速时的功率分别如下：

加速时功率为

$$P_a = (ma + F_L)at \quad (W) \tag{3-28}$$

减速时功率为

$$P_d = (-ma + F_L)(v_0 - at) \quad (W) \tag{3-29}$$

式中，F_L 为负载阻力；v_0 为减速时的初始速度。

惯量为 J 的旋转体以角加速度 Ω_a(rad/s^2) 加、减运动时的转矩分别为

$$T_a = J\Omega_a + T_L \quad (N \cdot m) \tag{3-30}$$

$$T_d = -J\Omega_a + T_L \quad (N \cdot m) \tag{3-31}$$

式中，T_L 为旋转体的阻力矩。

当初始角速度为 Ω_0 所需的加、减功率分别为

$$P_a = (J\Omega_a + T_L)(\Omega_0 + \Omega_a t) \quad (W) \tag{3-32}$$

$$P_d = (-J\Omega_a + T_L)(\Omega_0 - \Omega_a t) \quad (W) \tag{3-33}$$

当初角速度 $\Omega_0 = 0$ 时，即从静止状态以角加速度 Ω_a，加速到 $\Omega = \Omega_1$ 时的功率为

$$P_a = (J\Omega_a + T_L)\Omega_a t \quad (W) \tag{3-34}$$

当初角速度 $\Omega_0 = \Omega_1$，以角加速度 Ω_a 减速到静止状态时的功率为

$$P_d=(-J\Omega_a+T_L)(\Omega_1-\Omega_a t)\quad (\mathrm{W})\tag{3-35}$$

所以，在阻力负载很轻、而动态要求在经常的起动制动中的运动过程，对动态转矩和功率是要足够重视的。

3.3　几种典型的非线性现象

在交流伺服系统中，已经介绍过了电动机转子速度 ω_r 干涉交、直轴电流的这一非线性因素之外，系统的执行元件伺服电动机一般还兼有死区和饱和特性，在系统的其他环节中也存在类似问题，如图 3-8a、b 所示。由于电动机轴都存在着摩擦力矩和负载力矩，因此当输入电压达到一定数值时，电动机才能转动，即存在所说的不灵敏区，而当输入电压超过一定值时，电动机的转速就不再升高，出现了饱和现象，见图 3-8c。另外，各种机械传动机构，例如齿轮减速器、杆系传动，由于加工和装配限制，在传动过程中，都可能存在着间隙，如图 3-8d 所示。由此可见，这些非线性特性在实际的伺服系统中是普遍存在的，在性能要求很高的伺服系统中，必须认真对待这些非线性因素。

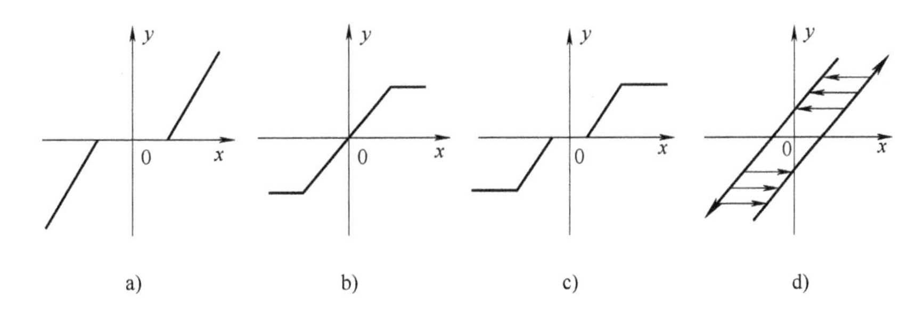

图 3-8　伺服系统可能存在的几种典型非线性特性

3.3.1　死区现象分析

死区又称为不灵敏区，其特性如图 3-9 所示。它的特点是：当输入量 $|x|\leqslant\Delta$ 时，输出量 $y=0$；当 $|x|>\Delta$ 时，y 与 x 呈线性关系。图中 $-\Delta\sim\Delta$ 之间输入是死区范围，$K=\mathrm{tg}\beta$ 是死区特性直线段的斜率。

伺服系统的死区可能有测量元件的测量反馈死区、放大元件的死区及执行机构的死区。

对于图 3-10 所示的系统，K_1、K_2、K_3 分别是误差检测器、放大器和执行元件的传递系数，Δ_1、Δ_2、Δ_3 分别为它们的死区。把放大元件和执行元件的死区都折算到误差检测器上，得到总的死区特性为

$$\Delta=\Delta_1+\frac{\Delta_2}{\Delta_1}+\frac{\Delta_3}{\Delta_1\Delta_2}\tag{3-36}$$

图 3-9　死区特性

由此可见，处于系统前向通道最前边的元件，其死区造成的影响最大；而后边的执行元件死区的影响，可以通过提高前几级元件的传递系数来减小。

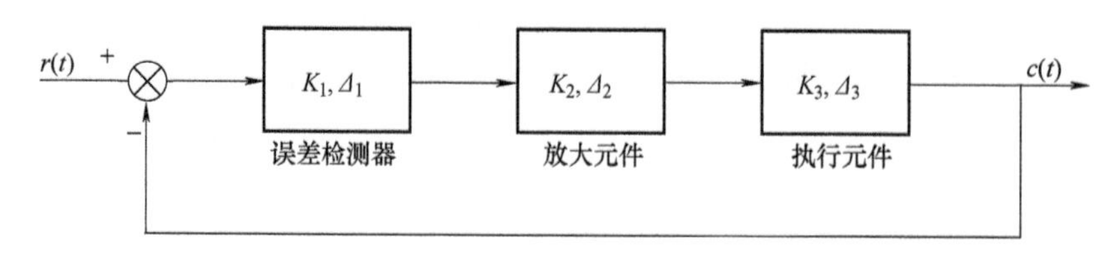

图 3-10　含有死区的非线性系统

死区对系统最直接的影响是造成输出的稳态误差。当输入信号是斜坡函数时，死区的存在会造成系统的输出量在时间上的滞后，从而降低系统的跟踪精度，如图 3-11 所示。

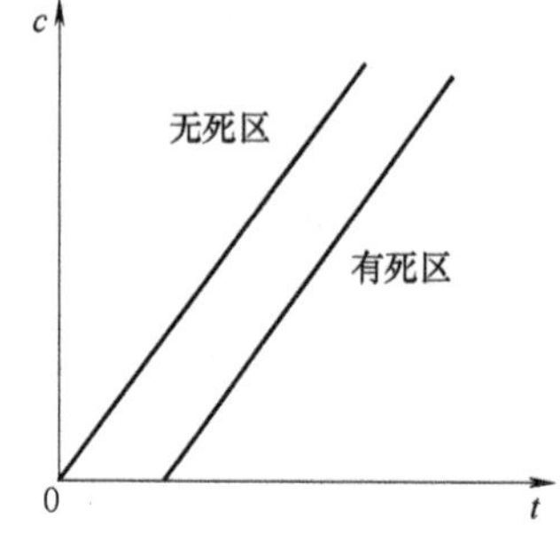

图 3-11　斜坡输入时，系统的输出量

死区的等效增益如图 3-12 所示。在图 3-12a 中，K 为死区特性直线段的斜率，k 为死区特性的等效增益，显然，一般 $k<K$，当 $|x| \leqslant \Delta$ 时，$k=0$；当 $x \to \Delta$ 时，$k \to K$；当 $x>\Delta$ 时，输出取等效增益 k，如图 3-12b 所示。因此，死区的存在相当于降低了系统的开环增益，从而提高了系统的稳定性，减弱了过渡过程的振荡性。另外，死区能滤除输入端小幅振荡的干扰信号，从而提高了系统的抗干扰能力。

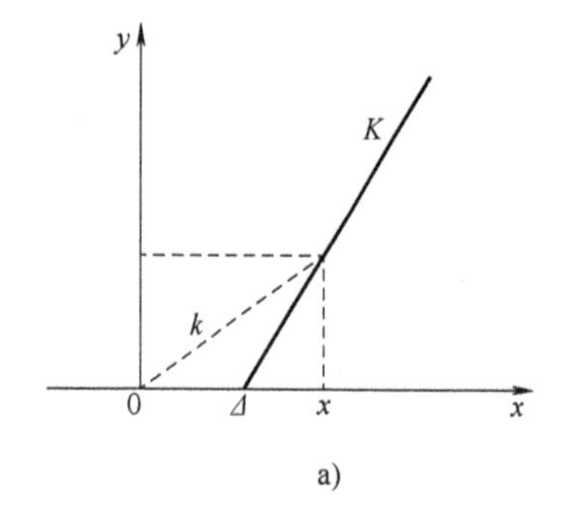

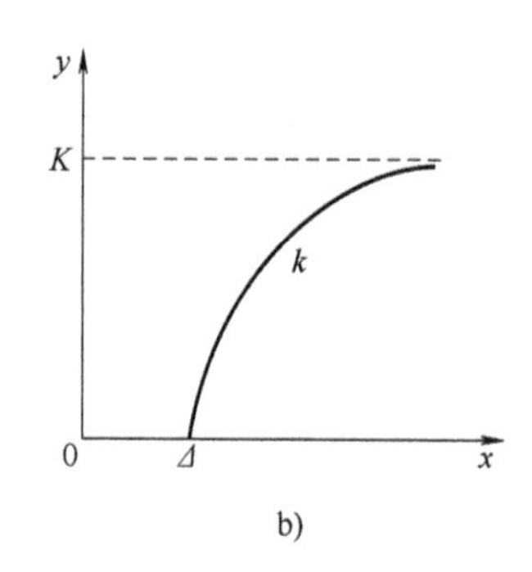

图 3-12　死区特性的等效增益

3.3.2　饱和现象

具有饱和特点的元件很多，几乎各类放大器和电磁元件都会出现饱和现象。实际上，执行元件的功率限制也是一种饱和现象。饱和特性及其等效增益如图 3-13 所示。图 3-13a 所示的饱和特性，它的特点是：当输入 $|x| \leqslant a$ 时，输出量与 x 呈线性关系。图中在 $-a \sim a$ 的输入区间在线性范围。K 是线性范围内的传递系数，由图 3-13 可见，饱和特性在线性范围内的增益为 K，而在饱和区虽然输入量继续增大，但输出却保持不变，所以饱和特性的等效增益为 k，将随着输入量的增大而减小，如图 3-13b 所示。

饱和特性对系统性能的影响是多种多样的，下面仅讨论两种情况。对稳定系统而言，饱和特性带来的开环增益下降，会使系统的超调量下降，振荡减弱。这可用图 3-14 所示的伺服系统为例来说明。图 3-14 所示为具有饱和特性的伺服系统框图，定性说明如下：当系统中无饱和限制时，开环传递函数为 $G(s)=K_1K_2/s(T_m s+1)$，其根轨迹如图 3-15a 所示，当开

环增益为 $K=K_1K_2$ 时，闭环极点位于 s_1 和 s_2 处，在幅值较大的阶跃信号作用下，系统的阶跃响应如图 3-15b 中的曲线 1 所示。当考虑饱和限制后，幅值较大的阶跃输入信号，使系统工作在饱和区，于是开环增益 $K=K_1K_2$ 下降，闭环的两个极点变为 s_1' 和 s_2'，它们比 s_1、s_2 更靠近实轴（见图 3-15a），这相当于阻尼比增大，系统的阶跃响应如图 3-15b 中的曲线 2 所示，显然超调量下降，振荡减弱。（对于开环增益减小时稳定程度反而减小的个别系统，饱和特性的引入，反而会使系统的振荡情况加剧）。

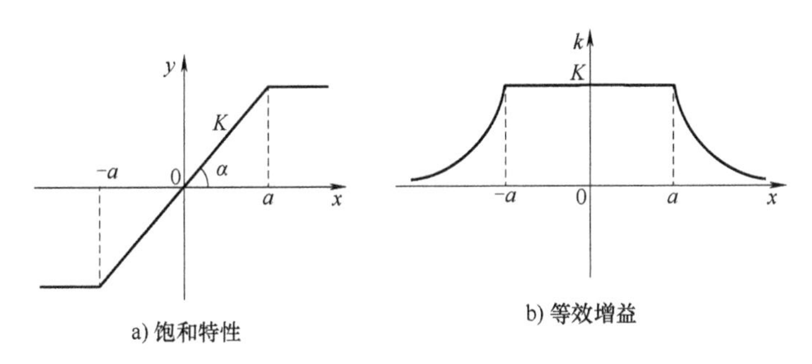

图 3-13　饱和特性及其等效增益

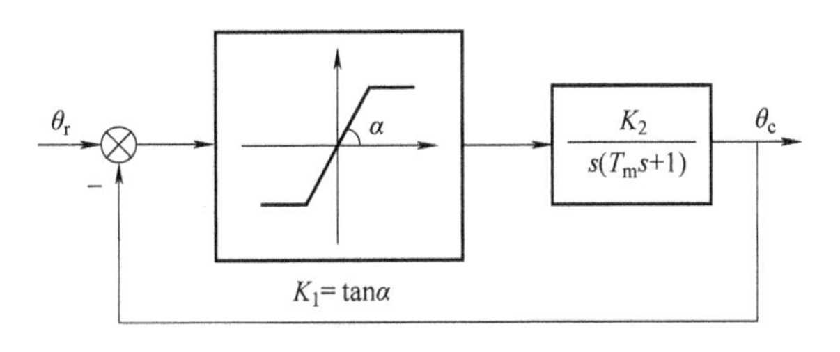

图 3-14　具有饱和特性的伺服系统框图

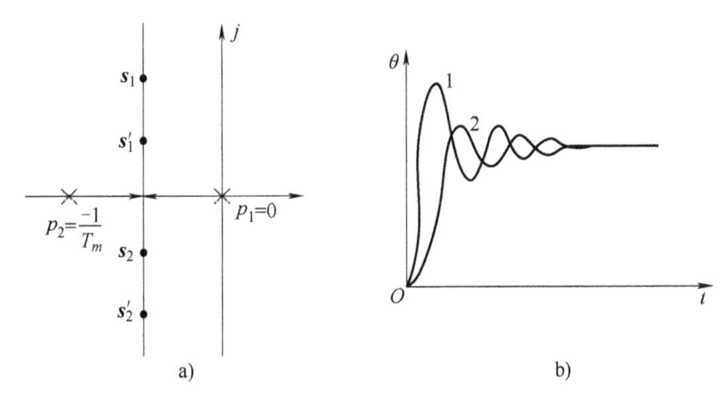

图 3-15　系统的根轨迹及阶跃响应曲线

对于振荡的不稳定系统，当受到饱和限制后，系统会出现自激振荡。例如在如图 3-14 所示的伺服系统中，若 $G(s)=K_2/s(T_ms+1)(s+1)$，并且不考虑饱和限制，当开环增益 $K=K_1K_2$ 大于临界值时，系统是振荡发散的，其阶跃响应曲线如图 3-16 中的曲线 1 所示。当考虑了饱和特性后，系统的发散结果会使误差 e（e 为指令输入和输出的误差）增大，从而使饱和特性的增益 K_1 下降，当 $K=K_1K_2$ 小于系统的临界开环增益 K_c 时，系统的输出就有收敛趋势，当收敛到使 e 进入饱和特性的线性段范围时，$K=K_1K_2$ 大于临界值，输出又出现振荡发散。上述过程几经反复，使系统的输出既不无限发散，又不会收敛到零。最终将不稳定的发散振荡压抑为大幅度自振，如图 3-16 中的曲线 2 所示。

总之，饱和特性对系统性能影响比较复杂，并因为系统的结构、参数不同而不同，但粗略地看来可以用线性系统开环增益减小时，对系统性能产生的影响做近似分析。当系统的输入信号为斜坡函数时，因为跟踪速度受到限制，会使系统的跟踪误差变大。一般来说，饱和特性会使系统的动态特性变好。

在设计伺服系统时，应力求在输入信号增大时，所有元件同时进入饱和区，至少也要使功率首先进入饱和区而其他控制元件在线性段工作，以确保系统的控制作用在正常实行中；而功率进入饱和后，可以使大功率元件得以充分利用，在经济性上是合理的。

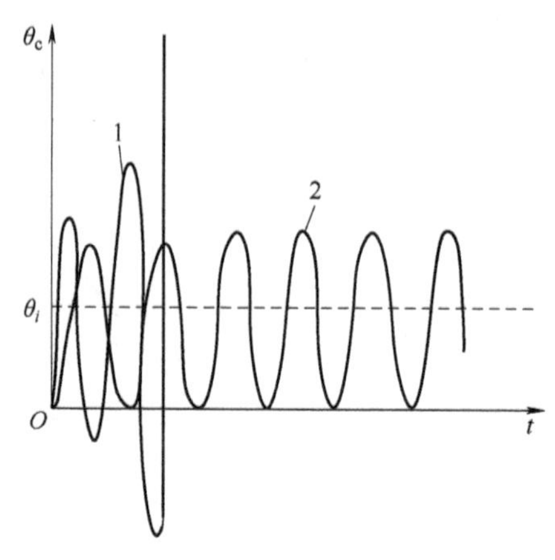

图 3-16　系统的根轨迹及阶跃响应曲线

3.3.3　间隙现象的分析

传动机构（如齿轮传动、杆系传动）的间隙也是驱动系统中常见的非线性因素，由于受到加工精度和装配上的限制，间隙往往是很难避免的。如图 3-17a 所示的减速齿轮箱中，一对齿轮的啮合间隔如图 3-17b 所示。主动轮位于从动轮 B_1、B_2 中间。图 3-17c 给出了这对啮合齿轮输入量和输出量之间的关系。当主动齿轮正向转动，而未越过间隙 b 时，从动齿轮不动，这相当于死区 Ob 段，然后从动轮随主动轮以线性关系旋转，即 bc 段；当主动轮反转时，必须越过 $2b$ 长度的空行程 cd 段以后，从动轮才反转即 de 段；等主动轮再正转时从动轮再次停止，即 ef 段；然后从动轮跟随主动轮正方向旋转，即 fb 段，从而形成了如图 3-17c 所示的间隙特性。它具有非单值的非线性特性，即一个输入值可有两个输出值，这也与磁路中的磁化曲线 $B=f(H)$ 相似。

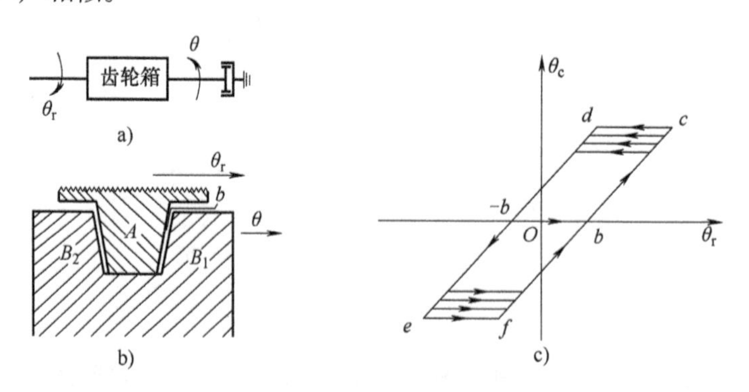

图 3-17　齿轮间隙和间隙特性

间隙特性对于系统性能主要影响表现在：一是增大了系统的稳态误差，降低了控制精度，这相当于死区的影响；二是使系统过渡过程的振荡加剧，甚至可能导致系统不稳定，机械运动的传递系统发出噪声，以致影响机械寿命。这一点可以用间隙特性在正弦信号作用下的输出波形来说明，见图 3-18。

由图 3-18 可见，输出在相位上落后输入 φ 角，这相当于在开环系统中引入了一个相角滞后的环节，从而使系统的相角裕度减小，过渡过程的振荡加剧，动态性能变坏，造成系统不稳定。从能量观点来分析当主动输入越过间隙时，系统的执行元件不带负载，因而不消耗能量。与没有间隙特性的系统相比，相当于蓄能增多，使得主动轮通过间隙重新带负载时的能量增加，因而使系统的振荡加剧。间隙过大，储能过多，从而造成系统自振。

减小齿轮间间隙的直接方法是提高齿轮的加工和装配精度，此外也可以采用各种校正装置来补偿间隙的不良影响。

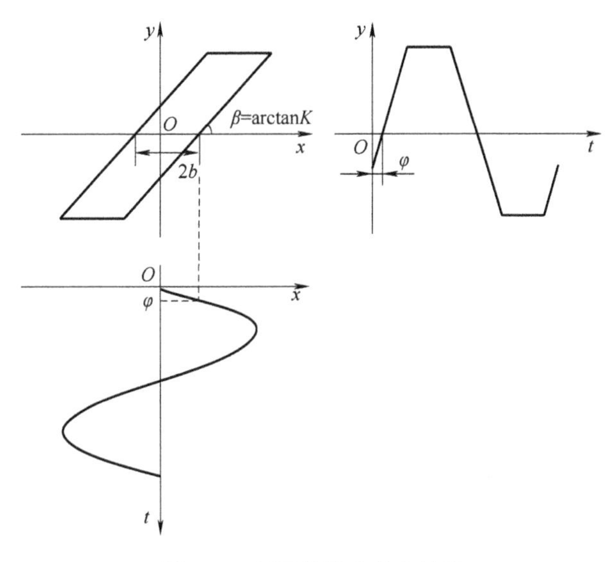

图 3-18　间隙的输入输出波形

3.3.4　摩擦分析

在机械机构传动中，摩擦是必然存在的物理现象。当机械工作面进入滑动接触时，都存在制动摩擦力，其主导摩擦力 F_f 称为黏性摩擦力。它与滑动体表面的相对速度 $\dot{x}$ 成正比，是线性的，即

$$F_f = f\dot{x} \tag{3-37}$$

式中，f 为黏性摩擦力；$\dot{x}$ 为运动体在滑动表面的相对速度，这种黏性摩擦力如图 3-19a 所示。

另外，还存在两种非线性摩擦力：一种是库伦摩擦力 F_2，通常表现为与运动方向相反的恒定制动力；另外一种是开始运动时需要克服的静摩擦力 F_1。由于接触表面不规则，所以 F_1 总大于 F_2，但是随着运动速度的提高，F_1 逐渐减小到 F_2，如图 3-19b 所示。其大小如图 3-19c 所示。图 3-19d 表示各种摩擦的组合特性。

非线性摩擦的影响，因系统具体情况而定。对于小功率伺服系统来说，它就是一种很重要的非线性因素。关于它的影响，从静态方面来看，相当于在执行机构中引入了死区，会增大系统的稳态误差，降低系统精度，这一点和死区的影响是相同的。对动态性能的影响是造成系统低速运行下的不平滑性，即当输入轴做低速平稳运行时，而输出轴却可能是跳动式转

动，在工程中这种低速爬行现象是很有害的，特别是在数控机床进给伺服系统中是不允许存在的，在最小平稳跟踪速度上也是有要求的。

摩擦问题是一门复杂的学问，要精确研究起来是很困难的。

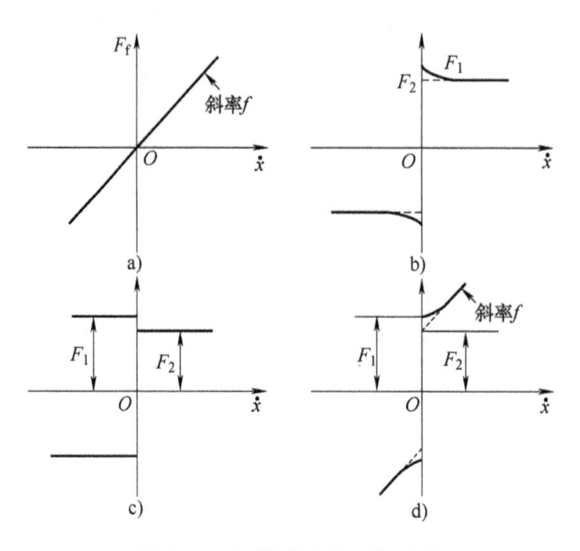

图 3-19　各种形式的摩擦特性

3.4　机械谐振

伺服电动机的输出轴通过机械减速箱带动被控的机械负载，齿轮减速箱可以看作是一个力矩变换器。也就是说，在高性能伺服机构的减速器中输入一个高速低转矩的旋转运动，而输出端上将产生一个低速高转矩的输出运动。这是因为加速大惯量的负载，通常需要高转矩，传动比的选择应使电动机转矩-速度特性与负载的要求相匹配。由电动机轴到负载运动的传递与变换过程中，往往假设参与这个过程中的所有运动部件都是刚性的，运动链没有任何形式上的变形，也不会引起任何额外的附加运动。

实际上，机械传动轴在传递力矩的过程中，都有不同程度的弹性变形。随着对伺服系统动态性能要求的不断提高，系统的通频带随之增宽，而这种机械弹性变形所造成的变形与谐振对系统性能的影响也随之增加，甚至可能破坏系统的稳定性。因此，必须认真考虑机械传动链弹性变形对伺服系统的影响。

图 3-20 表示伺服电动机经过二级齿轮减速器到负载的传动示意图。这里先给出减速器的齿轮传动比的定义：

当两个直齿轮啮合传动时，其主动轮 1 的转速 n_1 与从动轮 2 的转速 n_2 之比称为齿轮的传动比，用 i 来表示。通过换算知道，$i_{12}=n_1/n_2=z_2/z_1$，表示从齿轮 1 到齿轮 2 的减速比。式中，n_1 为主动轮转速；n_2 为从动轮转速；z_1 为主动轮齿数；z_2 为从动轮齿数。

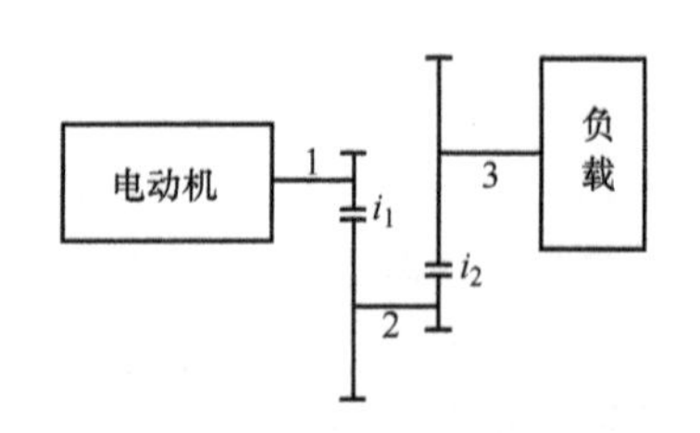

图 3-20　二级齿轮减速器传动示意图

对于减速器，$n_1>n_2$，$z_2>z_1$，则 $i_{12}>1$，图 3-20 为二级减速齿轮传动，有三根轴，为简化分析，设三根轴长度、粗细与材料均相同，因而有相同的弹性模量。二级减速器的传动比分别为 i_1、i_2，总传动比为 i_1i_2。

当伺服电动机输出力矩为 M_d 时，轴 1 即承受力矩 M_d，此时轴 2 承受力矩显然在增大，变为 $M_2=i_1M_d$，而轴 3（即负载轴）所承受的力矩进一步增加为 $M_3=i_1i_2M_d$。现在来考虑在承受力矩的情况下，三个轴产生的弹性变形角如下：

轴 1 的扭转变形角 $\phi_1=M_d/K_L$；

轴 2 的扭转变形角 $\phi_2=i_1M_d/K_L$；

轴 3 的扭转变形角 $\phi_3=i_1i_2M_d/K_L$。其中 K_L 为产生单位变形角所需要的力矩。

由此可见，传动轴越靠近负载，其扭转变形角也越大。

如果将各轴变形角都折算到轴 3 上，就得到整个减速装置总的扭转变形角为

$$\varphi=\varphi_1+\varphi_2+\varphi_3=\varphi_1+\varphi_1i_1+\varphi_1i_1i_2=\varphi_1(1+i+i_1i_2) \tag{3-38}$$

为了简化分析，现将整个装置的扭转变形都集总在负载轴上，如图 3-21 所示。

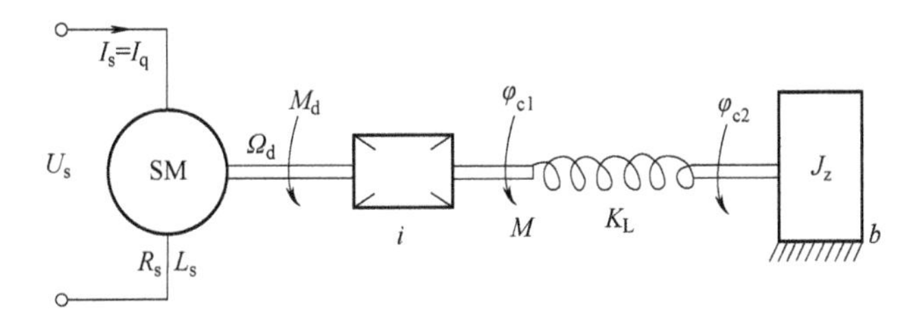

图 3-21　传动装置弹性形变示意图

在图 3-21 中，电动机采用控制方式是 $i_d=0$ 的永磁交流同步伺服电动机，q 轴电流 i_q 也相当于定子的电枢电流。

图 3-21 中，φ_{c1}，φ_{c2}分别表示负载轴两端所产生的扭转变形角；K_L 为扭转弹性模量；Ω_d 为电动机的伺服角速度；J_z为负载转动惯量；M_d 为电动机的电磁转矩。

通过对图 3-21 的定性分析可知，由于考虑了传动装置的弹性变形，使得整个伺服系统由电动机的输入电压 u_s 到负载轴端的变形转角 φ_{c2}之间的传递函数中，出现了新增加的机械振荡环节，导致可能出现机械谐振。防止机械谐振的主要办法是增加机械阻尼、串联补偿等措施，把新增加附加机械振荡频率赶出伺服系统的通频带之外，使附加产生的机械振荡频率远离通带上限。

3.5　机械刚度与伺服刚度

在工程应用中，机械零件和机械机构的刚度是一个十分重要的基本概念。例如齿轮轴的过度变形就会影响齿轮的啮合状态，机床传动链变形过大，就会降低加工零件的精度。那么什么是机械零件的刚度呢？

刚度的定义：一个机械零件或机构的刚度是指它在弹性范围内，抵抗变形（弯曲拉伸，压缩）的能力，按下式计算

$$K=\frac{P}{\delta} \tag{3-39}$$

式中，P 为作用于机构的力；δ 为由于作用力而产生的形变；K 为机械刚度。

若所受力为恒定，则 K 为静态刚度；若负载承受的外力是交变的，则称为动态刚度。

对旋转运动体而言，则有

$$K=\frac{M}{\theta} \tag{3-40}$$

式中，M 为施加的力矩；θ 为旋转角度；K 为转动刚度，（N · m/rad）。

相应地，它也有静动态刚度之分。

此外，根据作用力（力矩）作用方式不同，可分为其他多种形式的刚度。与机械传动相似，整个伺服系统包括机械传动、电气伺服控制两大部分。从整体上考虑，在恒定外负载作用下，伺服系统抵抗位置偏差的能力，也就是伺服电动机为消除位置偏差而产生的力矩与位置偏差之比。

当外负载不变时，伺服刚度越大，则伺服误差越小。所以要求伺服系统的刚度要足够大。但应该注意，这里所讲的伺服刚度是整个伺服系统表现出来的抵抗外力（力矩）而不产生误差的能力。它与前面所讲的机械结构刚度是不同的，这里的伺服刚度的概念包括系统的检测、反馈、综合系统的作用能力，是可调的，是一个动态作用过程，而不是只由机械体本身所决定的。

例如，当位置指令 $\theta^*=0$ 时，如果在伺服系统上施加一个负载转矩 T_L，电机轴的位置就会产生一个变化量 $\Delta\theta$。于是负载转矩 T_L 与位置变化量 $\Delta\theta$ 之比，就定义为伺服系统的伺服刚度，用 K 表示即为

$$K=\left|\frac{T_L}{\Delta\theta}\right| \tag{3-41}$$

由上式可见，伺服刚度 K 是表示在位置指令为零的情况下施加负载转矩 T_L 时，伺服电动机轴扭转程度的一个参数。由于伺服系统通常用 PI 型控制器，稳态时伺服电动机的速度为无静差，速度控制器的直流增益趋于∞，因而即使位置控制器的增益有限，经过速度控制器的增益扩大之后也会极大地减小位置偏差量。因而表现出伺服系统的刚度很高，这是在实际应用中所希望的。

3.6 机械负载的折算与匹配

永磁交流同步伺服电动机的输出轴经过机械传动到执行元件（例如工作台或刀架）这一部分的机构称为机械传动部件。机械传动部件的设计，对整个伺服系统的性能有十分重要的影响，要求伺服电动机速度环动态特性与机械部分的特性相协调，借助于调节技术，可以实现二者的良好匹配。

为使进给系统的执行部件具有快速响应能力，必须选择加速能力强的伺服电动机，要综合考虑到转矩、惯性时间常数、速度范围等因素，又不能造成电动机容量的浪费。为此，最终必须使电动机的惯量与进给系统机械负载惯量相匹配，也就是说，设电动机的惯量为 J_M，负载的转动惯量 J_L（指折算到电动机轴上）和总惯量 $J_\Sigma=J_M+J_L$ 之间的关系有合理匹配关系，推荐为

$$0.25 \leqslant \frac{J_L}{J_M} \leqslant 1 \tag{3-42}$$

$$0.5 \leqslant \frac{J_M}{J_\Sigma} \leqslant 0.8 \tag{3-43}$$

$$0.25 \leqslant \frac{J_L}{J_\Sigma} \leqslant 0.5 \tag{3-44}$$

式中，J_M 可在电动机产品样本中查到；J_L 可根据负载的运动方式和结构不同，通过相应计算求得。

1. 回转体惯量计算

常用的回转体有滚珠丝杠、联轴节、齿轮、齿形波带轮等，均属于固体旋转体，如图 3-22 所示。

它的惯量折算公式为

$$J = \frac{\pi\rho}{32g} D^4 L \quad (\mathrm{kg} \cdot \mathrm{m}^2) \tag{3-45}$$

式中，ρ 为回转体材料密度；D 为回转体直径；L 为回转体长度；g 为重力加速度，$g=9.8\mathrm{m/s^2}$。

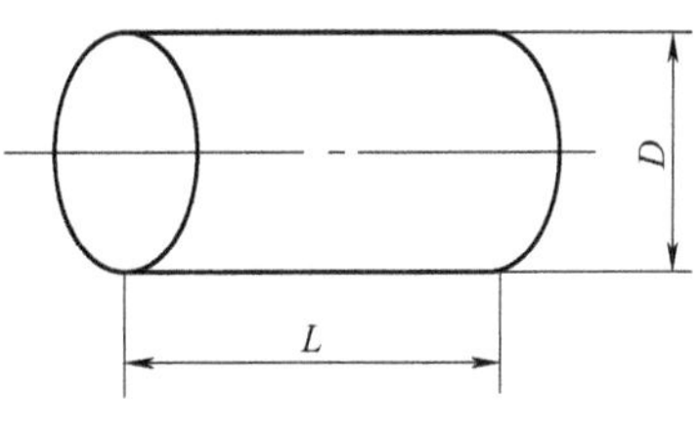

图 3-22　回转体

有台阶的回转体，可按每个台阶分别计算后相加，则

$$J = \frac{\pi\rho}{32g}(D_1^4 L_1 + D_2^4 L_2 + \cdots) \tag{3-46}$$

2. 直线运动物体的惯量

直线运动物体（见图 3-23）应将其惯量折算成旋转体的转动惯量为

$$J = \frac{W}{g}\left(\frac{L}{2\pi}\right)^2 \tag{3-47}$$

式中，W 为直线运动物体的重力（N）；L 为电动机旋转一圈时，物体移动的距离（cm）。

若电动机与丝杠相连，则 L 取为丝杠的导程 h_{sp}。

例如，设工作台质量为 m_r，工件质量为 m_w，丝杠导程 h_{sp}，则直线运动惯量折算到丝杠上的转动惯量可由下式（能量守恒关系）求得

$$\frac{1}{2}(m_r + m_w)v^2 = \frac{1}{2}J_{(w+r)}\omega^2$$

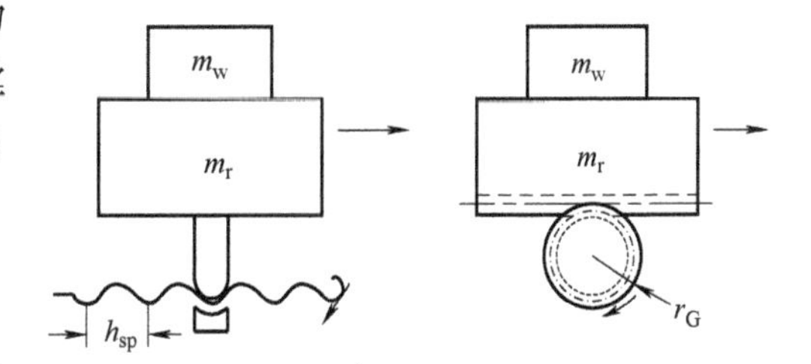

图 3-23　直线运动物体

设在 Δt 时间内，丝杠转一圈，则上式变为

$$\frac{1}{2}(m_r + m_w)\left(\frac{h_{sp}}{\Delta t}\right)^2 = \frac{1}{2}J_{w+r}\left(\frac{2\pi}{\Delta t}\right)^2$$

所以可得

$$J_{w+r} = (m_r + m_w)\left(\frac{h_{sp}}{\Delta t}\right)^2 \tag{3-48}$$

对于图 3-23 所示的运动，右边为齿轮齿条传动装置，根据转动惯量的定义，可按直接折算到小齿轮上的转动惯量 J_{w+r}为

$$J_{w+r}=(m_r+m_w)r_G^2 \tag{3-49}$$

式中，r_G 为小齿轮节圆半径。

说明：齿轮齿条传动装置可以实现旋转运动和直线运动之间的转换，当齿轮为主动件时，可将旋转运动转换成直线运动，这在数控加工中心机械手换刀装置中被采用；在大型数控龙门铣床上，常用双齿轮齿条传动，以实现进给运动，从而保证伺服系统的动态特性。不采用滚珠丝杠传动，以免去长丝杠制造的困难。

复习题及思考题

（1）什么是齿轮的减速比？

（2）负载的转矩特性通常有什么？请举例这几类负载的典型代表。

（3）典型的非线性现象有哪些？

（4）间隙现象对于系统性能的影响主要表现是什么？

第4章　永磁直线同步电动机伺服系统

4.1　直线电动机的发展和应用

在许多工业领域中，被控机械往往是直线位移形式。然而遗憾的是，直线运动驱动技术没有得到发展，长期以来，不得不借助旋转运动的电动机配上机械转换环节，使旋转运动最终变成直线运动。如果有直线驱动器能够直接驱动被控物体做直线运动，可省去运动形式的变换环节，简化传动的复杂性。

在19世纪20年代，想用直线电动机作为织布机的梭子和列车的动力，但均未获成功。到了20世纪50年代，直线电动机作为电磁泵被用来抽吸液态金属，20世纪60年代以后，由于发展高速运输系统的需要，使直线电机的理论和应用得到快速发展。

对感应式直线电动机的研究较早，感应式直线电动机结构简单、坚固耐用、适应性强、成本低、制造容易，在各领域首先得以应用。这些应用主要体现以下方面：

（1）工业直线传动

1）传动带：感应式直线电动机的初级固定不动，次级就是传送带本身，所用的材料就是金属带或金属网与橡胶的复合带。这种传送方式兼有矿车与普通皮带运输机的优点，可以提高运输能力、节省投资。

2）传送车：在工业生产中可用直线电动机驱动小车传送工件。为了实现自动化，要求小车能在始点、终点和沿途若干点上准确定位，直线电动机通过调速装置、速度传感器、行程开关或无触点开关的联合作用，能使小车准确定位。

3）行李、货物的存取移动装置。

4）桥式起重机或吊车移动装置。

5）刨床：通过刀具与工件之间的直线运动完成平面加工、成形加工和切断加工等。

（2）电磁泵

由于液态金属具有很高的温度，因此作为电磁泵的感应式直线电动机初级要用耐火材料覆盖，次级就是液态金属。当初级通电后，在液态金属中便产生定向驱动力，以达到泵送液态金属的目的。液态金属可以是钠、钾、铝、铁等。

（3）工业装置的执行部件

感应式直线电动机可以用于门、窗、阀、开关的自动开闭装置，以及自动剪切生产线的进给驱动装置等。

（4）驱动高速列车

近几十年来，感应式直线电动机在交通方面受到了人们极大重视。许多先进国家对直线电动机的理论与应用做了大量研究，有的国家进行高速铁路的试验和营运。2016年我国首条具有完全自主知识产权的磁悬浮列车成功运营，该列车采用直线电机产生的电磁牵引力牵引。在这种应用中，将直线电动机的初级固定在车身上，次级安置于地面，用气垫（或磁垫）使车与地面分离，用直线电动机驱动高速列车，速度可达 400~500km/h，这是感应式直线电动机最典型的应用。

（5）其他方面的应用

感应式有直线电动机还可以用于熔融液态金属的搅拌装置、电锤、车辆冲击试验台的加速装置等，应用面十分广泛。在军工领域，甚至可助力航空母舰上飞机的弹射起飞。

上面所列出的应用，都是作为动力转换而用的，这是应用的一个主要方面。随着矢量控制理论的成熟和相应技术的进步，和感应式旋转电机一样，它的应用范围不断扩大，在数控机床上也有使用。与此同时，还有直线式直流电动机、直线式步进电动机和直线式同步电动机。本章重点介绍的是永磁直线同步电动机，它的许多方面与永磁旋转同步电动机具有相同的性质，本章主要是介绍一下它的特殊问题。

4.2 永磁直线同步伺服电动机

4.2.1 基本结构

传统的旋转式永磁同步电动机由定子、气隙、转子 3 部分组成，直线式永磁同步电动机与此相似。不过直线式电动机的受电部分——初级绕组嵌放在铁心中，它带着馈电电缆一起做直线运动，称这部分电枢绕组连同铁心一起叫作动子；而安放永磁体之处称为次级，是不动的，叫作定子。在定子全长的直线行程方向上，一块接一块的交替安放 N 极、S 极永磁体。在动子和定子之间就是气隙，这与旋转式永磁电动机的气隙是一样的。图 4-1 所示就是一种单边平板型结构的直线永磁同步伺服电动机，其中 τ 为极距。

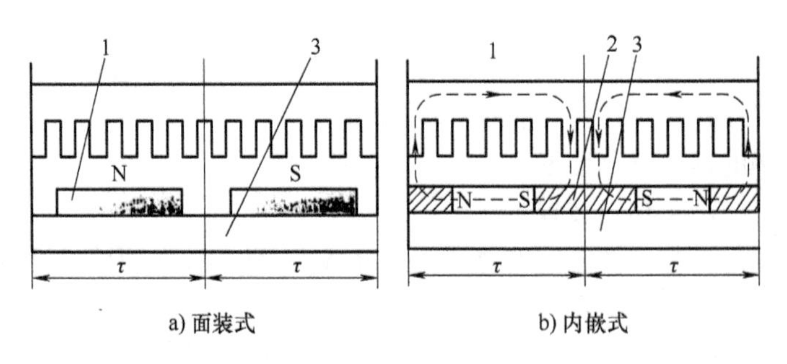

图 4-1 单边平板型直线永磁同步伺服电动机示意图

1—永磁体 2—低碳钢极 3—轭

4.2.2 基本工作原理

直线永磁电动机不仅在结构上与旋转电动机相似，而且在工作原理上基本相同。

通过三相馈电电缆，将三相对称正弦电流引入动子绕组后，同样会在动子与定子气隙中产生气隙磁场。在不考虑铁心两端开断而引起的纵向端部效应时，气隙磁场的分布情况与旋转时的情况相似，即可以看成沿展开的直线方向呈正弦分布。当三相电流随时间变化时，气隙磁场将按 A、B、C 的相序沿直线运动，这个原理与旋转电动机相似。

但是二者的气隙磁场还是有差异的：直线电动机的气隙磁场是沿直线方向平移，而不是沿气隙旋转的，将这个平移的磁场称为行波磁场。显然，这个行波磁场的移动速度与旋转磁场在定子内圆表面的线速度 v_s（称为同步速度）是一样的。对于永磁直线同步电动机来说，定子上永磁体的励磁磁场与动子形成的行波磁场相互作用便会产生电磁推力，就是说，位于定子磁场中的载流导体（动子）就会受到力的作用，力的方向可按左手定则判定。由于定子是固定不动的，那么在这个电磁推力的作用下，动子（即初级）就会沿行波磁场运动的相反方向做直线运动，其速度为 v_r，恰与行波磁场的同步速度 v_s 大小相等、方向相反。对换任意两相动子电流相序，就可以实现动子反向移动。

永磁旋转电动机，是永磁转子在气隙中旋转运动，这与永磁直线电动机相似，直线电动机是动子在气隙上方做直线运动。永磁直线同步伺服电动机工作原理的示意图如图 4-2 所示。

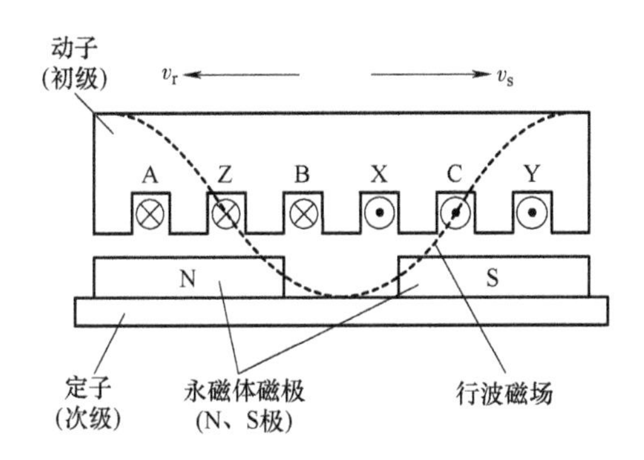

图 4-2　永磁直线同步伺服电动机的工作原理示意图

4.2.3　永磁直线同步伺服电动机的直接驱动

传统的“旋转电动机+滚珠丝杠”的伺服进给方式中，电动机输出的是旋转运动，要经过联轴器、滚珠丝杠螺母副等一系列中间传动与变换环节以及相应的支撑，才能变成被控对象——溜板或刀架的直线运动。由于中间存在着运动形式的变换环节，将会对机床的进给系统存在以下不良后果：

1）使传动系统的刚度降低，起动和制动中初期能量都消耗在中间环节的弹性变形上，尤其是精密细长的滚珠丝杠是进给驱动的刚度薄弱环节。弹性变形使系统的微分方程阶次提高，从而使系统的鲁棒性降低，伺服性能下降。弹性变形更是数控机床产生机械谐振的根源之一。

2）中间传动环节的存在，增加了运动系统的惯量，在不增大系统放大倍数的情况下，会使系统的速度、位移相应变慢；但若增大放大倍数时，又有可能使系统的稳定性变差，甚至可能导致不稳定。

3）由于制造机械的精度限制，中间传动环节不可避免地受到间隙、死区、摩擦以及弹性形变的影响，使系统的非线性因素增加，进一步提高精度变得困难。

4）为提高生产率和改善零件加工质量而发展起来的高速加工，不但要求数控机床具有超高速运转的大功率精密主轴驱动系统，而且要求有一个反应快速、灵敏、高速、轻便、精密、鲁棒好的伺服系统，使系统进给速度达到 50~60m/min 以上，加、减速度达到 $25\sim30\text{m/s}^2$。

传统的机械中间传动环节，限制了超高速切削的要求。这些要求就迫使了新的零传动方式的诞生，永磁直线电动机正是适时应运而生。它在进给驱动上正好能克服上述诸项缺点，而获得以下优点：

1）由于数控机床的直线进给行程较短，一般不超过几百毫米，只有在很高的动态性能下才能完成，快速起动、准确停止，在实现切削轨迹拐弯处更需要高的加、减速度。

2）提高工件的表面加工质量，延长刀具寿命。

3）提高了传动精度和定位精度。

4）运动噪声低。

5）进给行程长度不受限制，省去了贵重的滚珠丝杠。

4.2.4 永磁直线同步伺服电动机的端部效应

直线电动机与旋转电动机的基本工作原理虽然相似，但由于结构和运动形式不同，二者还是存在着显著不同点，即所有的各类直线电动机在不同程度上都存在特有的端部效应。而永磁直线电动机尤为突出。直线电动机的动子在其运动方向上，必然存在一个入口端和出口端，在两个端口附近处，磁场的分布与中间位置的磁场分布显著不同，这给直线电动机运行特性带来了不良影响，这就是所谓的“端部效应”。这种现象在旋转电动机中是不存在的。由于感应式直线电动机应用较早，对其理论研究也比较深入。故本文先以感应式直线电动机为例，来说明直线电动机的端部效应问题，稍后再指出永磁直线电动机端部效应与其不同之处，以资对比。

图 4-3 所示为单边初级带有一个金属平板次级的直线感应电动机的磁场分布。在本图中所示的是感应式直线电动机中的行波磁场方向上涡流分布，如图 4-4 所示。由图 4-4 可知，这种分布是不对称的，会使推力不是一个恒值，从而产生推力波动。因此，定义在次级长度方向上的端部效应，称为纵向端部效应，在高速时端部效应显著增长。

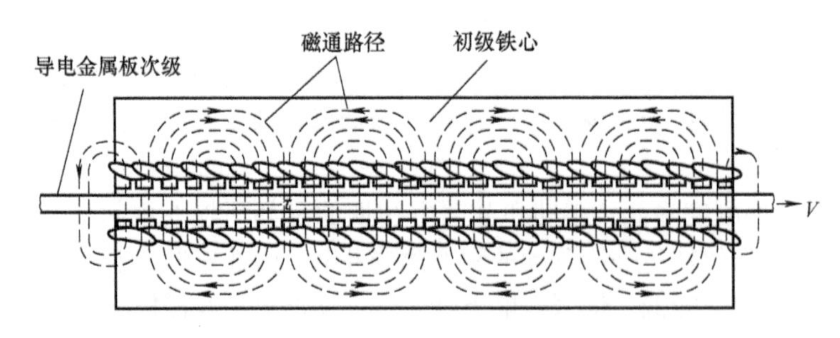

图 4-3　直线感应电动机的磁场分布

除了纵向端部效应外，还存在横向端部效应。当直线电动机次级采用实心结构时，次级导电板中的感应电流也呈涡流形状，即使在初级铁心范围内，次级电流也存在纵向分量，在它的作用下，气隙磁通密度沿横向分布呈现出马鞍状，这种效应称为横向端部效应，如图 4-5 所示。

端部效应还分为静态和动态两种端部效应。仅考虑初级电流的端部效应，称为静态端部效应；当初级和次级有相对运动或次级中也有电流时，纵向和横向端部效应对磁场的影响称为动态端部效应。

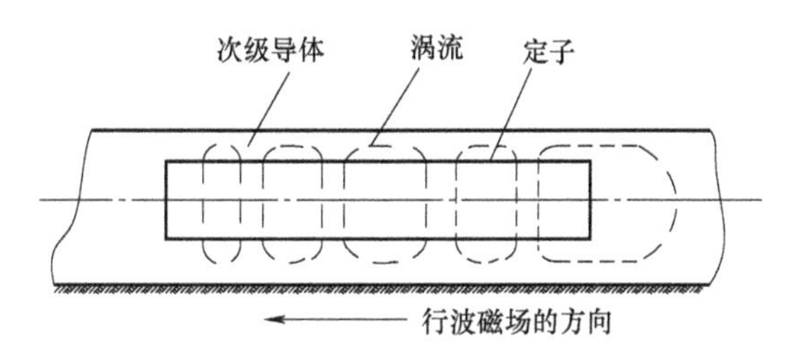

图 4-4　次级中的涡流分布

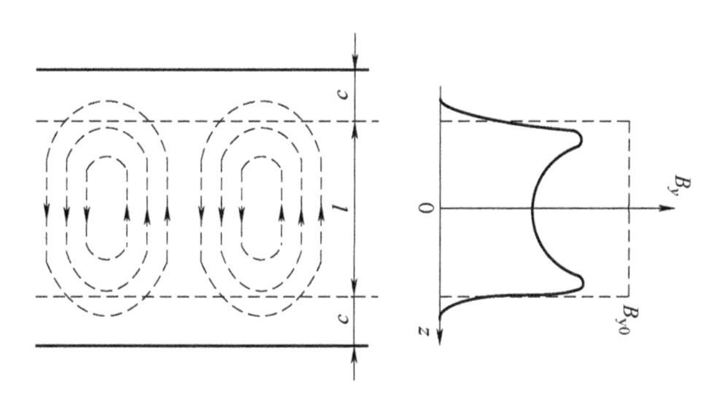

图 4-5　感应式直线电动机的横向端部效应

直线电动机的端部效应在理论上很复杂，不易清晰地用解析公式表示。在工程设计上要考虑到，无论哪种端部效应，对直线电动机的运行都有害。这些不良表现会降低气隙磁通密度，使电动机的推力产生波动，不能保持恒定，增加损耗，降低有效功率，要尽力避免这些不良影响。

现在再讲一下永磁直线同步电动机的端部效应。对永磁直线电动机的端部效应情况，也可以借助感应式直线电动机的端部效应理论进行讨论分析。但应该指出，由于采用了高磁能积的强磁体作为定子材料，所以它的端部效应表现得更为突出，如图 4-6 所示。

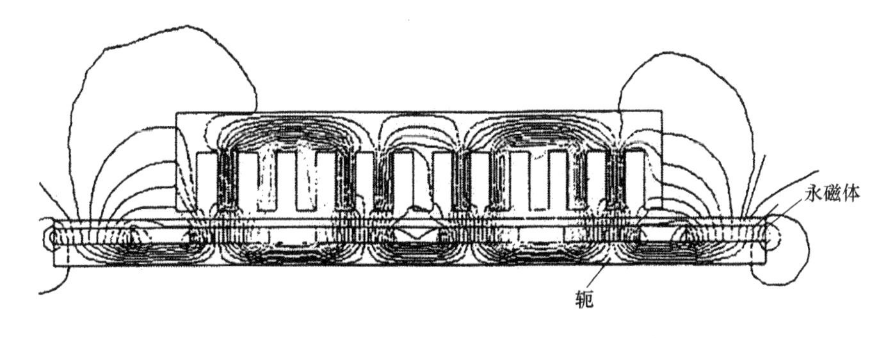

图 4-6　短初级面装式 PMLSM 的磁场分布

对于永磁直线电动机，其端部效应影响更大，它会增加直线电动机的附加损耗，降低直线电动机的工作效率，特别是会引起更大的电动机推力波动。而推力波动较大，是影响这种直线电动机广泛应用的原因之一。推力波动会使电动机产生机械扰动和噪声，还可能产生低速共振，严重恶化伺服性能，损坏定位精度。

永磁直线伺服电动机的纵向端部效应，由以下原因引起：

1）由于直线电动机的初级绕组不连续，使各相绕组的互感不相等，即使提供了三相对称正弦电压，电流也不可能对称，在气隙中除了产生正序行波磁场外，还会产生逆序和零序磁场，从而在气隙中形成脉振磁场，使电动机推力产生波动；另一方面，即使在绕组中通过三相对称电流，由于纵向端部效应的影响，也会在电动机气隙中产生脉动磁场，使电动机产生附加的推力波动。

2）由于电动机动子的铁心是断开的，使得铁心端部的气隙磁阻发生了急剧的变化。由此产生了一个周期性的推力波动，这和齿槽力生成的机理是类似的。在分析直线电动机的推力波动时，常将铁心的开断和齿槽引起的磁阻力称为定位力。因为它们都是由磁阻变化引起的永磁体励磁磁场的严重畸变而产生。

这里讲的齿槽效应的定位力和纹波力都是不希望存在的推力波动，但二者产生的原因不同：纹波力是由动子电流和定子的永磁磁场相互作用而产生的，而定位力是由于动子铁心和定子磁场间磁阻变化而产生的波动阻滞力。两种波动力并无关联，他们可能同时存在，也可能单独存在。

4.3 永磁直线同步伺服电动机的齿槽定位力及其削弱

图 4-7 所示的永磁直线电动机一个极性下的物理模型。动子铁心采用开口槽，槽宽为 b，齿宽为 a，而齿距为 $\lambda=a+b$，可以认为各槽、齿是等宽的。在动子铁心三相绕组不通电且绕组开路的情况下，移动动子所需要的力就称为永磁直线电动机的定位力。

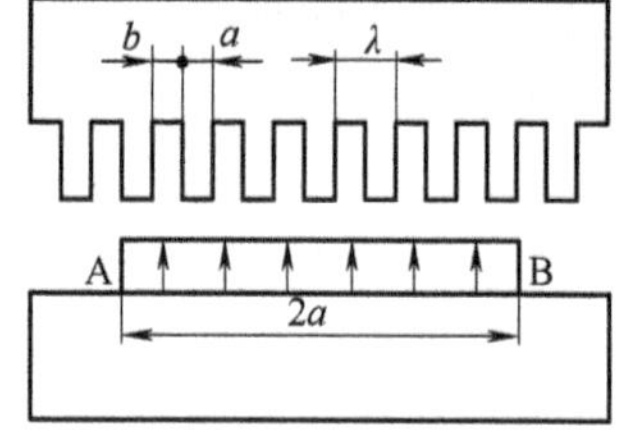

图 4-7 面装式 PMLSM 一个极性下的物理模型

定位力产生的主要原因是由于动子齿槽的存在，永磁定子的磁极与动子齿槽的相对位置不同时，主磁路的磁导不一样，动子趋向于定位在动子与定子之间磁导最大的位置，即稳定的平衡点。在此位置上磁阻最小，当偏离此位置时，自有恢复到该位置的作用力或趋向于另一个相邻的稳定平衡点。可见，这个作用力的方向是变的。定位力主要源于动子齿槽，所以称为齿槽效应定位力或磁阻滞力。从根本上看，动子和定子的磁路不均匀性是产生齿槽效应力及其波动的主要原因。

齿槽力是由定子永磁体与动子齿间作用力的切向分力构成。在图 4-7 中，动子移动时，处于永磁体中间部分的动子齿槽与永磁体的磁导几乎不变，这些动子齿槽周围的磁场也基本不变，而与永磁体两侧面 A 和 B 对应的由一个或两个动子齿构成的一小段封闭区域内的磁导变化却很大，导致磁场储能改变，产生单向力。因此，产生齿槽效应的区域主要是永磁体两侧的拐角处而不是整个永磁体。动子转过一个齿距后，两侧产生的脉动力之和便构成了齿槽效应力，如图 4-8 所示。由图可见，这是一个周期函数，其基波分量波长与齿距一致，而且基波分量是齿槽力的主要部分，图中 λ 为齿距（机械角度）。齿槽效应会降低电动机位置伺服定位精度，特别是低速下尤为严重。同时，齿槽效应也会使电动机产生振动和噪声，这个脉动力频率与动子或定子的谐振频率一致时，振动和噪声便会进一步扩大。

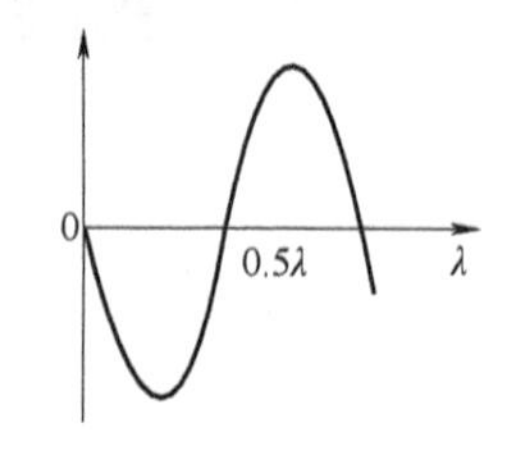

图 4-8 齿槽效应力

削弱和消除齿槽效应力的措施有以下 4 种：

(1) 合理选择永磁体宽度

由于永磁体两侧产生的脉动量是相互独立的，而齿槽效应又是二者之和，所以齿槽力中各次谐波一定与永磁体宽度（极弧宽度）相关。经验表明，选择永磁体宽度比动子齿距的整数倍稍大一点，即令

$$2a=(K+0.14)\lambda,\quad K=1,2,\cdots \tag{4-1}$$

可以有效地抑制齿槽力中的基波分量。

若将永磁体宽度选择为

$$2a=(K+0.61)\lambda,\quad K=1,2,\cdots \tag{4-2}$$

则齿槽中奇次谐波最大，偶次谐波最小，这意味着齿槽力半波对称。

由于齿槽力主要发生在永磁体两侧拐角处。所以用修圆拐角或减小槽口宽度等措施，都会影响这两个区域内的磁场变化和齿槽力生成。另外，应注意永磁体的宽度与齿槽力削弱有关，也与后面介绍的纹波力削弱有关。但对同一永磁体宽度，难以同时满足这两方面的要求，应予以综合权衡考虑。

(2) 选择合适的齿槽宽度比

分析表明，选择合适的齿槽宽度比，可削弱或消除齿槽力中的谐波。对于面装式永磁直线电动机，若再选择合适的永磁体宽度，则可进一步削弱或消除余下的谐波。

一般来说，选择齿槽宽度比为 1 是合适的，但不同结构、不同尺寸的电动机要通过磁场的计算，来确定最佳的齿槽宽度比。

(3) 斜槽或斜极

动子斜槽或定子斜极是削弱或消除齿槽力的有效措施。动子斜槽，斜一个齿距，可基本上消除所有齿槽效应波动。但要注意，齿槽力对于动子斜槽尺寸精度反应很敏感，斜槽尺寸很小的偏差，也会使齿槽力产生较大的谐波波动力。

因为永磁体难以加工，因此定子斜极比较困难，可以用多块永磁体连续位移的措施，也能达到与动子斜槽同样的效果。

(4) 采用分数槽绕组

在“电机学”教科书中已有详细论述，此处不再赘述。

4.4　永磁直线同步伺服电动机的纹波力及其削弱

在分析纹波力时，做如下假设：

1) 动子电流不含偶次谐波。

2) 不考虑永磁体和定子的阻尼效应。

3) 定子的永磁体励磁磁场对称分布。

为产生恒定的电磁推力要求 PMLSM 的电动势和电流均为正弦波。但实际上，定子侧的永磁体励磁磁场或动子侧绕组的空间分布不可能是完全理想正弦的，所以感应电动势一定会发生畸变。由逆变器馈入动子的三相电流，尽管经过高频调制和负反馈可以几乎达到逼近正弦波，但其中还是含有许多高次谐波。将因感应电动势或电流波形畸变而引起的谐波力，称为电磁纹波力。若动子绕组为Y联结，且没有中线，则动子相电流中不含有 3 次和 3 的倍数

次谐波。于是，在动子电流基波分量与感应电动势基波分量同相位的情况下，A 相电流和感应电动势可以通过以下分析过程得到：由于永磁直线同步电动机行波磁场是沿气隙做直线移动的，因此行波的移动速度为

$$v_s = 2f_1\tau_s \tag{4-3}$$

式中，f_1 为馈入动子的三相电流基波频率；τ_s 为动子的极距。

为了方便分析，与旋转式永磁同步电动机采用类似的表现形式，这里仍沿用电角频率表示其行进速度，因有 $\omega_s = 2\pi f_1$ 关系存在。式中，ω_s 为动子的电角速度，即基波频率（也为三相电流基波频率），固有行波移动速度 v_s 化成基波电角频率，可表示为

$$\omega_s = \frac{\pi}{\tau_s}v_s \tag{4-4}$$

这就完成了动子行波的直线移动速度 v_s 到等效的旋转角速度的转换。就可以采用永磁旋转式同步电动机的一些参量计算和变换公式了。

可以将 A 相的电流与感应电动势写成

$$i_A(t) = I_{m1}\sin\omega_{s1}t + I_{m5}\sin5\omega_{s1}t + I_{m7}\sin7\omega_{s1}t \tag{4-5}$$

$$e_A(t) = E_{m1}\sin\omega_{s1}t + E_{m5}\sin5\omega_{s1}t + E_{m7}\sin7\omega_{s1}t \tag{4-6}$$

式中，ω_{s1} 为基波角频率，对应于基波行波速度 v_{s1}，在稳态无谐波运行情况下，就是动子对应的电角速度 ω_s。

于是，A 相的电磁功率为

$$P_{eA} = e_A(t)i_A(t) = P_0 + P_2\cos2\omega_{s1}t + P_4\cos4\omega_{s1}t + P_6\cos6\omega_{s1}t + \cdots \tag{4-7}$$

同理，可写出 B 相和 C 相的电磁功率分别为

$$\begin{aligned} P_{eB} &= e_B(t)i_B(t) \\ &= P_0 + P_2\cos\left(\omega_{s1}t - \frac{2}{3}\pi\right) + P_4\cos4\left(\omega_{s1}t - \frac{2}{3}\pi\right) + P_6\cos6\left(\omega_{s1}t - \frac{2}{3}\pi\right) + \cdots \end{aligned} \tag{4-8}$$

$$\begin{aligned} P_{eC} &= e_C(t)i_C(t) \\ &= P_0 + P_2\cos2\left(\omega_{s1}t + \frac{2}{3}\pi\right) + P_4\cos4\left(\omega_{s1}t + \frac{2}{3}\pi\right) + P_6\cos6\left(\omega_{s1}t + \frac{2}{3}\pi\right) + \cdots \end{aligned} \tag{4-9}$$

电磁力为

$$F_e(t) = \frac{1}{\Omega_s}(P_{eA} + P_{eB} + P_{eC}) \tag{4-10}$$

式中，Ω_s 为动子所对应的机械角频率即机械角速度。

$$F_e(t) = F_0 + F_6\cos6\omega_{s1}t + F_{12}\cos12\omega_{s1}t + F_{18}\cos18\omega_{s1}t + F_{24}\cos24\omega_{s1}t + \cdots \tag{4-11}$$

式中

$$F_0 = \frac{3}{2\Omega_s}(E_{m1}I_{m1} + E_{m5}I_{m5} + E_{m7}I_{m7} + E_{m11}I_{m11} + \cdots \tag{4-12}$$

$$F_6 = \frac{3}{2\Omega_s}[I_{m1}(E_{m7} - E_{m5}) + I_{m5}(E_{m11} - E_{m1}) + I_{m7}(E_{m1} + E_{m13}) + I_{m11}(E_{m5} + E_{m17}) + \cdots] \tag{4-13}$$

$$F_{12} = \frac{3}{2\Omega_s}[I_{m1}(E_{m13} - E_{m11}) + I_{m5}(E_{m17} - E_{m7}) + I_{m7}(E_{m17} - E_{m5}) + I_{m11}(E_{m23} - E_{m1}) + \cdots] \tag{4-14}$$

$$F_{18} = \frac{3}{2\Omega_s}[I_{m1}(E_{m19} - E_{m17}) + I_{m5}(E_{m23} - E_{m13}) + I_{m7}(E_{m25} - E_{m11}) + I_{m11}(E_{m29} - E_{m7}) + \cdots] \tag{4-15}$$

$$F_{24}=\frac{3}{2\Omega_s}[I_{m1}(E_{m25}-E_{m23})+I_{m5}(E_{m29}-E_{m19})+I_{m7}(E_{m31}-E_{m17})+I_{m11}(E_{m35}-E_{m13})+\cdots] \quad (4\text{-}16)$$

写成矩阵形式为

$$\begin{bmatrix}F_0\\F_6\\F_{12}\\F_{18}\end{bmatrix}=\frac{3}{2\Omega_s}\begin{bmatrix}E_{m1} & E_{m5} & E_{m7} & E_{m11}\\E_{m7}-E_{m5} & E_{m11}-E_{m1} & E_{m13}+E_{m1} & E_{m17}+E_{m5}\\E_{m13}-E_{m11} & E_{m17}-E_{m1} & E_{m17}-E_{m5} & E_{m23}-E_{m1}\\E_{m19}-E_{m17} & E_{m23}-E_{m13} & E_{m25}-E_{m11} & E_{m29}-E_{m7}\end{bmatrix}\begin{bmatrix}I_{m1}\\I_{m5}\\I_{m7}\\I_{m11}\end{bmatrix} \quad (4\text{-}17)$$

上述分析表明次数相同的感应电动势和动子电流谐波作用后，产生一个平均力，如式（4-12）所示，不同次数的感应电动势和动子电流谐波相互作用，将产生脉动频率为基波频率6倍的纹波力，如 F_6、F_{12}、F_{18}、F_{24}、…各种纹波力。各纹波力的幅值与感应电动势和动子电流波形的畸变程度有关。

图 4-9 给出了在感应电动势和电流波形给定的情况下，所产生的纹波推力。可以看出，其主要成分是 6 次谐波推力。通常用纹波系数 δ 来定量描述推力脉动程度，其定义为

$$\delta=\frac{F_p}{F_0} \quad (4\text{-}18)$$

式中，F_p 为纹波推力峰-峰间的脉动幅度；F_0 为平均纹波推力。

如果已知各谐波推力的幅值，则 δ 可以表示为

$$\delta=\frac{2F_H}{F_0} \quad (4\text{-}19)$$

式中，$F_H=\sqrt{F_6^2+F_{12}^2+F_{18}^2+\cdots}$。

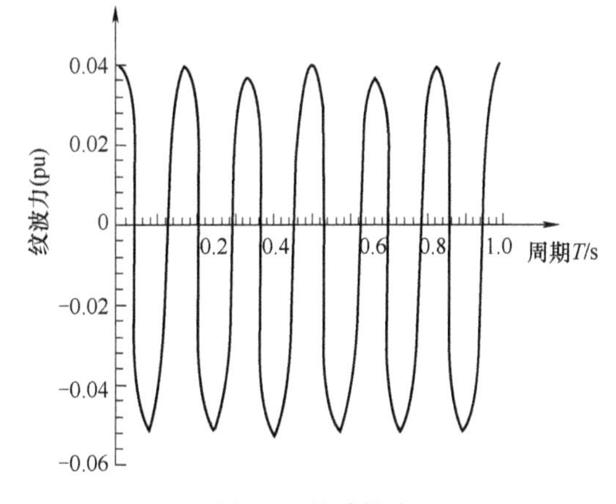

图 4-9　纹波推力

在高速运动区，这个纹波力有可能被系统惯量滤掉；在低速区，这个纹波力将使动子速度发生波动，会严重影响低速平稳性，也会使位置伺服系统的定位精度和重复性变坏。为尽可能减小纹波推力，使输出推力平滑，应该使感应电动势和电流波形尽可能接近理想正弦形。感应电动势谐波是永磁励磁磁场在动子绕组中感生的。因此与励磁磁场和动子绕组的空间分布有关，即纹波推力实质上是由动子、定子磁场的非正弦性互相作用而生成。

所以，削弱这种纹波的方法就在于使动子、定子两个磁场都能正弦化，而实际上很难真正做到这点。

对面装式直线电动机，可以通过永磁体的形状和极弧宽度或其他有效措施，使永磁体的励磁磁场尽量接近正弦形；但对于嵌入式和内埋式 PMLSM，很难使励磁磁场获得正弦分布，这要求在直线电动机设计方面继续研究方法。另一方面，就是要利用控制技术想方设法使通入动子的电流实现对称三相电流正弦化、光滑化，尽量采用开关频率高的大功率逆变器，高频率调制的 PWM，以使残余的高频谐波被电磁、机械惯性所滤除。

由上述说明知，无论是直线电动机的端部效应，引起的推力波动；还是齿槽效应，电流和永久励磁的非正弦性所引起的推力波动，都十分不利于 PMLSM 伺服系统在高精度、高响

应中的伺服应用，除了在电动机的设计、制造中要考虑这些削弱推力的不确定性因素外，作为应用者，还要在控制方法技术上发挥专业优势尽量消除或削弱这些不良因素对实际应用的影响。

4.5 直线电动机在机床上应用发展缓慢的原因分析

在20世纪90年代国际上有的公司采用了直线电动机伺服进给技术，在国际机床博览会上展出，引起了工业界的重视，认为“零传动”在机床上应用是一项直线伺服驱动的革命。经过此后几十年的发展，从应用实际情况看来，并未像人们所希冀的那样，在数控机床上普及应用，为什么会如此呢？研究认为是有原因的：

首先，进给伺服驱动的PMLSM生产成本高，长行程情况下，所用稀土材料多、价格高，成本提高；其次，PMLSM等直线电动机的配套技术发展不完善。直线电动机只能以整台位移装置形式出现，不像旋转电动机那样仅以单体电动机形式出现。多年的单体电动机使用习惯，使旋转电动机在转动过程中找到了适合于自身的安装位置，特别是传感器装在电动机的轴头上。直线电动机虽是“零传动”了，中间环节是省掉了，但它需要对所用的机床重新布置，要为直线电动机找到合适的位置，就得对机床布局重新设计，对现有机床做较大改动。

下面就几个亟待解决的问题进行说明。

（1）发热问题

直线电动机的初（次）级在电磁能量的转换过程中，必定要产生热量，驱动力越大，所生的热量也越大。由于直线电动机位于机床的“腹部”，散热条件差，温升容易增高，可能使机床变形，严重时将损坏机床的加工精度。而以往采用的旋转电动机，电动机都是安装在机床的端部，不存在发热影响问题。若用直线电动机作进给用，必须解决它的散热问题。

（2）隔磁及其防护问题

由于旋转电动机的磁场是封闭的，而直线电动机却相反，它的磁场是敞开的。而它处于工作台附近，工具、工件与切屑等磁性物质都很容易被磁场吸住，这就使机床不能正常工作，因此必须设法解决隔磁及防护问题。

（3）负载干扰问题

直线电动机的控制只能采用全闭环控制，对一个稳定系统来说，其工作台负载（工件重量、切削力等）的变化就是外界干扰，这些干扰没有经过任何缓冲或削弱就直接作用到直线伺服电动机的动子上，若自动调节不好，就会引起系统性能下降，甚至产生振荡失稳。因此，对整个直线进给系统而言，除了要求直线电动机具有较强的带负载能力（可增大电动机容量）外，必须同时具备速度、位置检测负反馈和信息的快速传输、校正和响应能力。另外，也需尽量减小导轨间的摩擦、阻尼，这些都给直线电动机的控制带来新问题。

（4）垂直进给中自重问题

当直线电动机应用于垂直进给机构时，由于存在有拖板等自重物件，因此必须解决好直线电动机断电时的自锁问题和通电时重力加速度对其造成的影响问题。为此，除了增加合适的平衡配重块以及采取断电机械自锁装置外，还必须同时在电动机驱动模块和伺服控制电路上采取相应措施，以确保安全。

当以上这些问题解决了以后，直线电动机便会充分发扬它的长处，在数控机床的进给伺服驱动中大展优势而与旋转电动机一争高下。它虽然在机床中的应用目前受限，但在其他直线运动领域将有更广泛的应用是不言而喻的。

复习题及思考题

（1）直线电机有哪些应用？请举例说明。

（2）永磁直线同步伺服电动机的基本结构和工作原理是怎样的？

（3）永磁直线同步伺服电动机的直接驱动有哪些优点？

（4）削弱和消除齿槽效应力的措施有哪些？

（5）直线电动机在机床上有哪些亟待解决的问题？

第 5 章　交流伺服系统常用传感器

5.1　概述

交流伺服系统常用的传感器有系统位置、速度传感器。在永磁伺服电动机中，还要有磁极位置传感器，这是永磁伺服电动机的一个特殊要求。

现将检测位置和速度传感器做简要分类：

1. 按安装传感器位置来分，有直接检测和间接检测

在旋转电动机为执行元件的伺服系统中，速度和位置传感器大都安装在电动机轴的非负载侧来检测电动机的速度和转角来间接反映运动机构直线运动的速度和位移，这就是通常所说的“半闭环控制”，属于间接检测。间接方式简单可靠，被检测的位移无检测长度的限制。缺点是旋转运动转换成直线运动这一环节的运动误差不在闭环内，可能影响最终的位移检测精度。在要求很高时，需要对半闭环外的传动链误差进行补偿。对于半闭环来讲，检测元件安装在电动机轴上，所以传感器也应该是旋转运动的形式。

对于全闭环系统来说，由于速度和位置传感器是安装在平移运动机构上的，所以速度和位置传感器也相应地做直线运动，检测的长度也是机构的运动长度，这称为直接检测。其检测精度主要取决于检测传感器的精度不受伺服传动链的直接影响，但检测装置要与被检测装置的行程等长，这对实现伺服的距离是一个很大的限制，而且长传感器的传感距离对其安装技术要求很高。因此，本书所介绍的速度、位置传感器都具有随电动机轴一起做旋转运动的性质。同时，对检测直线运动的传感器也做简单介绍。

2. 检测位移（或转角）的计算方法

分为增量式和绝对式两种。增量式只测量位移增量，每移动一个位移增量单位就给出一个相应的脉冲输出信号。这种方式的优点是装置比较简单，位移中的任何一点都可以作为测量的起点。但也存在一些缺点，例如此类传感方式下，移动的距离是靠测量输出结果的输出信号计数后读出的，一旦计数有误，此后的测量结果就将全部错误。另外，在系统发生故障（如断电）时，由于没有记忆能力，不能恢复故障前的所在位置，待排除故障后，必须将被检测机构重新移动到起点，重新计数才能找到故障前的正确位置。在大量使用这种检测方式的伺服系统所组成的生产线中，复位是非常麻烦的。

绝对式检测方式克服了增量方式的缺点，它的任何一个被检测位置都以同一个固定的零点作为基准参考点，对应着一个确定的数值。也就是说，输出的数值是轴位置的单值函数。在一转的范围内，二者具有一一对应的关系，这种方式的好处在于：在故障停电数据丢失，或在运行中虽然通电但无数据输出的情况下，由于轴位置和数据间存在一一对应关系，轴位置便能被保留和记忆，一旦供电后就可以从停电前的轴位置开始正常运行。其缺点是，在把

位置绝对信号进行采样处理时，由于延迟时间的存在，故难以保证高速控制的要求，如果把位置绝对信号进行并行传输，虽然可以提高工作速度，但引线增多，也不便于使用。采用绝对式检测方法，如果要求分辨率越高，其信道就越多，结构也更加复杂。

3. 按检测信号的类型分为模拟式和数字式

模拟式检测是直接对被检测量检测，无需量化处理，在小量程内可以实现高精度检测。数字式检测的特点是，被检测量量化之后，可以转化为脉冲个数，便于数据处理和显示，检测精度取决于检测单位，与量程基本无关。检测装置较简单，数字信号抗干扰能力强。

4. 按运动形式分为旋转型和直线型

上面谈到间接检测方式由于传感器安装在电动机或丝杠的轴端，所以都是采用旋转式检测器。而在直线检测方式中，都是采用直线式的传感器。

5. 按信号产生和转换的原理

分为光电效应、光栅效应、电磁感应效应、压电效应、压阻效应、磁阻效应、霍尔效应等各类检测器。

由上述可以看出，伺服系统中所采用的位置、速度传感器种类繁多、特性各异，在不同的历史时期和不同的应用领域中都得到了实际的应用。随着未来技术的发展需要，将还可能诞生各种新的传感器应用到伺服系统中。将已在应用中的传感器分别列于表 5-1 中，并就其中常用的几种传感器做较详细的说明。

表 5-1　位置和速度传感器的分类

<table>
<tr><th colspan="2">分类</th><th>增量式</th><th>绝对式</th></tr>
<tr><td rowspan="2">位移传感器</td><td>旋转型</td><td>脉冲编码器、自整角机、旋转变压器、圆感应同步器、光栅角度传感器、圆光栅、圆磁栅</td><td>多极旋转变压器、绝对脉冲编码器、绝对值式光栅、三速圆感应同步器、磁阻式多极旋转变压器</td></tr>
<tr><td>直线型</td><td>直线感应同步器、光栅尺、磁栅尺、激光干涉仪、霍尔位置传感器</td><td>三速感应同步器、绝对值磁尺、光电编码尺、磁性编码器</td></tr>
<tr><td colspan="2">速度传感器</td><td>交、直流测速发电机、数字脉冲编码式速度传感器、霍尔速度传感器</td><td>速度-角度传感器、数字电磁、磁敏式速度传感器</td></tr>
<tr><td colspan="2">加速度传感器</td><td>压阻式、压电式</td><td></td></tr>
<tr><td colspan="2">电流传感器</td><td>霍尔元件电流传感器、电流检测 IC</td><td></td></tr>
</table>

5.2　光电编码器

随着光电子学和数字技术的发展，光电编码器广泛用于交流伺服电动机的速度和位置检测中。按脉冲对应位置（角度）的关系，光电编码器通常为增量式光电编码器、绝对式光电编码器以及将上述两者合为一体的混合式光电编码器 3 类。

按编码器运动部件的运动方式又可分为旋转式和直线式两种。交流伺服电动机为旋转运动，可以借助机械连接变换成直线运动形式，反之亦然。所以，直线式光电编码器用得较少，只有在那些结构形式和运动方式都有利于专用直线式光电编码器的场合才被采用。旋转型光电编码器容易做成全封闭型，实现小型化，传感长度不受限制，有较强的适应环境能力，因而在实际中获得广泛应用。下面将主要介绍两种类型的光电编码器。

5.2.1 增量式光电编码器

增量式光电编码器的特点是每产生一个输出脉冲信号就对应一个增量位移角，但不能通过输出脉冲区别出是哪一个增量位移角，即无法区分是在哪个圆周位置上的增量角，编码器能产生与轴位移角增量等值的电脉冲。这种编码器的作用是提供一种对连续轴角位移量离散化或增量化以及角位移变化（角速度）的传感方法，它不能直接检测出轴运动的绝对角度。

增量式光电编码器由以下 4 个基本部分组成：光源、转盘（动光栅）、遮光板（定光栅）和光敏元件，如图 5-1 所示。

转动圆盘上刻有许多均匀透光缝隙，相邻两个透光缝隙之间代表一个增量周期。遮光板上刻有与转盘相应的透光缝隙，以用来通过或阻挡光源和位于遮光板后面光敏元件之间的光线。通常遮光板上所刻制的两条缝隙使输出信号的电角度相差 90°，即所谓两路输出信号正交，同时在增量光电编码器中还备有用作参考零位的标志脉冲，圆盘每转动一周，只发出一个标志脉冲或指示脉冲。因此在转动圆盘和遮光板相同半径对应位置上刻有一道透光缝隙。标志脉冲通常与数据通道有着特定关系，用来指示机械位置或对积累量清零。

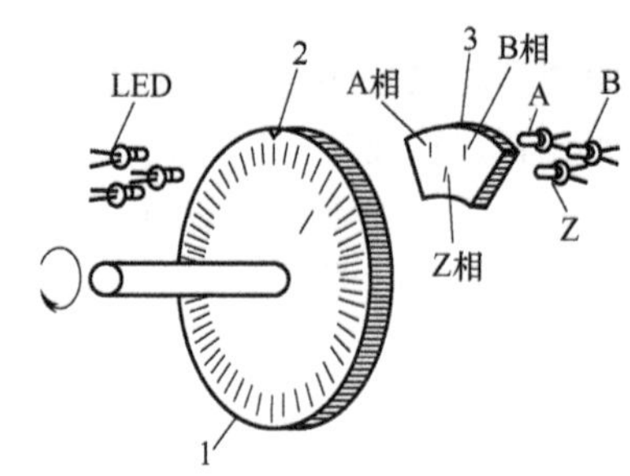

图 5-1 增量式光电编码器的构造

A 相、B 相、Z 相—遮光板缝隙 A、B、Z—受光元件
1—旋转圆盘 2—转盘缝隙 3—遮光板

下面，就使用增量光电编码器应该了解的几个基本问题进行说明，这些问题对考虑其他类型的传感器也同样适用。

1. 增量式光电编码器的分辨率

光电编码器的分辨能力是以编码器轴转动一周所产生的输出信号基本周期数也就是用脉冲数/转（ppr）以此来定义编码器的分辨率的。因此，光栅盘上的槽或窗口数目就等于编码器的分辨率。换言之，转动圆盘上透光与不透光的扇形条数就等于编码器输出的增量周期数，圆盘上刻制的缝隙越多，编码器的分辨率就越高。所谓分辨率是指检测装置能够测量的最小位移量，它取决于检测元件本身，也与测量线路有关。

在工业电气传动中，根据不同的应用对象，可选择分辨率为 500~5000ppr 的光电增量编码器。在交流伺服电动机控制系统中，常选用分辨率为 2500ppr 的增量编码器。

2. 增量式光电编码器的精度

增量式光电编码器的精度与其分辨率完全无关，这是两个完全不同的概念。精度是一种度量在所选定的分辨率范围内，确定任一脉冲相对另一脉冲位置的能力，通常精度用度、分、秒来表示。编码器的精度与转盘的加工质量、转盘的机械旋转情况等制造因素有关，也与安装技术有关，使用者应该特别加以注意。

3. 增量式光电编码器输出的稳定性

编码器输出的稳定性是指在实际运行条件下，保持规定精度的能力。影响编码器输出性能的稳定性的主要因素是温度对电子器件工作点造成的漂移、外加于编码器的变形力以及光源特性的变化。由于受到温度和电源变化的影响，编码器的电子电路不能保持规定的输出特性，在设计和使用中，都要充分注意这一点。

4. 增量式光电编码器的响应频率

编码器的输出响应频率取决于光敏元件和电子处理线路的响应能力。当编码器高速运行时，如果其分辨率很高，那么编码器的输出信号的频率将会更高。如果光敏元件和电子线路元件的工作速度不能与之相适应，就有可能使输出波形产生严重畸变，甚至会产生丢失脉冲的现象，这样输出信号就不能准确反映轴的转角位移。所以每一种编码器在其分辨率确定的条件下，它的最高转速也是一定的，也就是说它的响应频率是受限的。

5. 编码器内输出信号的处理

在大多数情况下，直接从编码器光电元件获取的信号电平较低，波形也不规则。还不能适应控制、信息处理和远距离传输的要求，所以在编码器内将此信号放大与整形。经过处理后的信号输出的一般是近似正弦波或矩形波信号。由于容易对矩形波输出信号进行数字处理，所以这种输出信号，它在定位控制中的应用十分广泛。

但是，当输出信号为近似正弦波时，也有其独特的优点：

1）在定位停止时没有振荡现象。

2）把输出的近似正弦波和余弦波信号微分合成，可以得到模拟速度信号。

3）可以进行电子内插，以较低的成本，得到较高的分辨率。

基于上述原因，近似正弦波输出方式在打印机和磁盘的磁头定位控制中得到了广泛应用。近似正弦波输出信号的合成，如图 5-2 所示。矩形波的输出信号如图 5-3 所示。

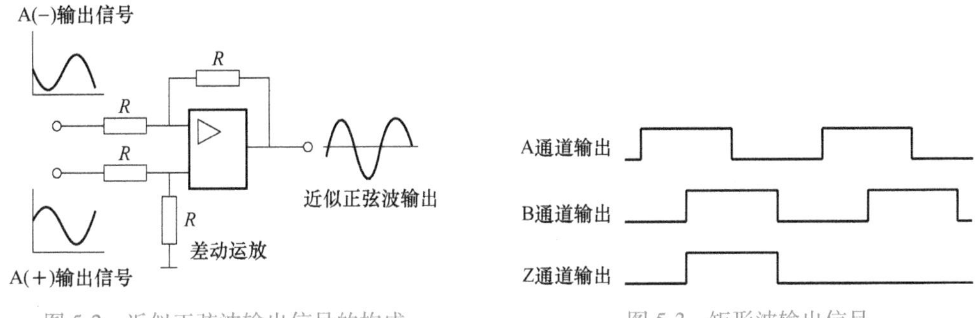

图 5-2　近似正弦波输出信号的构成　　　　图 5-3　矩形波输出信号

在许多实际应用中，要求交流伺服电动机在正反两个方向上能实现可逆运行。这就要求编码器输出两路正交信号，对应编码器的某一旋转方向，两个信号明确而单值表示从“0”到“1”和从“1”到“0”的逻辑跃变。所以，对这两个跃变逻辑信号与某相静态逻辑信号进行“编码”，可以设计出正反方向的判别电路，如图 5-4 所示。方向判别电路的输出信号波形如图 5-5 所示。

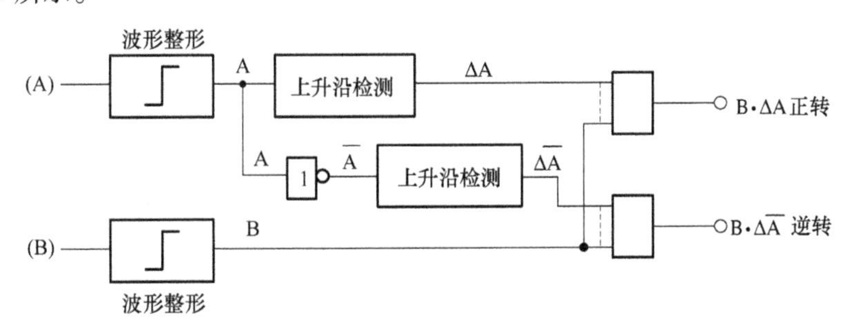

图 5-4　旋转方向判别电路框图

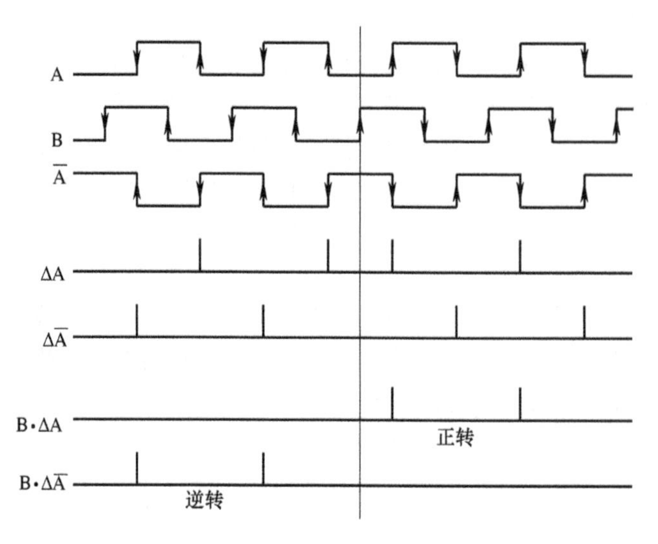

图 5-5　方向判别电路的输出波形

5.2.2　绝对式光电编码器

1. 绝对式光电编码器的基本结构

与增量式不同，绝对式编码器用不同的数码分别指示不同的增量小位置。通常在旋转码盘上制成 8~12 个码道，码型为循环二进制码（葛莱码）。码盘和编码器的结构分别如图 5-6 和图 5-7 所示。

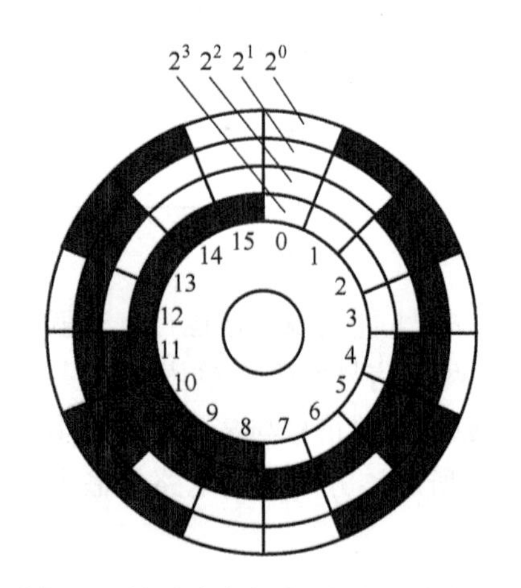

图 5-6　绝对式光电编码器的码盘构造

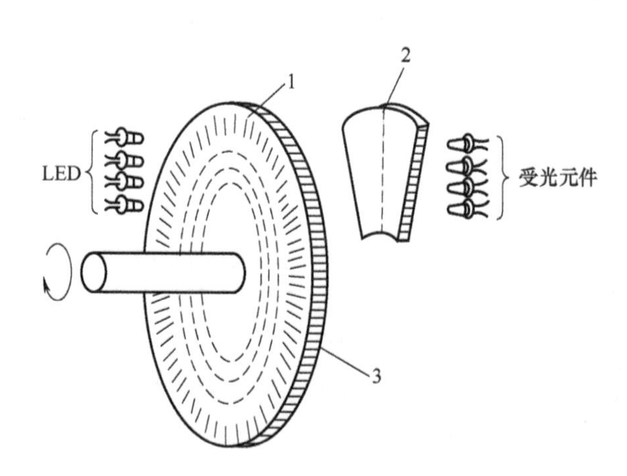

图 5-7　绝对式光电编码器结构示意图

1—缝隙　2—固定缝隙板　3—旋转圆盘

绝对式光电编码器的零点固定，输出为矩形波的二进制码（葛莱码可以转换成自然二进制码）。输出是轴角位置的单值函数，即输出的二进制数与轴角位置具有一一对应的关系。

除了绝对式光电编码器外，还有旋转变压器以及绝对式磁性编码器，但应用最多的还是绝对式光电编码器。通常在停电时数据丢失，或在运行时虽然通电但无数据读出的机械运动情况下，就需要采用绝对式光电编码器。

现有的绝对式光电编码器多为单转式，它能测量轴角的范围是 0°~360°，不具有多转检测能力。测量角位移的范围只局限在 360°之内，因而不满足多转数运动控制中检测绝对角位置的需要。单转式绝对编码器的另一缺点是，在把位置绝对信号进行采样处理时，由于延迟时间的存在，故不适应高速控制的需要。如果把位置绝对值进行并行传输，虽然可以提高工作速度，但引线增多，也不便于在数控机床和工业机器人上应用。因此要想在交流伺服电动机中真正实现绝对定位控制，就必须解决上边提到的那些问题，并满足精度与小型化的要求。

2. 多转绝对式光电编码器

为了克服单转绝对式光电编码器存在的问题，适应多转数运动控制系统位置检测的需要，目前已经开发出了多转数绝对式光电编码器，并已在定位控制中得到应用。

随着产业结构的变化，生产形态已经从少品种、大批量生产转向多品种、小批量生产。在这种形势下，如何使生产能连续可靠地进行、缩短交替时间、提高设备的开动率等都成为保证生产线效率的重要因素，从而要求数控机床和工业机器人的伺服驱动实现交流化，位置控制实现绝对值化。

传统的数控机床和工业机器人的位置检测器大都采用增量位置传感器。在电源投入时，还不知道被控对象在绝对空间的机械位置（坐标值）。为了校正位置，必须对编码器进行回归原点的操作，如果只有一台机器，那这种回归原点的操作倒也不算很麻烦；但当这些机器被大量使用在生产线上、在每天开始送电或停电后重新送电时、把所有这些机器都做回归原点操作时，将十分麻烦。特别是对工业机器人来说，都是多关节型的，都要经过复杂运算实现坐标变换。若能知道机器人各坐标轴的绝对位置，那么在机器人在操作之前，就不需要将机器人回归原点，也就无需再做坐标变换了。

假如在工作中停电，机器人和作业操作之间复杂的位置关系也将中断，在恢复供电后进行手工操作有困难的场合也不少。基于这些应用背景，在工厂生产自动化方面，要求实现绝对化位置控制的呼声也是越来越高。

实现位置控制绝对化的最重要的元件就是绝对位置检测器。对典型应用的数控机床和工业机器人而言，由于交流伺服电动机是多转数运动，若想实现绝对位置控制，就必须要有与之相适应的多转数绝对位置检测器，而一般单转数绝对位置检测器是无法满足交流伺服电动机多转数绝对位置运动位置要求的。

多转数绝对位置光电编码器的电路结构如图 5-8 所示。

实际上可以看成是由一个单转绝对式光电编码器和一个增量式磁性编码器组成。其中单转绝对式光电编码器的任务是在一转内实现高分辨率、高精度位置检测的；而增量式磁性编码器是用来检测转轴的旋转次数的。转轴每转一周磁性编码器就发出一个脉冲，并送入计数器计数。二者相加就是该编码器所检测的位置。在断电时，不会影响检测位置的绝对信息。

由于单转绝对式编码器的发光元件功耗较大，用电池供电困难，故由电源供电，增量式磁性编码器在正常情况下也由电源供电。由于采用低功耗磁阻元件，在停电时用电池供电，当电源断开时，备用电池投入运行使计算器处于保持状态，既保存了转轴的转动次数这一信息，而断电又不会影响单转式光电编码器在一转范围内信息，这样就不会因为断电而失去最

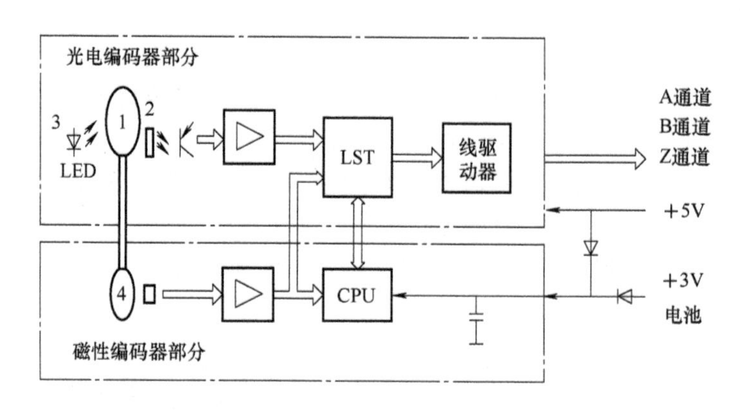

图 5-8 多转数绝对位置光电编码器的电路结构
1—圆盘 2—固定缝隙 3—光敏二极管 4—磁性圆盘

终的总位置信息。在电源重新投入时，备用电池切除，整个多转数绝对位置光电编码器就从停电时的位置起，随着轴的转动，继续向外部提供正确的位置信息。

多转绝对式光电编码器能够进行转轴旋转次数检测与信息记忆，以及一转内绝对角度的检测、信号修正、数据处理、信息传输，具有很强的灵活性。与传统的单转绝对式光电编码器相比，其结构虽然复杂，但功能却大为增强，用途更广泛。此外，采用专用的微机和大规模集成电路作为信号处理，能够使这种编码器实现小型化。

由于这种编码器能在一转内精确检测绝对角度，故对各种极对数的永磁伺服电动机很容易实现匹配来实测转子的磁极位置。由于它同时具有多转数测量功能，并备有电池，所以非常适用于生产线中机器人定位控制。今后可能发展成直接驱动的高分辨率的超小型多转绝对式光电编码器，以满足各种绝对值定位的伺服系统需要。

5.2.3 混合式光电编码器

所谓混合式光电编码器就是在增量式光电编码器的基础上，加装一个用于检测磁极位置的编码器，其中用于检测交流永磁伺服电动机磁极位置的这种编码器实际上是一种绝对式编码器，它的输出信号在一定精度上是与磁极位置具有对应的关系。通常，它给出的相位差为120°的三相信号，用于控制交流伺服电动机定子三相电流的相位，这样就把永磁体磁极在空间上的位置转化成定子电流在时间上的相位。这种混合式的光电编码器的结构与输出信号波形如图 5-9 所示。这种检测磁极位置的方法常用于无刷直流伺服电动机中。

在转动圆盘内侧制成空间位置互成 120° 的 3 个缝隙，受光元件接受发光元件通过缝隙的光线，而产生互差 120° 的三相信号，经过放大与整形后输出矩形波信号 U_U、$\bar{U}_U$、U_V、$\bar{U}_V$、U_W、$\bar{U}_W$。利用这些信号的组合状态来分别代表磁极在空间的不同位置，这里每相输出信号 U_U、$\bar{U}_U$、U_V、$\bar{U}_V$、U_W、$\bar{U}_W$ 的周期为 360°。在每个周期中可以组合成 6 种状态，每种状态代表的空间角度 60°，即在 360°空间内，每 60°空间位置用一个三相输出信号状态表示。这种检测磁极位置的方法虽然简单易行，但会使伺服电动机的低速性能变差，从而产生明显的低速步进运动。

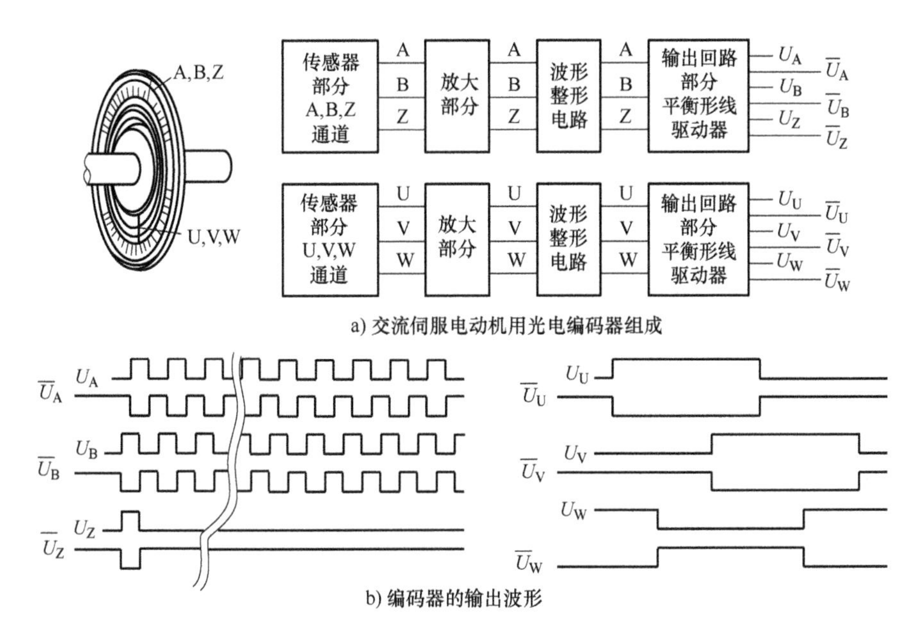

图 5-9　混合式光电编码器的结构与输出信号波形

5.3　旋转变压器

在数控机床、工业机器人等交流伺服系统中，都在广泛应用永磁交流伺服电动机，需要检测出转子的磁性位置，同时也要求能检测出转子运动速度和系统的位置。除了常用的各种类型的光电编码器外，在早些时候，还常常选择旋转变压器，它具有结构坚固耐用等特点，在可靠性要求特别高的场合，还具有十分重要的应用，所以专门介绍它。

旋转变压器有一相定子绕组输入、两相转子绕组输出的结构方式（当然还有其他的结构方式），它所配用 R/D（旋转变压器轴角/数字转换器）用来检测转子两个绕组输出电压振幅比，以此求取旋转变压器转子角位置，这种检测转角的方式称为跟踪方式。

作为移相器使用时，通常旋转变压器的定子为两相励磁绕组，转子为一相输出绕组。在这种结构情况下，所用 R/D 转换器用来检测输出信号的相位变化，这种检测方式称为相位检测方式。这两种检测转角位置的方式不同，所选用的 R/D 也不同，应该特别加以注意。下面仅就常用的相位检测方式如何检测出转子角位置加以说明。

旋转变压器是由定子铁心和线圈、转子铁心与线圈以及转子输出变压器所组成，如图 5-10 所示。

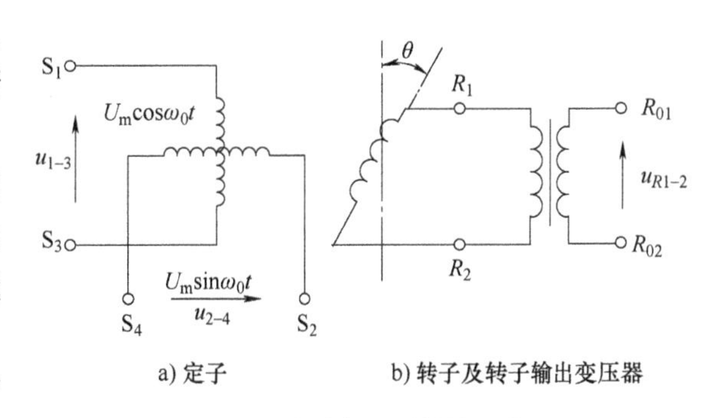

图 5-10　旋转变压器结构示意图

定子铁心上的两相绕组轴线在空间上正交，并且以相位差 90° 正弦和余弦电流进行激励，通常励磁电流的频率远远高于工频。

转子铁心上绕有一个转子绕组（有的旋转变压器在转子上绕有两个正交绕

组），为了把转子绕组上输出电压无接触地取出来，故把转子输出变压器的一次线圈接到转子绕组的输出端，这样就取代了传统的集电环和电刷。这个转子的输出变压器的二次绕组在静止侧，其输出信号中就包含转子磁极位置的信息，经过电子线路处理后，可以提取出各种有效信息参与系统控制。

下面，首先来分析旋转变压器的输出信号与输入信号的关系：

设对旋转变压器 $S_1 \sim S_3$、$S_2 \sim S_4$ 分别施加高频励磁信号 $u_{1\text{-}3}$、$u_{2\text{-}4}$ 为

$$\begin{cases} u_{1\text{-}3} = U_{\mathrm{m}}\sin\omega_0 t \\ u_{2\text{-}4} = U_{\mathrm{m}}\cos\omega_0 t \end{cases} \tag{5-1}$$

式中，U_{m} 为励磁信号的幅值；ω_0 为励磁信号的角频率，其远高于工频。

如果旋转变压器的转子位置由基准位置过了 θ 角，则转子的输出信号为

$$\begin{aligned} u_{R1\text{-}2} &= k(u_{1\text{-}3}\cos\theta - u_{2\text{-}4}\sin\theta) \\ &= k(U_{\mathrm{m}}\sin\omega_0 t\cos\theta - U_{\mathrm{m}}\cos\omega_0 t\sin\theta) \\ &= kU_{\mathrm{m}}\sin(\omega_0 t - \theta) \end{aligned} \tag{5-2}$$

式中，k 为旋转变压器的电压比。

由式（5-2）所表示的旋转变压器输出信号中可以看出，对于定子的正弦激励信号 $u_{1\text{-}3} = U_{\mathrm{m}}\sin\omega_0 t$ 来说，旋转变压器的转子从基准位置所转过的空间 θ 角，现在变成了输出电信号的相位移角 θ，也就是说，输出信号在时间上的相移角 θ，正好是旋转变压器的转子偏离基准位置的空间位移角 θ。如果设法将这个相位移信号加以适当处理并提取出 θ 角来，那么就得到转子的信息了。由于旋转变压器的转子与永磁交流伺服电动机的转子同轴连接，在调准初始位置后，通过旋转变压器转子输出就能提取电动机的磁极位置了。旋转变压器定子的励磁信号和输出信号的相位关系如图 5-11 所示。

把励磁信号 $u_{1\text{-}3}$ 作为基准电压，通过相位检波电路对相位进行检测。从相位检波电路的输出中，就可以得到 $kU_{\mathrm{m}}\sin\theta$ 信号。由于把旋转变压器的定、转子线圈的位置调准到分别与永磁交流伺服电动机电枢及磁极的位置相重合，则信号 $kU_{\mathrm{m}}\sin(\theta)$ 就原封不动地表示永磁交流伺服电动机转子的磁极位置。用这个包含转子位置信息的正弦信号调制速度调节器的输出信号，就可以得到由转子磁极位置所决定的交流电流指令信号，将其作为控制永磁交流伺服电动机定子电流相位的依据。由转子磁极在空间上的位置控制定子电流在时间上的相位，实现了交流电流的正弦化，也就是正弦电流控制型自控式永磁交流伺服电动机自控的基本原理，它不会存在同步电动机所谓的“失步现象”。

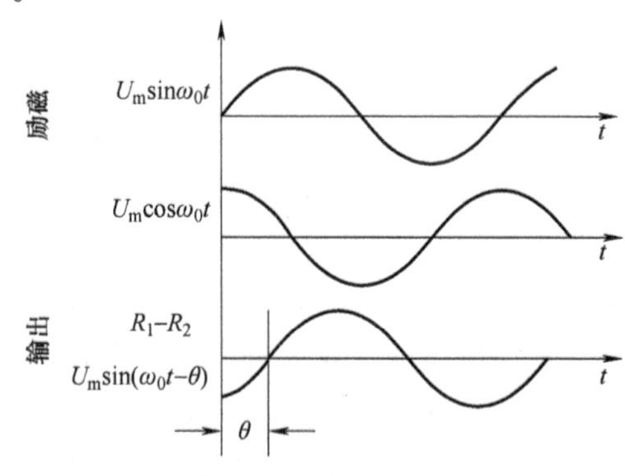

图 5-11　旋转变压器定子的励磁信号与输出信号的相位关系

为了得到频率稳定的旋转变压器励磁信号，通常采用晶体振荡器作为振荡源。由于晶体振荡频率很高，需将其输出信号适当分频，可得到两相正交信号的励磁信号 $u_{1\text{-}3}$ 和 $u_{2\text{-}4}$，采用这两个分频信号对旋转变压器定子进行高频励磁，通过对高频数字信号处理容易得到旋转变压器转子的旋转角度信息。

若转子的旋转速度 ω_r，则有

$$\theta=\omega_r t \tag{5-3}$$

$$u_{R1-2}=kU_m\sin(\omega_0-\omega_r)t \tag{5-4}$$

由上式可见，由于旋转变压器转子旋转，其输出信号角频率也随之发生变化，输出信号角频率的变化正好等于旋转变压器转子，即永磁交流伺服电动机的转子角速度 ω_r。

如果把输出信号 u_{R1-2}的角频率提取出来，就得到电动机的旋转角速度信息。这种关系无论在速度平稳或在动态变化过程都适用。显然，角速度是角位置的微分，而且一般来说，转子的角速度 ω_r 都远远小于旋转变压器定子线圈励磁信号的角频率 ω_0，因而使转子速度信号的提取变得容易一些。

实际上，这是在利用旋转变压器的移相功能来检测电动机的速度与磁极位置。从原理上讲，用光电编码来检测转子的磁极位置，这一连续量在每周内离散成 6 等份。每一种输出信号的编码组合代表着空间 60°角，然而这种磁极位置的检测，其分辨率是很低的，而旋转变压器输出的位置信息是连续变化的模拟量，经过高频数字化处理后再去调制速度调节器的输出直流信号，因而作为交流电流指令，再通过电流传感器组成反馈闭环系统，就使实际的电枢绕组中的三相电流得到正弦化的有效控制了，而使电动机得到低速平稳的运行。这是旋转变压器用于交流永磁伺服系统所获得十分优良性能的一个优势特点。但这种方式电子线路处理的成本较高，再加上这种电磁机构检测方法类似于感应型电动机，坚固耐用，适应于环境条件恶劣场合，特别适用于空间技术与军事技术的应用，远比光电类编码器要可靠得多。

在使用旋转变压器的情况下，常用一种称为旋转变压器/数字转换器（Resolver to Digital Converter，RDC）电路，将转子磁极位置信号和系统位置信号转换成数字信号输出供系统使用。下面介绍 AD 公司最新一代可编程正弦波振荡器 AD2S99 及高精度、可变分辨率的旋转变压器/数字转换器 AD2S80A 组成的位置检测系统，它精度高、速度快、可靠性好。在高精度伺服系统中得到了广泛应用。

正弦振荡器 AD2S99 的内部构造如图 5-12 所示。它将输出的正弦激励信号送入旋转变压器中的一次侧（转子绕组）。从旋转变压器的二次侧（两个定子绕组）输出两个正交信号。将两个信号分别引入到 AD2S99 的 SIN 和 COS 引脚上，构成一个同步锁定闭环系统，这样可以保证正弦波激励信号的稳定性。AD2S99 会输出一个同步基准信号（3V 方波），它可以补偿温度变化引起的相位漂移，因而不需要另加外部相位补偿电路。此信号与 SIN 和 COS 引脚信号同步锁定，并可作为旋转变压器/数字转换器（RDC）的过零参考点。当引脚 SIN 和 COS 上的信号不良或脱落时，LOS 引脚就会变为高电平，作为微处理器的故障处理信号。

AD2S99 的标准输出频率有 2kHz、5kHz、10kHz、20kHz 四种，可以通过 SEL1 和 SEL2 的逻辑电平设置调整，其中间频率可通过在 FBIAS 与电源之间连接电阻的大小来调节。AD2S99 是新一代的旋转变压器/数字转换的芯片机。其分辨率有 10bit、12bit、14bit、16bit 几种可供选择，可由引脚 SC1 和 SC2 的逻辑状态来选择，而其带宽及跟踪速度等动态特性则通过选择外围元件决定。通常跟踪速度的范围与分辨率的关系见表 5-2。通过这些性能指标，根据公式可以选择出外围电路元件。关于计算公式，受限于篇幅，这里不再叙述。另外，AD2S80A 可输出与速度成正比的模拟信号，来代替测速发电机，这一点很重要。AD2S80A 的内部功能如图 5-13 所示，由图可知，A3 和 A4 构成两个积分环节，AD2S80A 运行于Ⅱ型伺服环的跟踪方式。输出将自动跟踪输入，并且速度逐步上升到最大跟踪速度。因

为也是一种比率式跟踪方式，输出的数字角度与输入的 SIN 和 COS 信号的比值有关，而与他们的绝对值无关。这样具有高的噪声抑制比，可以减少从 RDC 远距离长线带来的误差。16 条数据线输出端口有三态输出数据锁存功能，通过 BYTE SELECT 引脚控制，可以向 8 位或 16 位数据总线传输。

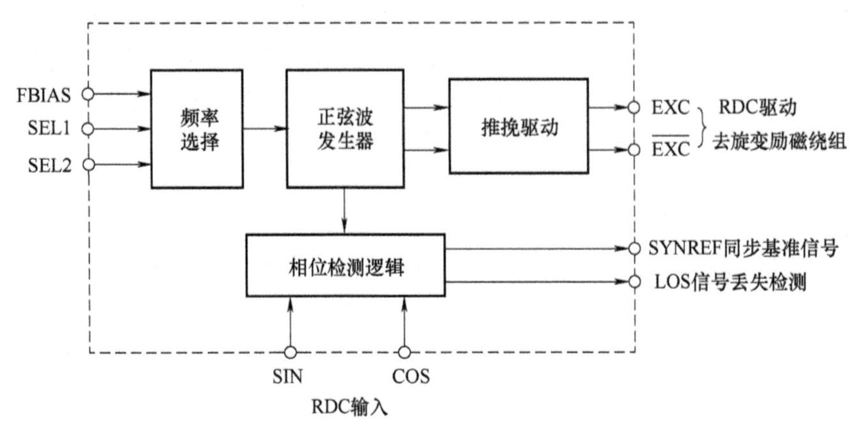

图 5-12　AD2S99 内部功能框图

表 5-2　分辨率/跟踪速度范围表

分辨率/bit	$P=2^n$（n：分辨率）	跟踪速度范围/(r/s)
10	1024	0~1024
12	4096	0~260
14	16384	0~65
16	65536	0~16.25

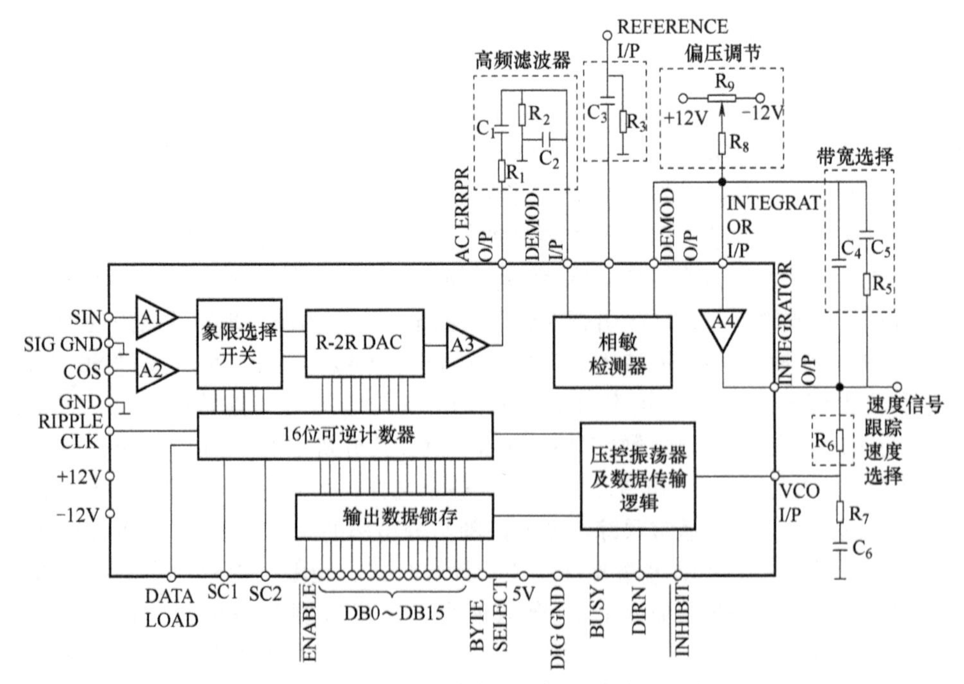

图 5-13　AD2S80A 内部原理框图及外围电路

系统采用数字信号处理器（Digital Signal Processor，DSP）或单片机采集和处理转子位置信号，因此需要将 AD2S80A 与 DSP 接口。以 AD2S99 和 AD2S80A 组成的位置测试系统与 DSP 的接口示意如图 5-14 所示。

图 5-14 中的旋转变压器的转子绕组由 AD2S99 激励，其定子输出分别接到 AD2S99 和 AD2S80A 的相关引脚，而 AD2S99 向 AD2S80A 提供参考基础信号。需要注意的是，因为 AD2S80A 内部无变压器，若输入信号超过 2V，则应变换成适合的电压后再输入。旋转变压器的两条信号地线，应该与转换器的 SIN GND 管脚相连，以减少其 SIN、COS 信号的耦合。同时由于这个原因应该用屏蔽双绞线把旋转变压和 SIN、COS 信号分别相连。信号地和模拟地在内部连接，而模拟地与数字地必须在外部连接。DSP 通过 RDC 的操作可以读取 AD2S80A 转换后表示的转子位置（16 位二进制数据），并在内部进行数据处理。

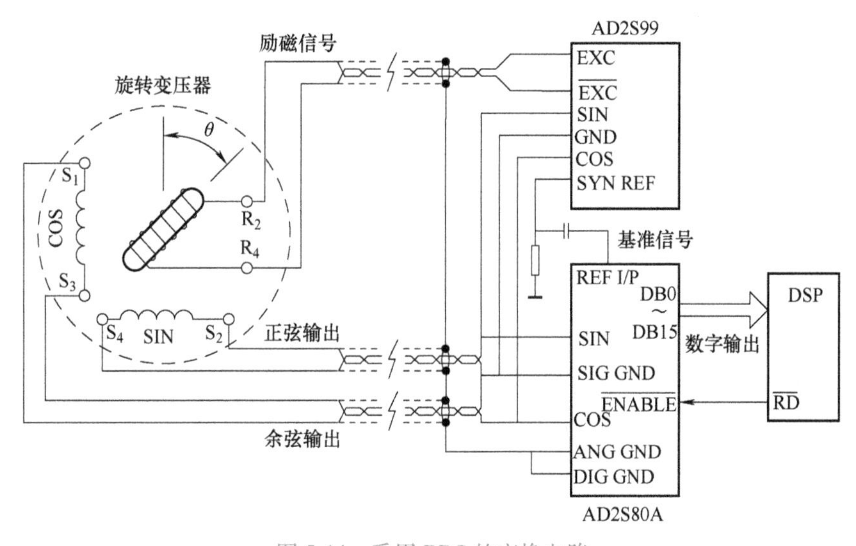

图 5-14　采用 RDC 的变换电路

5.4　光栅

光栅是利用光的发射、透射和干涉现象制成的一种光电检测装置，有物理光栅和计量光栅两大类。物理光栅的刻线比较细密，两条刻线之间的距离（称为栅距）在 0.002～0.005mm 之间，它通常用于光谱分析和光谱光波波长的测定。计算光栅刻线较粗，栅距在 0.004～0.025mm 之间，用于数字检测系统中，通常是高精度位移的检测，在数控机床中使用较多的一种闭环伺服系统中的测试装置。

光栅检测装置由光源、长光栅（标尺光栅）、短光栅（指示光栅）和光电元件组成（见图 5-15）。

按照不同的分类方法，计量光栅可分为直线光栅和圆形光栅、透射光栅和反射光栅、增量式光栅和绝对式光栅等。本节只介绍直线光栅。

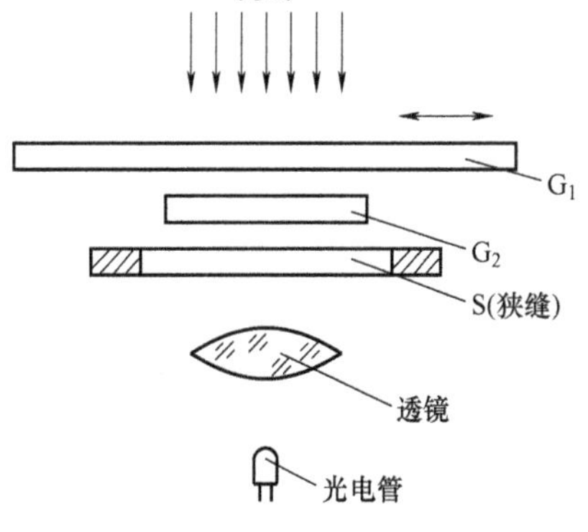

图 5-15　光栅位置检测装置

根据光栅的工作原理，将光栅分为直线式透射光栅和莫尔条纹式光栅两类。

5.4.1 直线式透射光栅

在玻璃表面刻上透明和不透明的间隔相等的线纹（黑白相间的线纹），称为透射光栅。其制造工艺为在玻璃表面加感光材料或金属镀膜上刻上光栅波纹，也可以用蜡刻腐蚀或染黑工艺。投射光栅的特点是：光源可以采用垂直射入光，光电元件可以直接接收信号，信号幅值比较大，信噪比高，光电元件结构简单。同时，透射光栅单位长度上所刻的条纹数比较多，一般可以达到每毫米 100 条线纹，即 0.01mm 的分辨率，使检测电子线路大为简化。但其长度不能做得太长，目前可达到 2m 左右。

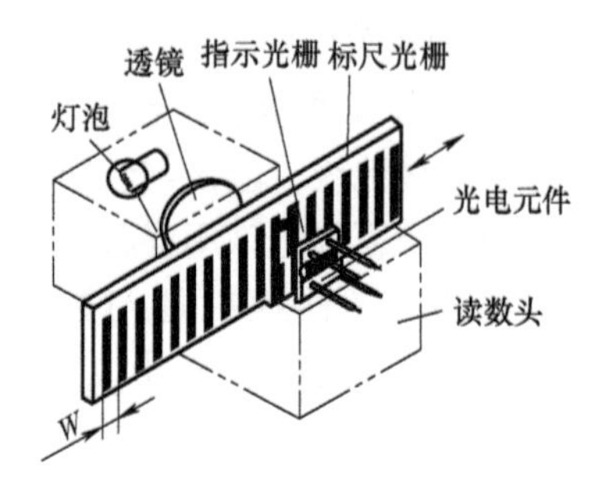

a) 结构图

如图 5-16 所示，它用光电元件把两块光栅移动时的明暗变化，转变为电流的变化。长光栅装在机床移动部件上，称之为标尺光栅；短光栅装在机床固定部件上，称之为指示光栅。标尺光栅和指示光栅都由矩形不透明的纹线及与其等宽的透明间隔组成。当标尺光栅相对纹线做垂直移动时，光源通过标尺光栅和指示光栅，再由物镜聚集照射到光电元件上。若指示光栅的线纹与标尺光栅的线纹完全重合，则光电元件接受的光通量最大。因此，在标尺光栅的移动过程中，光电元件接受的光通量忽大忽小，产生了近似正弦波的电流。再将电子线路转变为数字以显示位移量。辨别运动方向，指示光栅的纹波错开 1/4 栅距，并通过鉴向线路进行判别。由于这种光栅只能透过单个透明间隔，所以光强度较弱，脉冲信号不强，往往在光栅线较粗的地方使用。

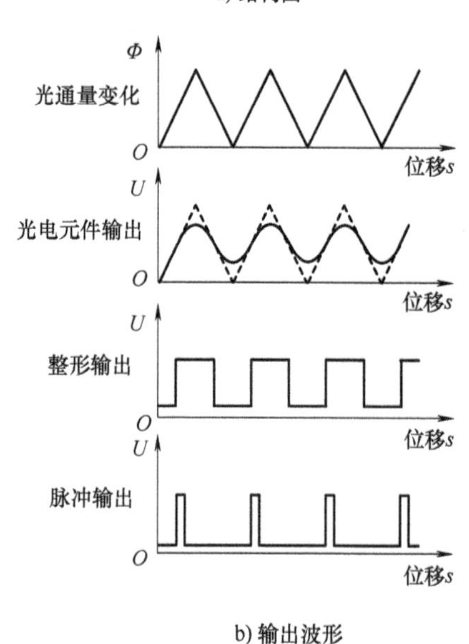

b) 输出波形

图 5-16 透射直线式光栅原理图

5.4.2 莫尔条纹式光栅

如果使两片光栅靠近并稍有倾斜，则在和光栅垂直的方向上，可以看到非常粗大的条纹，这就叫莫尔条纹。莫尔条纹式光栅实质上是一种增量编码器，它是通过形成莫尔条纹、光电转换、辨向和细化等环节实现数字计量的。

1. 莫尔条纹的形成

如图 5-17 所示，两块栅距 d 相等、黑白宽度相等的光栅，在沿线纹方向上，保持一个很小的夹角 θ。当他们彼此平行相互接近时，由于遮光效应或光的衍射作用，便在暗纹相交处形成了多条亮带。形成亮带的间距 W 与纹波夹角 θ 的关系为

$$W=\frac{d}{2\sin\frac{\theta}{2}}\approx\frac{d}{\theta} \tag{5-5}$$

莫尔条纹垂直于两块光栅波纹夹角 θ 的平分线，由于夹角 θ 很小，所以莫尔条纹近似垂直于光栅的线纹，故称为横向莫尔条纹。当两块光栅沿垂直于线纹方向相对运动时，莫尔条纹沿着垂直于线纹的方向移动，移动方向取决于这两块光栅的夹角 θ 的方向和相对移动的方向。莫尔条纹有以下 3 个重要性质：

1）平均效应莫尔条纹是由大量的光栅线纹共同作用产生的，对光栅的线纹误差有平均作用，从而可以在很大程度上消除光栅线纹的制造误差。光栅越长，参加工作的线纹越多，这种平均效应就越大。

2）对应关系如图 5-17 所示，当光栅 1 向右移时，两光栅相互遮挡的位置 b-b 线向下移动，莫尔条纹也向下移动，即光栅移动一个栅距 d，莫尔条纹也移动一个栅距 d。

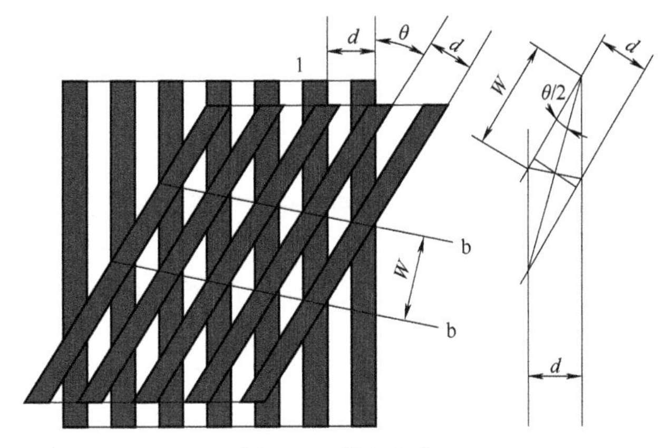

图 5-17　莫尔条纹

3）放大作用由式（5-5）可知，如果两块光栅夹角 θ 很小，则莫尔条纹之间的距离 W 将远大于光栅的栅距 d，所以莫尔条纹起到了放大的作用。这使得读取莫尔条纹的读数比读取线纹的读数方便得多，如栅距 $d=0.01\text{mm}$，两块光栅夹角 $\theta=0.001\text{rad}$，则宽 $W=10\text{mm}$，其放大倍数为 1000，因而大大减轻了检测电子线路的负担；当 θ 接近于 0 时，莫尔条纹的宽度 W 大于或等于干涉面的宽度。此时，如果两个光栅相对移动，干涉面上看不到暗明相间的条纹，只能看到明带和暗带相互交替出现。此时，莫尔条纹犹如一个闸门，故称为光纹莫尔条纹。按照这种原理制成的光栅检测元件，通常称为光电脉冲发生器。

2. 光电转换

光栅检测系统的光栅转换由光栅读数头来完成。最基本的光栅读数由光源、聚光镜、指示光栅和硅光电池组成，如图 5-18 所示。

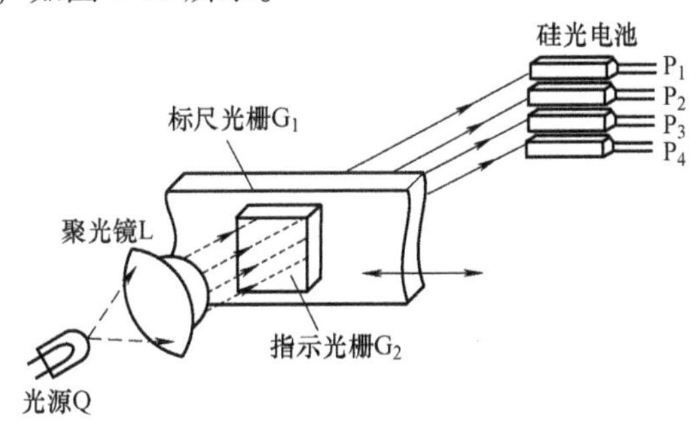

图 5-18　光栅检测系统的组成

为了方便说明其工作原理，以光闸莫尔条纹为例。当光栅移动一个栅距时，其输出波形与两块光栅相对位置的变化关系如前所述（见图 5-17），当两块光栅的刻度重合时，透光最多，光电池输出的电压信号最大；当光栅 1 向右移动半个栅距时，两块光栅的暗线纹将明线纹遮住，透光近似为 0，光电池输出最小；再移动半个纹距，则两块光栅的刻线又重合，光电输出又达到最大值。这种光栅的遮光作用和光栅的移动距离就呈线性关系，所以光电池的光接收量也和光栅的移动距离呈线性关系，即光电池的输出电压波形也近似于三角形。但这是一种理想状态，只有两块光栅距离为 0 时，刻线又质量极好且刻线宽度均匀一致时，才能达到这种状态。实际应用过程中，两块光栅间必定有间隙，由于光的衍射作用和光源灯线宽度的影响，透过光栅 1 的光将向两侧发散，而不是平等前进，因此就不能达到最亮和最黑的状态。再加上线纹上有毛刺、不平和弯曲等原因，输出波形会被削顶、削底，成为近似正弦波形和一直流分量的叠加，即

$$V=V_0+V_{\mathrm{m}}\left(\frac{2\pi x}{d}\right) \tag{5-6}$$

式中，d 为栅距；x 为标尺光栅和指示光栅之间的相对距离；V_0 为直流分量；V_{m} 为交流分量的最大值；V 为输出电压。

由此可见，硅光电池上的输出电压大小反映了标尺光栅和指示光栅之间的相对距离关系，实现了光电转换。

5.4.3 光栅检测装置

1. 光栅读数头

光栅读数头由光源、指示光栅和光电元件等组合而成。读数头的结构形式很多，单就光路来分，有以下两种：

（1）分光读数头

其原理如图 5-19 所示。从光源 Q 发出的光，经透镜 L_1，照射到光栅 G_1、G_2 上，形成莫尔条纹，由透镜 L_2 聚焦，并在焦平面上安置光电元件 P，它接受莫尔条纹的明暗信号，这种光学系统是莫尔条纹光学系统的基本型。光栅刻线断面为锯齿形，光源 Q 的倾角是根据光栅材料的折射率与入射光线的波长确定的。

这种光栅的栅距较小（0.004mm），因此两块光栅之间的间隙也小，主要用在高精度的坐标镗床和精密测试仪器上。

（2）垂直入射读数头

这种读数头主要用于每毫米 25~125 条刻线的玻璃透射光栅系统，如图 5-20 所示。从光源 Q 经透镜 L，使光束垂直照射到标尺光栅 G_1，然后通过光栅 G_2，由光电元件 P 接收。两块光栅的距离 t，根据有效光波长和光栅栅距 w 决定，即

$$t=w^2/\lambda \tag{5-7}$$

使用时再做微量调整。

上述光栅只能用于增量式测量方式。有的光栅读数头设有一个绝对零点，当停电或其他原因记错数字时，可以重新对零。它是在两光栅上分别有一小段光栅，当这两小段光栅重合时，发出零位信号，并在数字显示器显示。

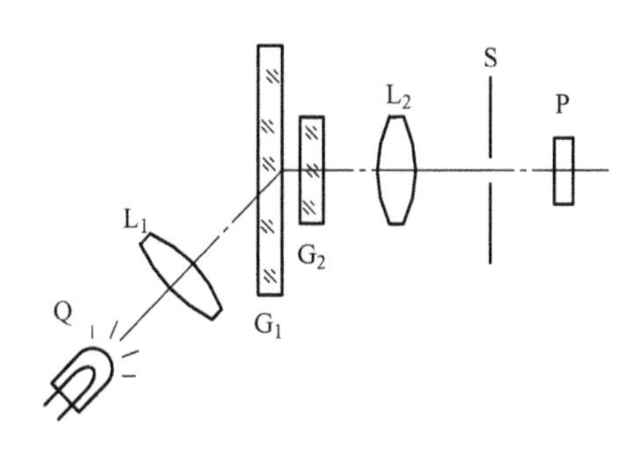

图 5-19　分光读数头

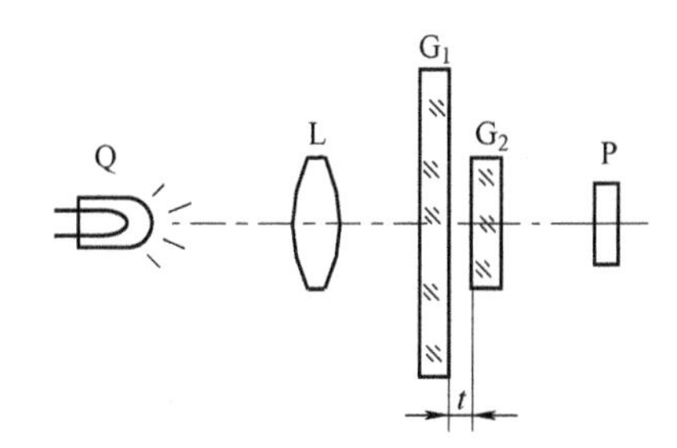

图 5-20　垂直入射读数头

2. 辨向方法

在光栅检测装置中，将从光源来的平行光调制后作用于光电元件上，从而得到与位移成比例的电信号。当光栅移动时，从光电元件上将获得一正弦电流。若仅用一个光电元件检测光栅的莫尔条纹变化信号，则只能产生一个正弦信号用作计数，不能分辨运动方向。如图 5-21a 所示，安置两只光电元件（或设置两个狭缝 S_1、S_2），让光线透过它们，分别被两个光电元件接收，两个狭缝 S_1 与 S_2 彼此相距 1/4 节距。当光栅移动时，从两只光电元件分别得到正弦和余弦的电流波形，如图 5-21b 所示。由于莫尔条纹通过光电元件的时间不同，两信号将有 90°或 1/4 周期的相位差，而信号的超前与落后取决于光栅的移动方向。这样，两个信号经过放大整形和微分等电子判向电路，即可判别它们的超前与落后，从而判别机床运动方向。例如，当标尺光栅向右运动时，莫尔条纹向上移动，信号 ID_2 超前 1/4 周期；反之，当标尺光栅向左运动时，莫尔条纹向下移动，信号 ID_1 超前 1/4 周期。

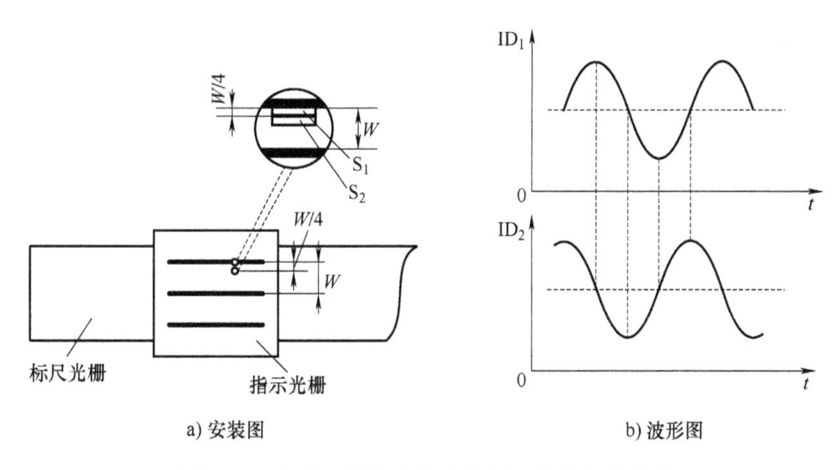

图 5-21　光电元件的安装及其所产生的电流波形

3. 分辨率的提高

一种光栅测量装置的逻辑框图如图 5-22 所示。为了提高分辨率，线路采用 4 倍频方法。在一个莫尔条纹节距内，安装 4 只光电元件（如硅光电池），每相邻两只的距离为 1/4 节距，如图 5-16 所示。四倍频电路的波形如图 5-23 所示。

当指示光栅和标尺光栅相对移动时，4 个光硅电池 P_1、P_2、P_3、P_4 产生四路相差 90°的正弦信号。将两组相差 180°的两个正、余弦信号 1、3 和 2、4 分别送入差动放大器，其输出

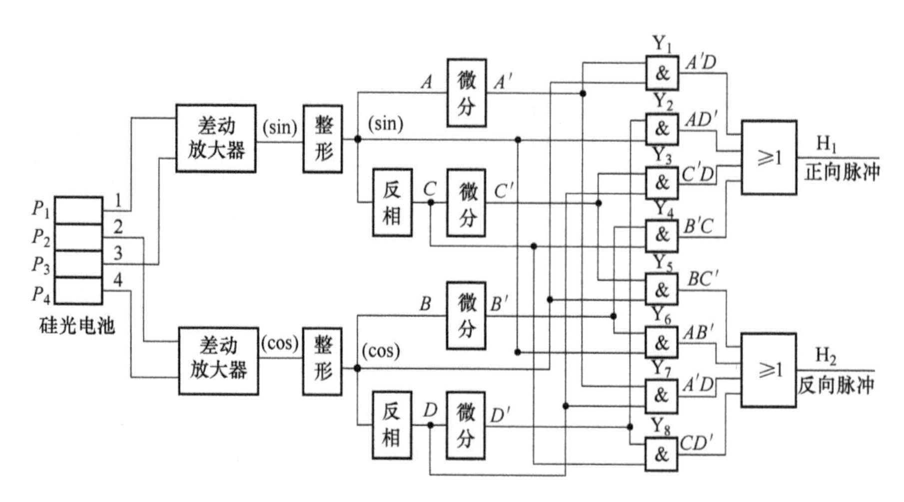

图 5-22　光栅信号 4 倍频电路

经放大整形后，得到两路相差 90°的方波信号 A 与 B。A 与 B 两路方波一方面直接进入微分器微分后，得到前沿的两路尖脉冲 A'和 B'；另一方面，经反向器，得到分别于 A 相和 B 相差 180°的两路等宽脉冲 C 和 D，C 和 D 再经微分器微分后，得两路尖脉冲 C'和 D'。四路尖脉冲 A'、B'、C'、D'，按相位关系经与门和 A、B、C、D 相与，再输出给或门，输出正、反信号，其中 $A'B$、AD'、$C'D$、$B'C$ 分别通过与门 Y_1、Y_2、Y_3、Y_4 输出给或门 H_1，得正向脉冲；而 BC、AB、AD、CD 通过与门 Y_5、Y_6、Y_7、Y_8 输出给或门 H_2，得反向脉冲。当正向运动时，H_1 有脉冲信号输出，H_2 保持低电平；而反向运动时，H_2 有脉冲信号输出，H_1 则保持低电平。这样，当栅距为 1/50mm（相当于 20μm）时，四倍频后每个脉冲当量就相当 5μm，即分辨率提高了四倍。

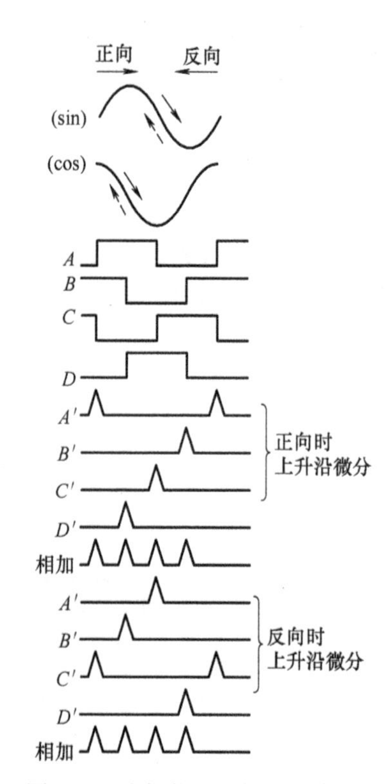

图 5-23　光栅信号四倍频电路波形

光栅输出给数控装置的信号有两种，即方波信号和正弦波信号。对方波信号可进行二倍频和四倍频处理，但最高为四倍频；对连续变化的正弦波信号，可采用相位跟踪细分，以进一步提高分辨率。其原理是将输出信号与相对相位基准信号相比较，当相位差超过一定门槛时，移相脉冲门输出移相脉冲，同时使相对相位基准信号跟踪测量信号的变化。这样每一移相脉冲相对相位基准移相 360°/n，即可实现 n 倍细分，有八倍频、十倍频、二十倍频或更高。

5.5　压阻式加速度传感器

在实际控制系统中，往往要求控制机械的加速度大小，甚至需要控制加加速度，这就需要加速度传感器，这里介绍压阻式加速度传感器。

1. 压阻式加速度传感器的原理与结构

压阻式加速度传感器是利用应变电阻为应变传感元件所组成的加速度传感元件。由应变电阻所组成的桥式电路，在应变电阻不受力的情况下，是对称平衡的，没有信号输出。当应变电阻受力时，应变电阻阻值发生变化，桥式电路失去平衡，其输出信号与受力大小成正比，即输出的是加速度信号。

压阻式加速度传感器的应变电阻可以组成多种形式的电桥。目前，上述应变电阻的电桥是用硅片加工成的，形状简单、加工方便、成本低廉，图 5-24 所示即为压阻式加速度传感器集成块截面及芯片电桥。

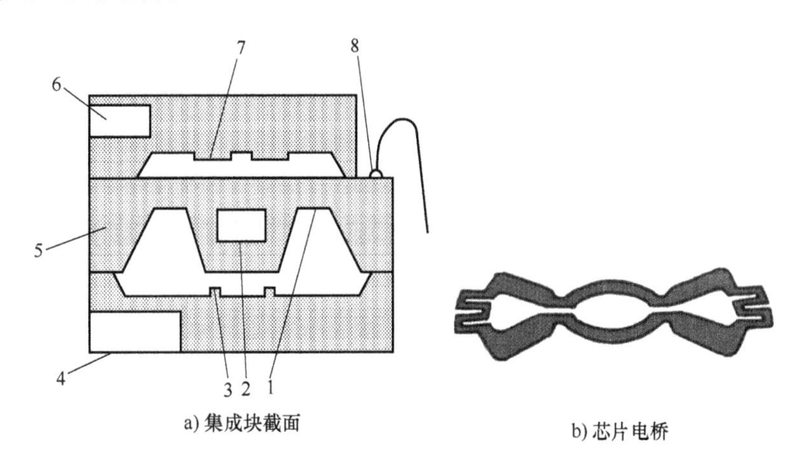

图 5-24　压阻式加速度传感器的集成块截面及芯片电桥
1—由电桥组成的悬臂梁　2—附加垂块　3—制动块
4—底座　5—芯片　6—盖板　7—检测端　8—引线端

从上述传感元件的集成块截面中可以看到，芯片电桥带有附加垂块 2，用作加速度信号的传感。因为芯片电桥本身质量很小，难以得到合适的加速度信号，只有把附加垂块 2 的质量放大才能在电桥上读取加速度信号。

压阻式加速度传感器由传感元件及信号调节两部分组成。当加速度传感器承受加速度时，传感元件和附加垂块 2 就上移或下降，从而使电桥臂的电阻变化，这就使输出电压与外加的加速度成正比。电桥组成对称互连，可以抵消任何外部加速度。信号调节器用来放大传感元件的输出，并校正灵敏度和补偿随温度变化而产生的漂移。因此，加速度传感器的输出信号是精确的，无需调节。信号调节器与传感元件一样，组成专用集成块，两者连在一起，简化电路如图 5-25 所示。

从上面加速度传感器的原理和结构可知，加速度传感器和压力传感器是相似的传感器，可以按照不同的使用要求，组成不同的电路和外形结构。

2. 压阻式加速度传感器的性能和参数

1）灵敏度：它是指单位加速度的输出电压。通常，采用重力加速度 g 作为单位加速度。压阻式加速度传感器的灵敏度有两种，即 mV 和 V，较典型的产品灵敏度为 0.1~50mV/g。

2）频率响应：它是指加速度传感器在规定的加速度极限内工作时，输入加速度交变频率的允许限度。通常频率响应在 0~5000Hz 范围内。

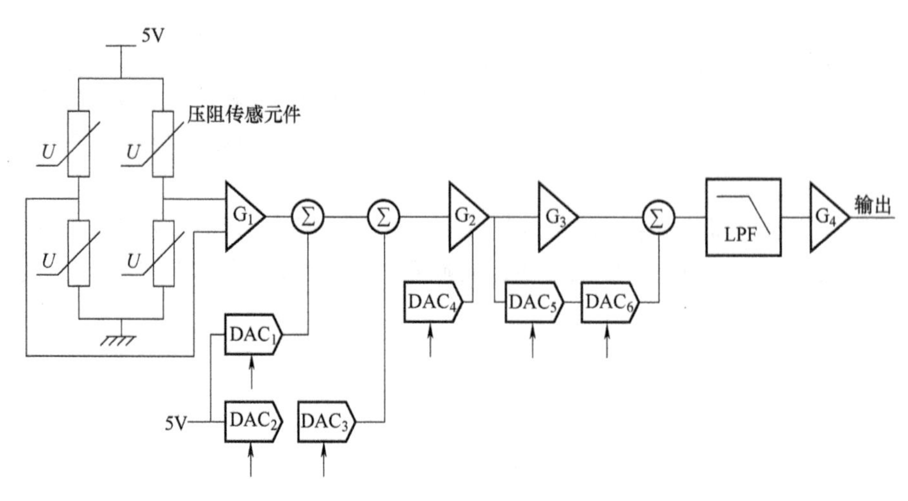

图 5-25　压阻式加速度传感器的简化电路原理

3）精度误差：加速度传感器的误差包括输出电压非线性误差和温度变化误差两种。一般非线性误差为±1.0%，温度误差为±2.0%。

4）电源：通常采用5V电源作为输入电源。但当电源偏离5V时，加速度传感器的输出电压或灵敏度将发生变化，因此规定电源电压不得超过±10%。

3. 压阻式加速度传感器应用

它的应用可分为用在控制系统中作为反馈检测和用于导航仪器中。系统反馈中应用的典型是高速运动的绘图机。永磁感应式直线步进电动机 x 轴或 y 轴直线驱动的加速度闭环控制中，它可使电动机动子高速平稳精准地带动绘图机工具绘出图形。此外，除了压阻式加速度传感器外，还有压电式加速度传感器等，但不如压阻式的应用范围广。

上述所介绍的加速度传感器仅适用于直线运动，而旋转运动不能采用上述加速度传感器。通常物体做旋转运动时，物体的加速度不仅有大小，而且方向也时刻在变化。因此，在做旋转运动时，往往采用速度传感器，经过微分后，取得加速度信号。在取得加速度信号后，对其再次微分，就可以取得加加速度（jerk）信号。

伺服系统的电力拖动平衡方程式为

$$J\frac{\mathrm{d}\omega}{\mathrm{d}t}=M_{\mathrm{e}}-M_{\mathrm{fz}} \tag{5-8}$$

当不计负载，在PMLSM中采用 $i_{\mathrm{d}}=0$ 控制时，就有

$$\frac{\mathrm{d}\omega}{\mathrm{d}t}=M_{\mathrm{e}}=K_{\mathrm{q}}i_{\mathrm{q}}=Ki_{\mathrm{q}} \tag{5-9}$$

这就是说，伺服电动机的加速度相当于交轴电流，而

$$\frac{\mathrm{d}^2\omega}{\mathrm{d}t^2}=\mathrm{jerk} \tag{5-10}$$

因此有

$$\frac{\mathrm{d}i_{\mathrm{q}}}{\mathrm{d}t}=\mathrm{jerk} \tag{5-11}$$

这就是说，加加速度就相当于交轴电流 i_{q} 对时间的变化率。因此，能否检测与控制电

流的变化率就是一个非常关键的问题。

5.6　电流传感器

当前，在实际的交流伺服系统中，多使用霍尔电流传感器。它所依据的原理就是霍尔效应。所谓霍尔效应就是指当磁场中的导体流过电流时，与电流垂直的导体的两侧面间将产生电位差。不但在导体中存在霍尔效应，半导体中也存在霍尔效应，而且产生的电位差更大。

霍尔电流传感器由一次电路、聚磁环、霍尔器件、二次线圈和放大电路等组成。根据对输出的霍尔电压的处理方式不同，霍尔电流传感器可分为直接检测式电流传感器和磁场平衡式电流传感器两种。下面介绍直接检测式霍尔电流传感器的工作原理。

当电流通过一条长导线时，在导体周围产生磁场，这一磁场的大小与通过该导线的电流大小成正比。图 5-26 是直接检测式霍尔电流传感器的原理图。在一只环形铁磁材料上绕一组线圈，通有一定的控制电流 I_C 的霍尔器件置于铁磁体的气隙中，在绕组电流产生的磁动势作用下，用霍尔器件测出气隙里的磁压降，就能计算出被测电流 I_1，由于铁磁体的磁阻远小于气隙磁阻，因此铁磁体的磁压降相对于气隙的磁压降小到可以忽略的程度。又因为气隙较小而又均匀，所以可以认为霍尔器件的磁轴方向与气隙中的磁感应强度方向一致，则霍尔器件输出的霍尔电压 U_N 正比于气隙感应强度和磁场强度，即正比于气隙磁压降

$$U_N = K_H I_C B \tag{5-12}$$

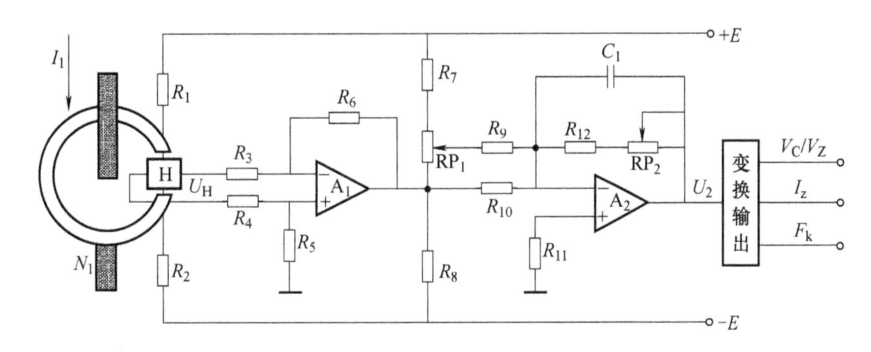

图 5-26　直接检测式霍尔电流传感器原理图

霍尔电压放大后可直接输出，或经交、直流变换器，把 0~1V 的交、直流信号，转换为：I_Z：4~20mA 或 0~20mA，V_Z：0~5V 或 1~5V 的标准直流信号输出。

直接检测式霍尔电流传感器的绝缘性能好、耐压等级高、测量电流范围广，可以测量任意波形的电流和电压，如直流、交流脉冲、三角波等，甚至对瞬态峰值电流、电压信号也能真实地进行反应，传感器的成本低，性能稳定、线性度好，响应快。但由于是半导体材料制成的器件，受温度的影响较大，动态性能容易变差，在要求高时可采用适当的补偿措施。特别要说明的是，在式（5-12）中，K_H 称为霍尔元件灵敏度，它表示霍尔元件在单位磁场强度和单位控制电流下的霍尔输出电压的大小，一般要求其值越大越好，其单位是（MV/mA · 0.1T），由式（5-12）可见，如果控制电流 I_C 为常数，那么输出电压 U_N 就与 B 成正比，而 B 就是被测电流 I_1 所产生的磁感应强度，所以就得到了输出电压 U_N 与被测电流 I_1 成正比的结论。为了使被测电流信号参与系统电流内环的控制或保护功率开关的安全，经过电路的放大、变换，

并除去高频杂散谐波，就能获得实际需要的反馈电流值。

此外，还有电阻+绝缘放大器做成的简易型电流传感器，如图 5-27 所示。在图 5-27 中，被检测的电流流过电阻，把电阻上的电压信号通过光电耦合放大器隔离，以达到高压大电流的强电侧与低压小电流的弱电侧隔离以及隔离噪声的目的。由于被检测电流中含有 PWM 斩波所产生的高次谐波，所以检测电阻必须采用无感电阻。

基于同样的原理也可以将霍尔电流传感器作为电压传感器使用。

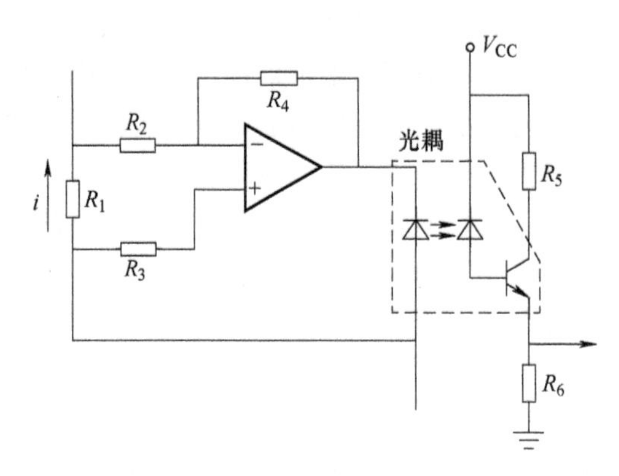

图 5-27　采用线性光电耦合器的直流电流检测器

复习题及思考题

（1）常见的位置和速度传感器有哪些？

（2）在使用编码器时需要考虑哪几种基本问题？

（3）增量式光电编码器的分辨率和精度是否一样？如不一样，请说明二者的区别。

（4）请比较增量式检测方式和绝对式检测方式的优缺点。

（5）简述压阻式加速度传感器的性能和参数。

第6章 交流伺服系统的功率变换电路

交流伺服系统功率变换电路的主要功能是根据控制电路发出的指令，将电源提供的直流电转变为交流伺服电动机所需要的三相对称正弦交流电，以产生所需要的电磁转矩，完成伺服电动机轴所要求的加速度、速度和位置运动所需要的能量。主电路的功率变换及其附属电路主要包括：功率开关变换主电路、驱动电路、保护电路、制动电路。它的控制电路主要包括运算电路、PWM 生成电路以及驱动电路等。综合到一起，共同安全可靠地完成电能有效控制，实现所要求的伺服功能。

6.1 功率变换主电路的构成

功率变换主电路的主要作用，是将电网的电能转换为能适合驱动交流伺服电动机的电能，有时还要将电动机转子的动能转换为储能回路的直流电能。图 6-1 所示的是交流伺服系统常用的电压型功率变换主电路。主电路由三部分组成，将工频交流电变为直流电的整流电路；吸收整流电路和逆变电路产生的电压脉动的滤波电路，也是储能回路；将直流功率变为交流功率的逆变电路。为保证逆变电路中的功率开关器件安全、可靠地工作，对高电压、大功率的交流伺服系统，有时需要有抑制电压、电流尖峰的缓冲电路。另外对于频繁运行，过快正、反转状态的伺服系统，还需要有消耗多余再生能量的制动电路。

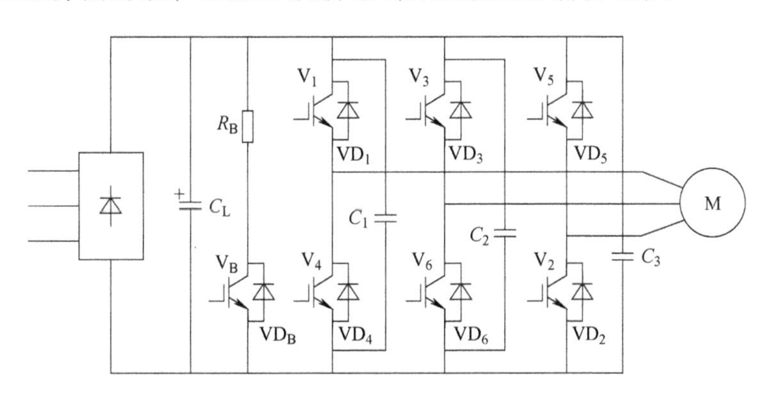

图 6-1　电压型功率变换主电路

功率变换主电路主要包含：

1. 整流电路

通常采用二极管不可控整流桥，将三相交流电整流为脉动的直流电。其拓扑结构因伺服系统输出功率大小不同而异：功率较小时，输入电源多采用单相电源，整流电路为单相整流电路；功率较大时，一般采用三相电源，整流电路为三相桥式全波整流电路。当伺服电动机功率较大，并始终处于频繁快速正、反转运动状态时，为了提高系统效率，需要用有源可控整流电路，将再生能量回馈到电网中。

2. 滤波电路

整流电路输出的整流电压是脉动的直流电压，逆变电路所产生的纹波电流也使直流电压发生脉动。为了保证整个电路能够正常工作，通常采用电容器 C_L 来吸收、抑制这些电压产生的脉动。滤波电容器 C_L 除了稳压和滤除整流后的电压纹波外，还在整流电路和逆变电路之间起去耦作用，以消除相互干扰，为电动机提供必要的无功功率。因此，C_L 的容量必须较大，起到储能作用，所以又称储能电容。

3. 逆变电路

三相逆变器电路由六个功率开关器件组成，它根据控制电路命令，把直流电功率变换为所需频率和电压的交流输出功率，是实现能量形式变换的执行环节，也是整个主电路的核心部分。当前，逆变器中最常用的开关器件有绝缘栅双极型晶体管（Insulated Gate Bipolar Transistor，IGBT），以及大功率场效应晶体管金属氧化物半导体场效应晶体管（Metal Oxide Semiconductor Field Effect Transistor，MOSFET）等高频开关。

在逆变电路中，与每个功率开关反并联的续流二极管 VD_1 ~ VD_6 的主要功能是为无功电流返回直流电源提供通道。在逆变电路工作过程中，同一桥臂的两个功率开关处于不停地交替导通与关断状态，在交替导通和关断的换向过程中，需要续流二极管 VD_1 ~ VD_6 提供续流通路。

4. 缓冲电路

功率变换电路中的各功率开关器件之间以及它们和其他器件之间的连接是通过导线来实现的，因此在整个功率变换器中，不可避免地存在由连接导线引起的寄生电感。在大功率伺服系统中，还需在主电路中设置附加缓冲电路，吸收功率开关关断时由寄生电感产生的浪涌电压以保证逆变器的安全可靠工作。

缓冲电路是由二极管、电阻和电容构成的无源网络，主要作用是抑制功率开关器件在开关过程中出现的冲击电流和电压，避免功率开关器件的损坏。

5. 制动电路

当伺服电动机快速再生制动时，转子的旋转动能会转变为直流电能储存于滤波电容器 C_L 中，使直流母线上的电压升高。如果不把直流电能回馈到电网，就必须采用制动电路，把电容器 C_L 中的电荷放掉；否则一旦直流母线上的电压超过限定值，将会引起电容器击穿或逆变器功率开关损坏。制动电路由制动开关 V_B、二极管 VD_B、制动电阻 R_B 以及控制驱动电路组成。当制动电路检测到直流母线上的电压上升到电压限定值时，制动电路开始工作，通过控制 V_B 的导通，由电阻 R_B 消耗掉一部分泵升能量，使母线电压回落到正常工作电压范围之内。

6.2 功率变换主电路设计

6.2.1 整流电路的设计

整流电路可按照以下几种方法分类：按照组成器件可分为不可控、半控和全控整流电路，按电路结构可分为桥式整流电路和零式整流电路；按照交流输入相数可分为单相整流电路和多相整流电路。交流伺服系统中，最常用的就是单相桥式不可控整流电路和三相桥式可控整流电路，它们分别应用在小功率伺服系统中和大功率伺服系统中。

逆变器电路采用 SPWM 方式控制输出电压时，如果忽略损耗和高次谐波，则逆变器直流侧与交流侧之间的功率、电压之间存在着如下关系：

$$\sqrt{3}U_{CN}I_{CN}\cos\varphi = U_{dc}I_{dc} \tag{6-1}$$

$$U_{CN} = \frac{\sqrt{3}\sqrt{2}}{\pi}U_{dc} \tag{6-2}$$

式中，I_{CN}为逆变电路输出交流电流基波的有效值；U_{dc}为直流母线电压的平均值；I_{dc}为直流母线电流的平均值。

由以上两式可以得到逆变电路的直流侧与交流侧电流之间的关系为

$$I_{dc} = \frac{3\sqrt{2}}{\pi}\cos\varphi I_{CN} \tag{6-3}$$

单相桥式整流电路的整流二极管正向平均电流 $I_{D(AV)}$与最大反向电压 U_{RM}分别为

$$I_{D(AV)} = \frac{I_{dc}}{2} \tag{6-4}$$

$$U_{RM} = \sqrt{2}U_{\varphi} \tag{6-5}$$

式中，U_{φ} 为功率变换电路输入交流相电压的有效值。

三相桥式整流电路的整流二极管正向平均电流 $I_{D(AV)}$与最大反向电压 U_{RM}分别为

$$I_{D(AV)} = \frac{I_{dc}}{3} \tag{6-6}$$

$$U_{RM} = \sqrt{2}U_{Cl} \tag{6-7}$$

式中，U_{Cl}为功率变换电路输入交流线电压的有效值。

上述分析是基于理想的假设条件，在实际的整流电路设计中，还需要考虑再生制动中引起的电压升高、逆变器电路开关器件关断所引起的浪涌电压等因素，来最终确定整流二极管的最大反向电压 U_{RM}。此外，需要考虑损耗、高次谐波来确定整流二极管的正向平均电流 $I_{D(AV)}$。

6.2.2　滤波电路的设计

在电压型逆变器中，滤波元件主要是采用电解电容器。由于电解电容器存在寿命问题。在设计采用电解电容器的滤波电路时，要准确计算电容的容量：否则若容量设计过大，既增加了逆变器的成本，又增大了逆变电路的体积；若容量设计得过小，则会提高电容器的温升，缩短其寿命，还会影响逆变电路的性能。

变频驱动装置滤波电容器的选择主要考虑以下三个因素：电容器的额定电压、滤波电路纹波电压及电容器的额定纹波电流。由于电解电容器的纹波电流是引起电解电容器损耗和发热的主要因素，纹波电流的大小直接关系到电解电容器的发热量和寿命。因此，纹波电流对于变频驱动装置滤波电容器的容量选取起到关键的约束作用。

电解电容器所允许的纹波电流值与电容器所允许的最高温度、工作温度及纹波电流的频率相关，电解电容允许的纹波电流随温度的升高而降低。电解电容器的寿命受其内部温度的影响非常大。通常温度每升高10℃，寿命会缩短1倍。电解电容器的工作温度主要取决于周围环境温度和内部损耗，而内部损耗则主要取决于电容器的内阻和上述纹波电流的大小。因此为了合理选择滤波电容器的容量，首先要准确计算流入电容器的纹波电流有效值。

滤波电容器流过的纹波电流主要包括两部分：从工频电源通过整流电路流入的电流和通过逆变器电路输入到电动机中的电流。PWM逆变电路滤波电容器的电流主要取决于电动机电流。其有效值大约为电动机电流有效值的1/2；其频率包括6倍工频频率（三相输入）和逆变电路输出电压所包含的高次谐波频率。

电容流过纹波电流大小确定以后，根据电解电容器手册中的技术数据，选择外形尺寸大小合适的单体电容器，采用若干个单体电容器并联组成滤波电路，使并联电容器允许的总电流有效值大于实际流入纹波电流的有效值。

6.2.3 逆变电路的设计

1. 电压和电流额定值的确定

对于交流输入的功率变换主电路，其逆变电路的功率开关器件的额定电压值U_{CES}可以根据下式来确定

$$U_{CES}=\sqrt{2}U_{CI}+\Delta U_R+\Delta U_S+\Delta U_m \tag{6-8}$$

式中，U_{CI}为输入交流线电压有效值；ΔU_R为再生制动时直流母线电压的升高值；ΔU_S为器件关断时的浪涌电压；ΔU_m为考虑器件安全工作时的电压裕量。

通常，输入交流电压与器件额定电压U_{CES}之间的关系见表6-1，一般希望将直流母线电压控制在器件的额定电压的50%~60%以下。

表6-1 输入交流电压和器件额定电压关系

输入交流电压/V	180~220	380~440	480~575
器件额定电压值/V	600	1000~1200	1400

器件额定电流值可以由逆变电路容量计算出的最大电流值确定。伺服驱动器的逆变电路容量与伺服电动机功率之间的关系为

$$P_{CN}=\frac{P_M}{\eta\cos\varphi} \tag{6-9}$$

式中，P_{CN}为逆变器容量；P_M为电动机输出功率；η为电动机效率；$\cos\varphi$为电动机功率因数。

逆变电路功率器件流过的峰值电流为

$$I_{CMAX}=\frac{\sqrt{2}k_{ol}k_{irp}P_{CN}}{\sqrt{3}U_{CN}} \tag{6-10}$$

式中，U_{CN}为逆变电路输出的交流线电压有效值；k_{ol}为电动机过载倍数；k_{irp}为逆变电路输出电流的脉动系数，是逆变电路输出电流瞬时尖峰值与基波尖峰值之比，其大小与逆变电路输入电压、电动机转速、PWM调制频率以及电动机电感等因素有关。

设计逆变电路时，所选择功率开关器件的额定电流I_C只要大于器件实际流过的峰值I_{CMAX}即可，但要考虑器件工作时环境温度的影响。

2. 正弦波 PWM 逆变电路开关器件损耗的计算

IGBT 的饱和损耗为

$$P_{(\mathrm{sat})\mathrm{AV}}=I_{\mathrm{CP}}U_{\mathrm{CE(sat)}}\left(\frac{1}{8}+\frac{D}{3\pi}\cos\varphi\right) \tag{6-11}$$

式中，I_{CP}为逆变电路输出电流的峰值；$U_{\mathrm{CE(sat)}}$为电流为I_{CP}时 IGBT 的饱和压降；D 为输入信号的占空比；$\cos\varphi$ 为输出正弦波的功率因数。

IGBT 的开关损耗为

$$P_{(\mathrm{SW})\mathrm{AV}}=\frac{E_{\mathrm{SW}}f}{\pi} \tag{6-12}$$

式中，E_{SW}为 IGBT 每个脉冲的开关能量，可以通过技术数据算出。

续流二极管的饱和损耗为

$$P_{(\mathrm{F})\mathrm{AV}}=I_{\mathrm{CP}}\times U_{\mathrm{F}}\times\left(\frac{1}{8}-\frac{D}{3\pi}\cos\varphi\right) \tag{6-13}$$

式中，U_{F} 为续流二极管的正方向压降。

续流二极管的恢复损耗为

$$P_{(\mathrm{r})\mathrm{AV}}=\frac{1}{8}\times(I_{\mathrm{rr}}U_{\mathrm{d}}t_{\mathrm{rr}}f) \tag{6-14}$$

式中，I_{rr}为续流二极管的反向恢复电流；t_{rr}为续流二极管的反向恢复时间；U_{d} 为直流母线电压。

开关器件（IGBT+FWD，其中 FWD 是指续流二极管）的总损耗为

$$P=P_{(\mathrm{sat})\mathrm{AV}}+P_{(\mathrm{SW})\mathrm{AV}}+P_{(\mathrm{F})\mathrm{AV}}+P_{(\mathrm{r})\mathrm{AV}} \tag{6-15}$$

6.2.4　缓冲电路的设计

缓冲电路又称吸收电路，用于抑制逆变器中因功率器件开关所导致的过电压，改变器件的开关轨迹，控制各瞬态过电压，减小器件的损耗，确保开关器件安全。功率器件过电压的产生与回路布线的寄生电感的关系密切，因此必须首先优化布线，尽量减小寄生电感；同时设计合适的缓冲电路来抑制浪涌电压，防止过电压产生。抑制过电压的缓冲电路主要包括与开关元件一对一配置的分体式缓冲电路和在直流母线之间配置的整体式缓冲电路两种。

1. 分体式缓冲电路

分体式缓冲电路主要有 RC 缓冲电路、放电阻止型 RCD 缓冲电路和充放电型 RCD 缓冲电路如图 6-2 所示。

（1）RC 缓冲电路

RC 缓冲电路对所关断的浪涌电压抑制效果好，但应用大容量 IGBT 时，必须减小缓冲电路的电阻值，结果会使导通时的集电极电流增大，对 IGBT 要求变得苛刻。此外，缓冲电路的损耗大，不适合高频开关电路。

（2）放电阻止型 RCD 缓冲电路

放电阻止型 RCD 缓冲电路对关断时的浪涌电压有良好的抑制效果，缓冲电路上产生的损耗少，最适合应用大容量高频开关电路。放电阻止型 RCD 缓冲电路电阻上产生的损耗 P 根据下式计算

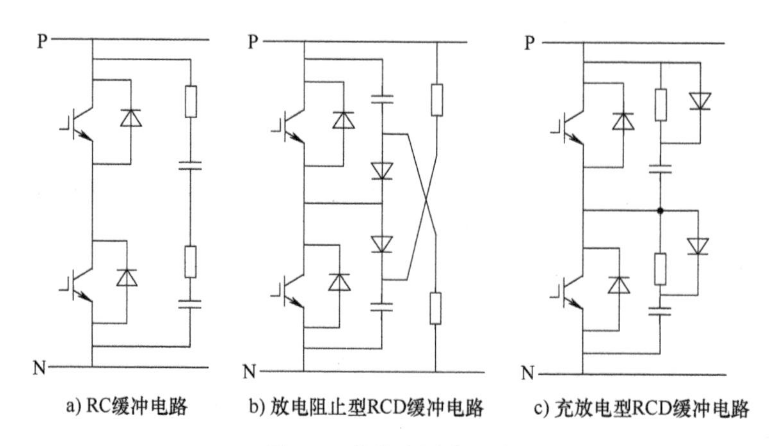

图 6-2　分体式缓冲电路

$$P=\frac{LI_0^2 f}{2} \tag{6-16}$$

式中，L 为主电路的寄生电感；I_0 为 IGBT 关断时的集电极电流；f 为开关频率。

关断时尖峰电压 U_{CESP} 可以用下式求得

$$U_{CESP}=U_d+U_{FM}-L_s\frac{di_c}{dt} \tag{6-17}$$

式中，U_{FM} 为缓冲二极管过渡正方向电压降；L_s 为缓冲电路的寄生电感；di_c/dt 为关断时集电极电流变化率的最大值。

缓冲二极管的一般的正方向压降值为：600V 级，20～30V；1200V 级，40～60V。缓冲电容器的电容量 C_S 可用下式求得

$$C_S=\frac{LI_0^2}{(U_{CEP}-U_d)^2} \tag{6-18}$$

式中，U_{CEP} 为缓冲电容器的最终电压，缓冲电容器要选择高频特性好的电容器，如薄膜电容器。

对缓冲电阻的要求是，在 IGBT 运行下一次关断之前，要把缓冲电容器中的 90% 电荷放掉。按照这一条件求得缓冲电阻 R_S 的值为

$$R_S\leqslant\frac{1}{2.3C_S f} \tag{6-19}$$

如果缓冲电阻值选择过低，缓冲电路中的电流会发生振荡，IGBT 导通时的集电极电流的尖峰值也会增大，因此要满足上式的条件，尽量选用高阻值的电阻。

缓冲二极管过渡正方向压降，是器件关断时产生尖峰电压的一个重要原因。如果缓冲二极管的反向恢复时间长，则在高频开关动作时缓冲二极管产生的损耗大；如果缓冲二极管反向恢复时间过急，IGBT 的 C-E 间电压会产生剧烈的振荡。因此放电阻止型 RCD 缓冲电路的缓冲二极管要选择过渡正方向电压减小、反向恢复时间短，具有软恢复特性的二极管。

（3）充放电型 RCD 缓冲电路

充放电型 RCD 缓冲电路对关断时的浪涌电压抑制效果好。它与 RC 缓冲电路不同，由于带有缓冲二极管因此缓冲电阻值可以取大，能够避免导通时，集电极电流增大影响 IGBT

的问题，与放电阻止型 RCD 缓冲电路相比，由于在缓冲电路上（主要是缓冲电阻）产生的损耗非常大，因此不适合高频开关电路。充放电型 RCD 缓冲电路电阻上产生的损耗可以根据下式计算

$$P=\frac{LI_0^2 f}{2}+\frac{C_S U_d^2 f}{2} \tag{6-20}$$

2. 整体式缓冲电路

整体式缓冲电路主要有 C 缓冲电路，RCD 缓冲电路和组合缓冲电路，如图 6-3 所示。

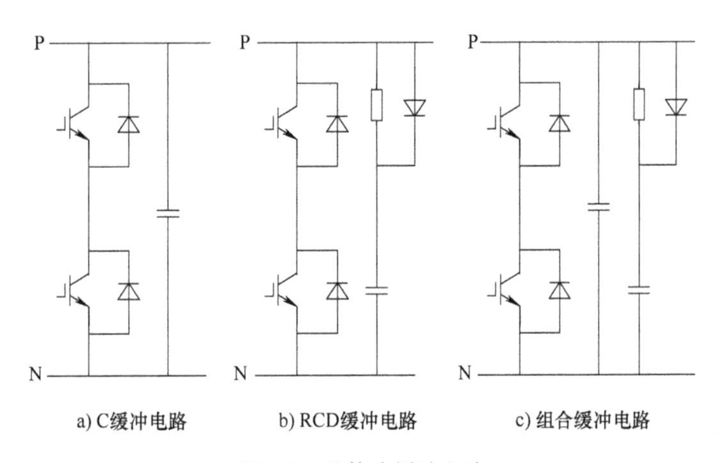

图 6-3　整体式缓冲电路

（1）C 缓冲电路

C 缓冲电路是最简单的缓冲电路。器件关断时的浪涌电压被电容器 C 缓冲电路吸收后，在主电路的电感与缓冲电容之间有 LC 振荡电流，使母线电压产生较大波动。因此，C 缓冲电路适用于 100A 以下的 IGBT 电路中。

（2）RCD 缓冲电路

RCD 缓冲电路中的充电电流经缓冲二极管流入，放电电流经缓冲电阻流出，因此不会产生像 C 缓冲电路那样的振荡电流。它能够减小母线电压的波动，尤其是在母线配线较长时效果更好，适用于 200A 以下的 IGBT 电路中。但是如果 RCD 缓冲电路中的缓冲二极管选择不当，可能会产生较高的浪涌电压，并在缓冲二极管反向恢复时产生电压波动。缓冲电容的容量可以根据下式计算：

$$C_S=\frac{LI_0^2}{(CU_{CEP}-U_d)^2} \tag{6-21}$$

缓冲电阻阻值可根据下式计算

$$R_S \leqslant \frac{1}{2.3CR_S f} \tag{6-22}$$

缓冲电阻的阻值在不产生振荡的前提下，在上述范围内尽量取最大值。

充电后的缓冲电容在放电时，缓冲电容的充电电压作为反向电压会施加在缓冲二极管上，这时如果缓冲二极管的反向恢复时间过长，高频开关动作时，缓冲二极管的损耗会变大。缓冲二极管在硬恢复时，会产生电压振荡，有时会抑制缓冲电容的充电电压，使其对浪涌电压的抑制效果变差。

（3）组合式缓冲电路

有时为了提高缓冲效果，常将 C 缓冲电路和 RCD 缓冲电路组合起来使用。

6.2.5 制动电路的设计

制动电路设计主要包括制动电阻 R_B 和制动开关管 T_B 的选择计算。制动电阻 R_B 的选择包括电阻阻值及容量的选择，可按照下列步骤进行。

1. 制动转矩的计算

制动转矩 T_B（N·m）可由下式计算出

$$T_B=\frac{J(\omega_1-\omega_2)}{t_B}-T_L \tag{6-23}$$

式中，J 为电动机转子转动惯量与负载折算到电动机轴上的转动惯量之和，单位为 kg·m^2；T_L 为负载转矩，单位是 N·m；ω_1 为减速开始时的角速度，单位是 rad/s；ω_2 为减速结束时的角速度，单位是 rad/s；t_B 为减速时间，单位是 s。

2. 制动电阻阻值计算

在附加制动电阻进行制动的情况下，电动机内部的有功损耗部分折合成制动转矩，大约为电动机额定转矩的 20%。考虑到这一点，可用下式计算制动电阻的阻值

$$R_{max}=\frac{U_d^2}{(T_B-0.2T_e)\omega_1} \tag{6-24}$$

式中，R_{max} 为制动电阻的最大值，单位是 Ω；U_d 为直流母线电压，单位是 V；T_e 为电动机的额定转矩，单位是 N·m。

如果系统所需的制动转矩 $T_B \leqslant 0.2T_e$，即制动转矩在额定转矩的 20% 以内时，不需要外加制动电阻，仅靠电动机内部有功损耗的作用，就可以将母线电压限制在过电压保护的动作水平以下。

由制动开关管和制动电阻构成的放电回路中，最大放电电流受制动开关管最大允许电流 I_C 的限制，因此，制动电阻的最小允许值为

$$R_{min}=\frac{U_d}{I_C} \tag{6-25}$$

因此，制动电阻应该在下式规定的范围内选择

$$R_{min} \leqslant R_B \leqslant R_{max} \tag{6-26}$$

3. 制动时平均消耗功率的计算

由于制动中电动机自身损耗了相当于 20% 的额定转矩的功率损耗，因此制动电阻上消耗的平均功率 $P_{R(AV)}$ 可按照下式求出

$$P_{R(AV)}=(T_B-0.2T_e)\frac{\omega_1+\omega_2}{2} \tag{6-27}$$

4. 制动电阻额定功率的计算

在一定的时间内，电动机减速的重复次数越多，消耗在制动电阻上的损耗就越多，从而需要制动电阻的额定功率也就越大。通常可以按照下式来计算制动电阻的额定功率

$$P_R=k_B P_{R(AV)} \tag{6-28}$$

式中，k_B 为制动频率系数，通常 $k_B=0.1\sim0.5$，电动机功率较小时，取最小值，反之取较大值。

制动电阻的阻值确定后，就可以根据直流母线电压确定制动开关管的额定电流、额定电压及损耗。

6.3 脉宽调制技术

脉宽度调制（Pulse Width Modulation，PWM）技术，是利用半导体开关器件的导通与关断把直流电压变成电压脉冲列，并通过控制电压脉冲列的宽度或周期达到变压目的，或通过控制电压脉冲宽度和脉冲列的周期达到变压、变频目的一种控制技术。

PWM 控制功率变换系统具有以下优点：

1）主电路的拓扑结构简单，需要的功率器件少。

2）开关频率高，输出电流容易连续，谐波含量少，电动机损耗及转矩波动小。

3）低速性能好，稳速精度高，调速范围宽。

4）与交流伺服电动机配合构成的交流伺服系统频带宽，动态响应快，抗干扰能力强。

5）功率开关工作在开关状态，导通耗损小，当开关频率适当时，开关损耗也不大，因而系统效率较高。交流伺服系统中常用的 PWM 技术方法有电压型正弦脉冲宽度调制（SPWM）、电流跟踪型 PWM 和电压空间矢量 PWM 等控制方法。下面将介绍前两种控制方法。

6.3.1 SPWM 技术

6.3.1.1 SPWM 控制原理

图 6-4 是一个 PWM 控制原理示意图。将正弦半波形划成 N 等份，每一等份中的正弦曲线与横轴所包围的面积都用一个与此面积相等的等高矩形波来代替。显然，各个矩形宽度不同，但它们的宽度大小按正弦曲线规律变化。正弦波的负半轴也可以用相同的方法处理，用一组等高不等宽的矩形脉冲来代替。对上述等效的脉冲宽度，在选定了等分数 N 后，可借助计算机严格地算出各个矩形脉冲的宽度，以作为控制逆变器电路开关元件通断的依据。这种由控制电路按一定规律控制开关的通断，从而得到等效正弦波的一组等幅而不等宽的矩形脉冲的方法，称为 SPWM 技术。

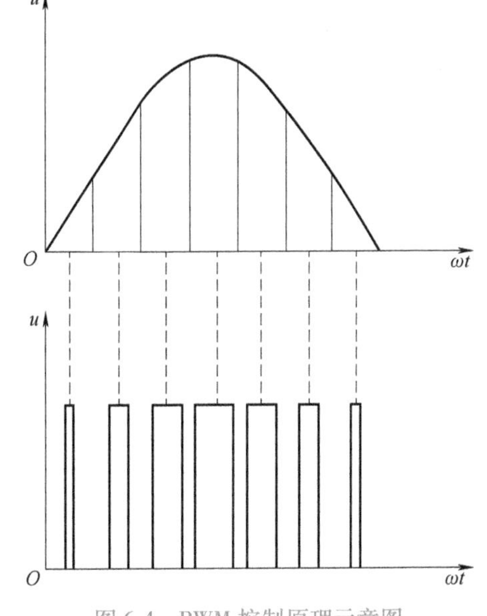

图 6-4　PWM 控制原理示意图

通常采用等腰三角波作为载波，因为等腰三角载波上下宽度与高度呈线性关系且左右对称，当它与任何一个平缓变化的调制波相交时，如果在交点时刻控制电路中开关元件的通断，就可以得到宽度正比于调制波幅值的脉冲，这正好符合 PWM 控制的要求。当调制为正弦信号时，就得到了 SPWM 波形。

图 6-5 是 IGBT 作为开关器件的电压型单相桥式 PWM 逆变电路，当负载为电感性，L 足

够大有利于保证负载电流 i_0 连续。

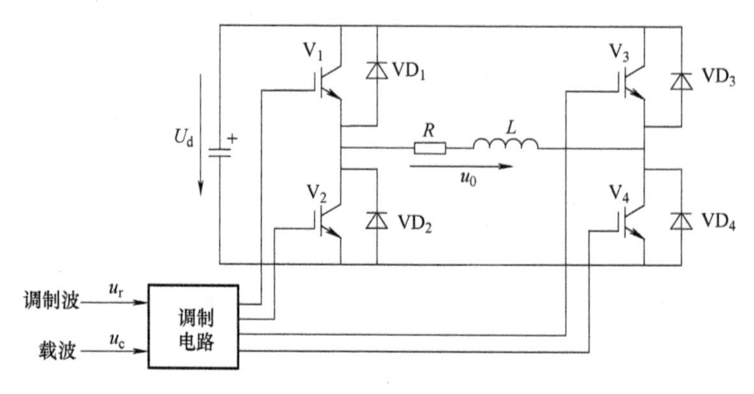

图 6-5　电压型单相桥式 PWM 逆变电路

对各开关管控制应按下面规律运行：在信号 u_1 的正半周期间，开关器件 V_1 保持导通而开关管 V_4 交替通断。当 V_1 和 V_4 导通时，加在负载上的电压为 $u_0=u_d$。当 V_1 导通而 V_4 关断时，由于电感负载中的电流不能跃变，负载电流 i_0 将通过二极管 VD_3 续流，则加在负载上的电压为 $u_0=0$。如果负载电流较大，那么直到 V_4 再一次导通之前，VD_3 一直保持导通。如果负载电流较快衰减到零，在 V_4 再一次导通之前负载电压也一直为零。这样，负载上的输出电压 u_o 就可得到 0 和 u_d 交替的两种电平。同样，在负半周期间，让开关 V_2 保持导通，当 V_3 导通时，$u_0=-u_d$；当 V_3 关断时，VD_4 续流，$u_o=0$，负载电压 u_0 可得到 $-u_d$ 和 0 两种电平。这样，在一个周期内，逆变电路输出的 PWM 波形就由 $\pm u_d$ 和 0 三种电平组成。

控制 V_4 或者 V_3 通断的方法，可以单极性 PWM 控制，其波形如图 6-6 所示。载波 u_c 在调制波的正半周为正极性的三角波，在负半周为负极性的三角波。调制信号 u_r 为正弦波。当 u_r 和 u_c 的交点时刻控制开关管 V_4 或 V_3 的通断。在 u_r 的正半周，V_1 保持导通，当 $u_r>u_c$ 时，使 V_4 导通，负载电压 $u_0=u_d$，当 $u_r<u_c$ 时，使 V_4 关断，负载电压 $u_0=0$；在 u_r 的负半周，V_1 关断，V_2 保持导通，当 $u_r<u_c$ 时，使 V_3 导通，负载电压 $u_0=-u_d$，当 $u_r>u_c$ 时，使 V_3 关断，负载电压 $u_0=0$。这样就得到了 SPWM 波形 u_o，图中曲线 u_{of} 表示 u_0 中的基波分量。这种在正弦调制波的半个周期内，三角载波只在正或负的一种极性范围内变化所得的 PWM 波形也只处于一个极性范围内的控制方式称为单极性 PWM 控制方式。这种方式的调制原理如图 6-6 所示。

另外，和单极性 PWM 控制方式不同的是双极性 PWM 控制方式。单相桥式逆变电路的双极性控制方式的波形如图 6-7 所示。在双极性方式中，u_r 的半周期内，三角载波是在正、负两个方向变化的，所得到的 PWM 波形也是在两个方向变化的。在 u_r 一个周期内，输出的 PWM 波形具有两种电平 $\pm u_d$，仍然在调制信号 u_r 和载波信号 u_c 的交点时刻控制各开关器件通断。

在 PWM 逆变电路中，使用较多的是如图 6-8 所示的三相桥式逆变电路，其控制方式一般都采用双极性方式。U、V、W 三相的 PWM 控制通常共用一个三角波电压 u_c 载波，三相调制信号 u_{rU}、u_{rV}、u_{rW} 的相位依次相差 120°，U、V、W 各相功率开关器件的控制规律相同，现以 U 相为例来说明。当 $u_{rU}>u_c$ 时，给上桥臂开关管 V_1 发出导通信号，给下臂开关管 V_4 以关断信号，则 U 相相对于直流电源假想中点 N′的输出 $U'_{UN}=U_d/2$。当 $u_{rU}<u_c$ 时，给 V_4 以导通信号，V_1 以关断信号，则 $U'_{UN}=-U_d/2$。V_1 和 V_4 的驱动信号始终是互补的。当给

V_1（V_4）加导通信号时，可能是 V_1（V_4）导通，也可能是二极管 VD_1（VD_4）续流导通，这要由感性负载中原来电流的方向和大小决定，和单相桥式逆变电路的双极性 PWM 控制时的情况相同。V 相和 W 相的控制方式和 U 相相同。U'_{UN}、U'_{VN}、U'_{WN} 的波形如图 6-8b 所示。可以看出，这些波形只有 $\pm U_d/2$ 两种电平。

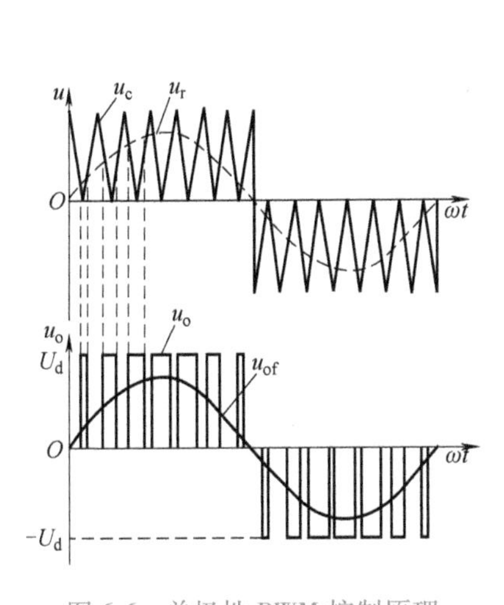

图 6-6　单极性 PWM 控制原理

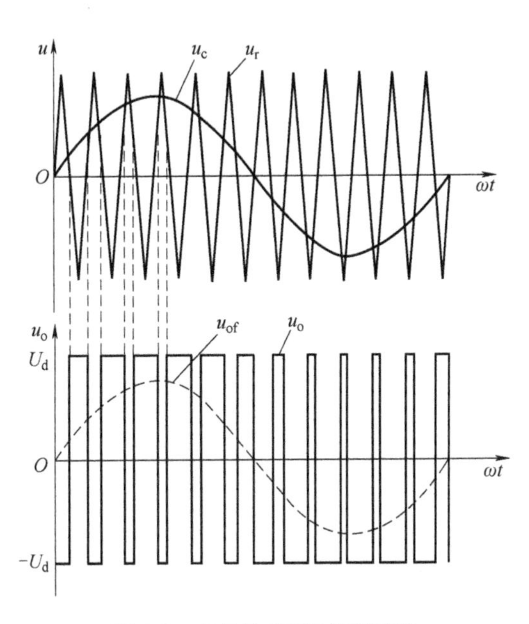

图 6-7　双极性 PWM 控制波形

图 6-8 中的线电压 U、V、W 的波形可由 $U'_{UN}-U'_{VU}$ 相减得出。可以看出当 V_1 和 V_6 导通时，$U_{UV}=U_d$，当 V_3 和 V_4 导通时，$U_{UV}=-U_d$，当 V_1 和 V_3 或 V_4 和 V_2 导通时，$U_{UV}=0$，因此，逆变电路输出线电压由 $\pm U_d$、0 三种电平构成。在双极性 PWM 控制方式中，同一相上下两个桥臂的驱动信号都是互补的。但实际上为了防止上下两个桥臂直通而造成短路，在给一个桥臂施加关断信号后，延迟 Δt 时间，才给另一个桥臂开关施加导通信号。延迟时间的长短主要由功率开关器件的关断时间决定。

6.3.1.2　SPWM 逆变电路的控制方式

SPWM 逆变电路有异步调制、同步调制和分段同步调制三种控制方式。

1. 异步调制

载波信号 u_c 和调制信号 u_r 不保持同步关系的调制方式称为异步调制。在异步调制方式中，调制信号的频率 f_r 变化时，通常保持载波的频率 f_c 固定不变，因此载波比 N 是变化的：$N=f_c/f_r$。这样，在调制信号的半个周期内，输出的脉冲个数不固定，脉冲相位也不固定，正负半周期的脉冲不对称，同时半周期内前后 1/4 周期的脉冲也不对称。当调制信号频率较低时，载波比 N 较大，半个周期内的脉冲数较多，正负半周期脉冲不对称和半周期内前后 1/4 周期脉冲不对称的影响都比较小，输出接近正弦波。相反 f_r 增高，N 减小，半周期内的脉冲减少，输出脉冲的不对称性影响就变大，还会出现脉冲跳动。同时输出特性变坏，波形与正弦波之间的差距也变大。因此，在采用异步调制方式时，希望尽量提高载波频率，以保持较大的 N 值，改善输出特性。

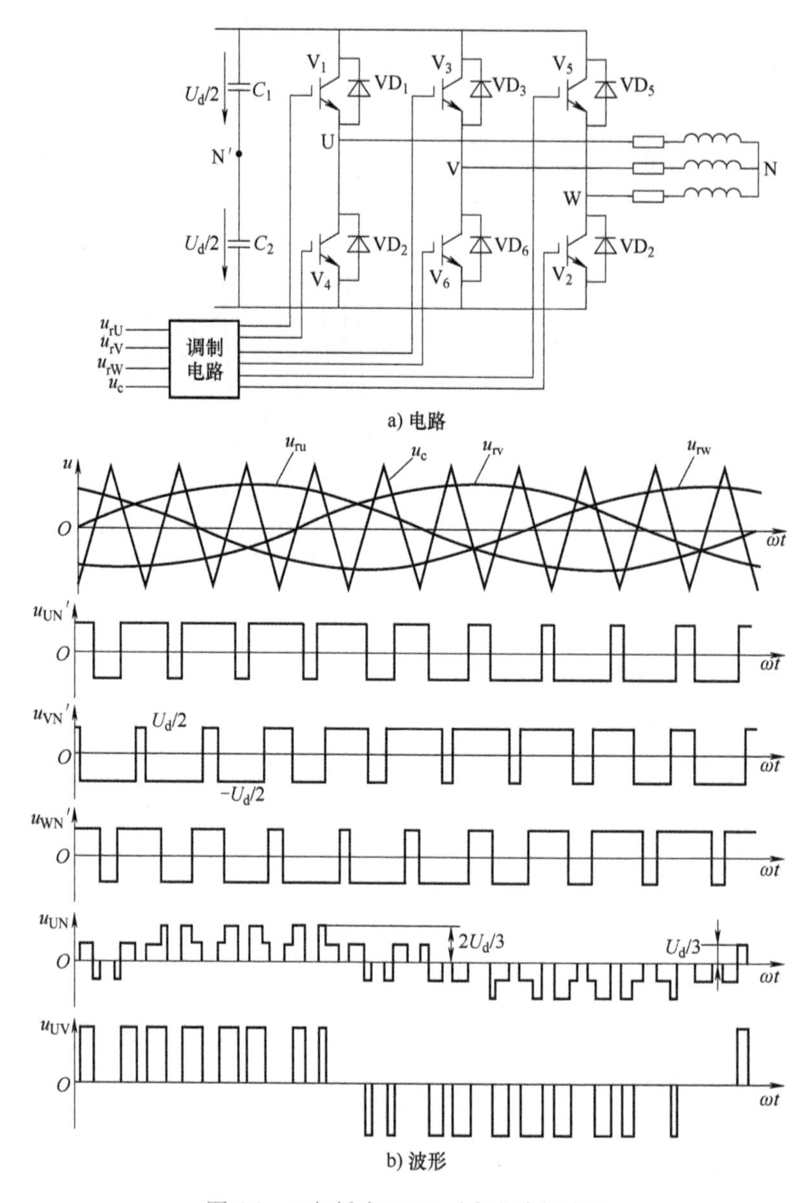

图 6-8　三相桥式 PWM 逆变电路与波形

2. 同步调制

载波比 N 为常数，并在变频时使载波信号和调制信号保持同步的调制方式称为同步调制。在基本同步调制方式中，调制信号频率变化时，载波比 N 不变。调制信号半个周期内输出的脉冲数是固定的，相位也是固定的。

在三相逆变电路中，通常共用 1 个三角载波信号，且取 N 为 3 的整数倍，使输出的三相波形严格对称，同时为了使一相的波形正负半周镜像对称，N 应取为奇数。图 6-9 是 $N=9$ 时的同步调制三相 PWM 波形。

3. 分段同步调制

为了扬长避短，可将同步调制和异步调制结合起来，称为分段同步调制方式，实际

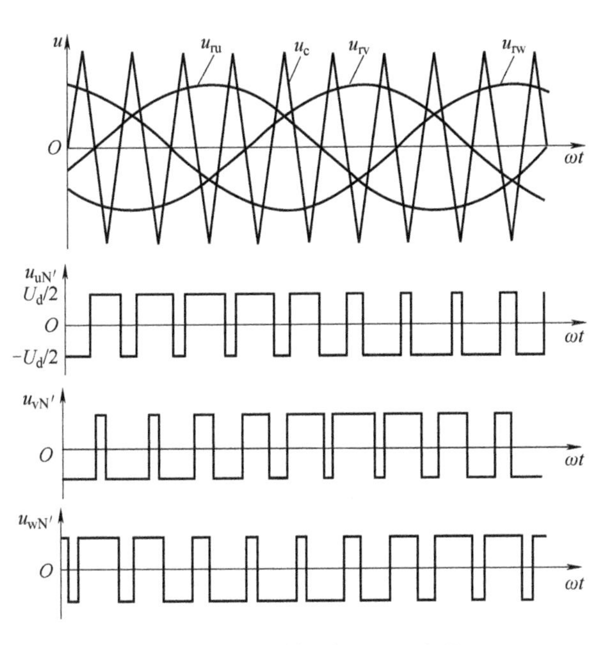

图 6-9　同步调制三相 PWM 波形

SPWM 逆变电路多采用此方法。

在一定频率范围内，通常用同步调制，以保持波形对称的优点。当频率降低较多时，使载波比分段有级的增加，又发挥异步调制的优势，这就是分段同步调制。具体地说，把 f_r 的范围划分成若干个频段，使每个频段内保持 N 恒定，不同频段 N 不相同，在 f_r 高的频段采用较低的 N，使载波频率不致过低而对负载产生不利影响。

从上面的分析中可以看出，SPWM 信号的开关状态由正弦波（调制波）和高频三角波（载波）的比较结果来确定。它实际上就是用一组经过调制的幅值相等、宽度不等脉冲信号代替调制信号，用开关量取代模拟量以实现功率高效率变换的控制方法。其调制的准则是：调制后的信号频率除含有调制信号频率、频率很高的载波以及倍频附近的谐波分量外，几乎不含有其他谐波，特别是接近基波的低次谐波。由于频率很高的谐波被方便地滤掉，因而可以很容易重现调制信号。SPWM 逆变电路的调制系数随基准波的频率线性变化，可以使基波的输出电压与输出频率成正比，从而可容易提供给交流伺服电动机恒转矩运行需要的恒电压/频率比的交流电源。在 SPWM 中，调制波频率决定了输出电压的频率，调制峰值确定了调制深度，从而也就控制了输出电压的有效值。改变调制深度可以改变输出电压的有效值，这样与其他调制技术相比，其失真系数大大改善，对于大的载波比，SPWM 逆变电路可以提供高品质的输出电压波形。因此 SPWM 逆变电路适于给交流伺服电动机供电，甚至在很低的速度下电动机也能平稳运行。在交流伺服电动机的调速过程中，要求产生一组可调幅值和频率的三相正弦波基准电压。如果伺服电动机运行在很低速度直到停止，基准振荡器必须有相应的降低到零频的低频能力，运用传统的模拟电路方法和调制策略是很难实现的。而现代数字电路技术、信号处理技术和 SPWM 的结合，可以轻易地达到这一点。基于以上诸多优点，SPWM 技术在交流伺服系统中得到了广泛的应用。

6.3.2 电流跟踪型 PWM 技术

伺服系统必须满足严格的动态响应性能指标，并能够平滑地调速，甚至在零速附近，这些特性的实现都依赖于电流控制的质量。在交流伺服系统中，需要保证电动机电流为正弦波，因为在交流伺服电动机绕组中只有通入三相平衡正弦电流，才能使合成的电磁转矩为恒定值，不含脉动分量。因此，若能对电流实行闭环控制，保证其正弦波形，显然将比电压开环控制能够获得更好的性能。

电流跟踪型 PWM 逆变电路又称为电流控制型电压源 PWM 逆变电路，由 PWM 电压源逆变电路与电流控制环组成，使逆变器输出可控的正弦波电流。其基本控制方法是：给定三相正弦电流指令 i_U^*、i_V^*、i_W^*，分别与电流传感器实测的逆变电路的三相输出电流 i_U、i_V、i_W 相比较，以其差值通过电流控制器控制 PWM 逆变电路相应的功率开关器件。如果电流实际值大于给定值，则通过逆变电路开关器件的动作使之减小；反之，则使之增大。这样，它的实际输出电流就将基本上按照给定的正弦波电流变化。与此同时，逆变电路输出的电压仍为 PWM 波形。当开关器件具有足够高的开关频率时，可以使电动机的电流得到高品质的动态响应。

电流跟踪型 PWM 逆变电路兼有电压型和电流型逆变电路的优点，结构简单、工作可靠、响应快、谐波小、精度高，采用电流控制，可以实现对电动机定子相电流的在线自适应控制，特别适用于高性能的矢量控制系统。

通过判断逆变电路功率开关器件的开关频率是否恒定，可以把电流型跟踪 PWM 逆变电路分为电流滞环跟踪控制型和固定开关频率型两种。

6.3.2.1 电流滞环跟踪型

电流滞环跟踪型 PWM 逆变电路除了具有电流跟踪型 PWM 逆变电路的一般优点外，还因其电流动态响应快，系统运行不受负载参数的响应以及实现方便，而常用于高性能的交流伺服系统中。图 6-10 所示为电流滞环跟踪型 PWM 逆变电路结构及电流控制原理图。

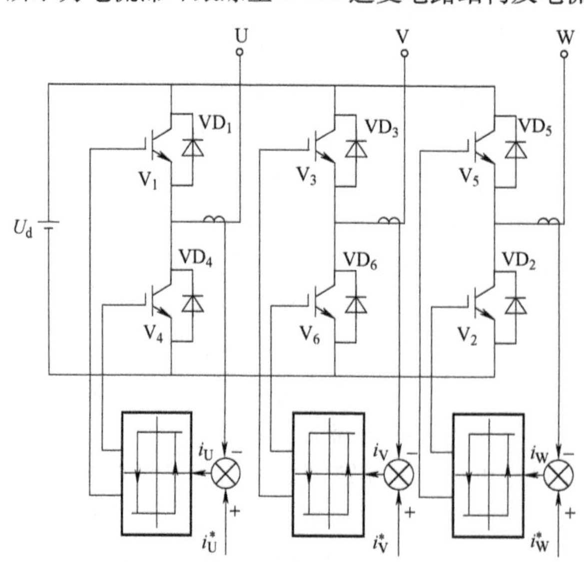

图 6-10 电流滞环跟踪控制型 PWM 逆变电路结构及电流控制原理

图 6-11 所示为电流滞环跟踪控制时的电流波形与 PWM 电压波形，图中的上、下两条正弦曲线分别称为滞回区的上部极限和下部极限，两个极限的中间区域称为滞环区，区域中间以虚线表示的正弦曲线是正弦基准波，环区中的实线是实际电流。

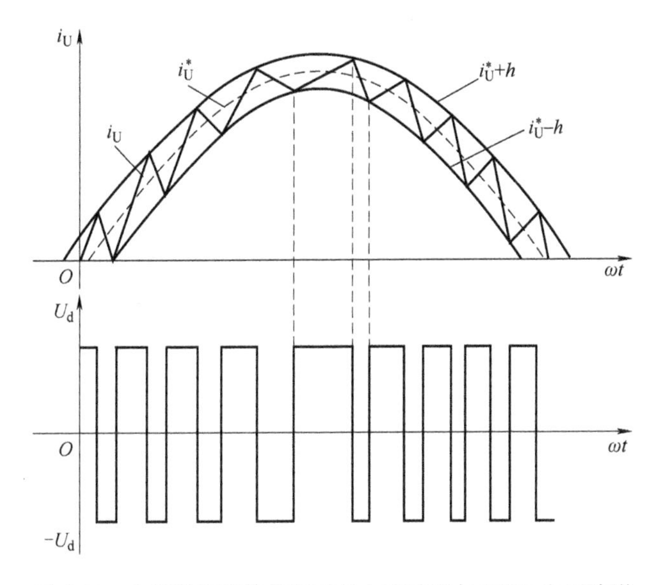

图 6-11　电流滞环跟踪控制时的电流波形与 PWM 电压波形

在这里，电流控制器是带滞环的比较器。将给定电流 i_U^* 与实际的输出电流 i_U 进行比较，电流偏差 Δi_U 超过±h 时，经滞环比较器控制逆变电路的 V 相上（或下）桥臂的功率开关器件动作。如果 $i_U<i_U^*$，且 $i_U^*-i_U\geqslant h$，则滞环比较器输出正电平，驱动上桥臂功率开关器件 V_1 导通，逆变电路输出正电压，使 i_U 增大到与 i_U^* 相等时，虽然 $\Delta i_U=0$，但滞环比较器仍保持正电平输出，V_1 保持导通，i_U 继续增大。直到达到 $i_U=i_U^*+h$，使滞环比较器翻转，输出负电平，关断 V_1，并延时后驱动 V_4。但此时 V_4 未必能够导通，因为绕组电感的作用，电流并未反向，而是通过二极管 VD_4 续流，使 V_4 受到反向嵌位而不能导通。此后，i_V 逐渐减小，达到滞环偏差的下限，使滞环比较器再翻转，又重复使 V_1 导通。这样 V_1 与 VD_4（V_4）交替工作，使逆变电路输出电流与给定电流之间的偏差保持在±h 范围内，在正弦波上下作锯齿状变化，输出电流十分接近正弦波。

另外，从图 6-11 可以看出，PWM 脉冲频率（即功率开关管的开关频率）f_T 是变量，其大小主要与下列因素有关：

1）f_T 与滞环宽度 Δi_U 成反比，滞环越宽，f_T 越低。

2）逆变电路电源电压 U_d 越高，负载电流上升（或下降）的速度越快，i_V 达到滞环上限或下限的时间越短，因而 f_T 随 U_d 增大而增高。

3）电动机电感 L 值越大，电流变化率越小，i_U 达到滞环上限或下限的时间越长，而 f_T 越小。

6.3.2.2　固定开关频率型

在伺服驱动系统中，一般使用固定的开关频率，这样可以消除噪声，并能更好地预测逆变电路的开关损耗。图 6-12 是常用的一种固定开关频率型电流跟踪 PWM 逆变电路。在这种方法中，电流偏差与固定频率的三角形载波比较，而电流偏差实质上就是传统同步正弦三角波脉冲宽度调制器的基准信号或调制信号。合成 PWM 信号控制逆变电路的开关，该合成信号的占空比与电流的偏差成正比。若基准电流比实际电流大，则合成偏差为正，上部器件的导通时间超过下部，逆变电路桥臂主要是被接通正的方向，以增加交流线电流；相反如果电流偏差为负，逆变电路桥臂主要被接通负的方向。另外，三相系统有三个电流控制器，但高频三角载波对于全部三相是公用的，并且每一逆变电路桥臂在载波频率下开关，在正弦基准和高频载波比下，产生接近正弦的电动机电流波形，且只包含高次谐波。

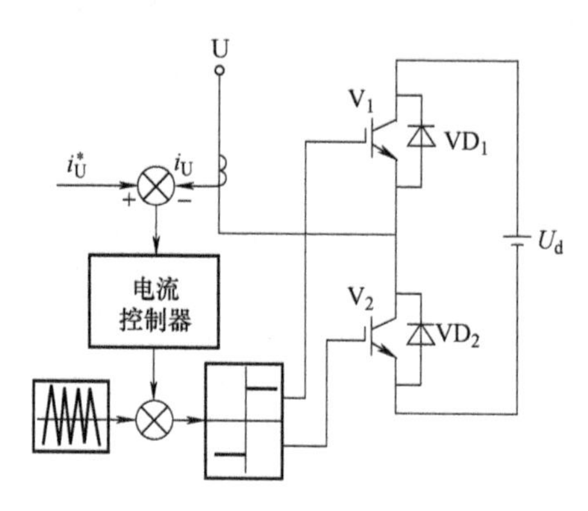

图 6-12　固定开关频率型电流跟踪 PWM 逆变电路（单相）

固定频率或通断 PWM 电流控制方法可以提供高质量、可控电流的交流电源。不管反电动势如何，具有快速电流控制环的高频逆变电路，能使电动机电流在幅值和相位上快速调整。在稳态运行中，精确地跟踪正弦基准电流可使电动机在极低速下平稳地运转。固定开关频率型与电流滞环跟踪型相比，可以减小跟踪误差，降低谐波电流影响，克服电流变化率。

复习题及思考题

（1）功率变换主电路由什么组成？
（2）整流电路有哪些分类？
（3）缓冲电路的作用是什么？
（4）PWM 控制技术是什么，作用是什么？
（5）PWM 控制功率变换系统由哪些特点？

第 7 章　永磁同步电动机伺服系统的特殊问题

前面已经述及，由永磁体转子励磁的 PMSM 即 PMLSM 以其结构简单、可靠、性能优越而广泛应用于各种工业领域和国防军事技术中，在各类伺服系统中独占鳌头。究其原因，主要是因为它采用了高性能永磁材料作为电动机励磁系统的磁源。当然，在获得高性能的同时，这类伺服系统（PMSM、PMLSM）也带来一些其他类型伺服驱动不存在的一些特殊问题，值得在使用中注意与改进。

7.1　PMSM 的 d-q 轴基本数学模型

为了分析与控制简单起见，在 PMSM 与 PMLSM 的各种控制方法中，大都采用了不计铁损、涡流损失的 d、q 轴数学模型，这个模型就称为基本数学模型。这主要是出于对电流控制方法的考虑，而不计及运动方程与负载特性的研究。本节主要关注的是电动机有效的电磁过程，而不计及其中的各种损耗。各状态变量之间的关系的矢量图如图 7-1 所示。

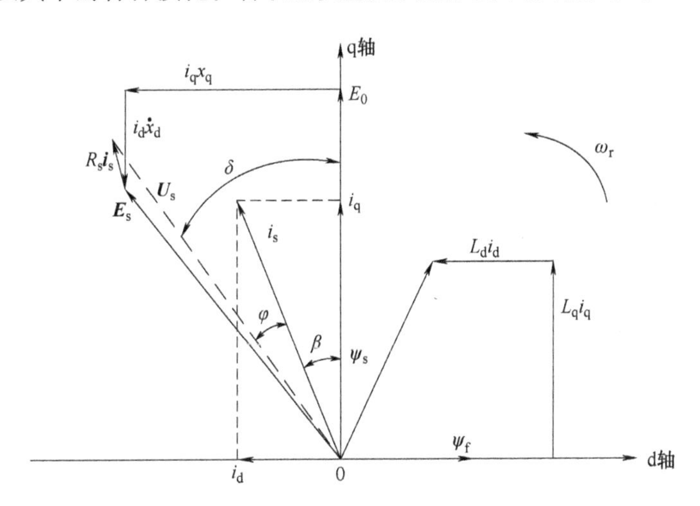

图 7-1　PMSM 基本矢量图

电流关系为（注意，这里不是 $i_d=0$ 的控制方式）

$$I_s=\sqrt{i_d^2+i_q^2} \tag{7-1}$$

$$\begin{cases} i_d=-I_s\sin\beta \\ i_q=I_s\cos\beta \end{cases} \tag{7-2}$$

式中，I_s 为线电流稳态时的有效值；i_d、i_q 为 d、q 轴电流值；β 为空载电动势 E_0 与电流 I_s

之间的夹角，又称为内功率因数角。

磁链关系为

$$\begin{bmatrix}\psi_{sd}\\ \psi_{sq}\end{bmatrix}=\begin{bmatrix}L_d & 0\\ 0 & L_q\end{bmatrix}\begin{bmatrix}i_d\\ i_q\end{bmatrix}+\begin{bmatrix}\psi_f\\ 0\end{bmatrix} \tag{7-3}$$

$$\psi_s=\sqrt{\psi_{sd}^2+\psi_{sq}^2}=\sqrt{(L_dI_d+\psi_f)^2+(L_qI_q)^2} \tag{7-4}$$

电压关系为

$$\begin{bmatrix}U_d\\ U_q\end{bmatrix}=\begin{bmatrix}R_s & 0\\ 0 & R_s\end{bmatrix}\begin{bmatrix}i_d\\ i_q\end{bmatrix}+\begin{bmatrix}e_{sd}\\ e_{sq}\end{bmatrix}+p\begin{bmatrix}L_d & 0\\ 0 & L_q\end{bmatrix}\begin{bmatrix}i_d\\ i_q\end{bmatrix} \tag{7-5}$$

$$\begin{bmatrix}e_{sd}\\ e_{sq}\end{bmatrix}=\begin{bmatrix}0 & -\omega_rL_q\\ \omega_rL_d & 0\end{bmatrix}\begin{bmatrix}i_d\\ i_q\end{bmatrix}+\begin{bmatrix}0\\ \omega_r\psi_f\end{bmatrix} \tag{7-6}$$

$$E_s=\sqrt{e_{sd}^2+e_{sq}^2}=\omega_r\psi_s=\omega_r\sqrt{(L_di_d\psi_f)^2+(L_qi_q)^2} \tag{7-7}$$

$$U_s=\sqrt{U_d^2+U_q^2}=\sqrt{(R_si_d-\omega_rL_qi_d)^2+(R_si_q+\omega_rL_dI_d+\omega_r\psi_f)} \tag{7-8}$$

$$\begin{cases}U_d=-U_s\sin\delta\\ U_q=U_s\cos\delta\end{cases} \tag{7-9}$$

式中，U_s 为线电压有效值；δ 为功角，表示 U_s 与 E_s 之间的夹角，亦称为功率角；R_s 为定子电阻；ω_r 为转子的旋转的电角速度。

功率因数为

$$\cos\varphi=\cos(\delta-\beta) \tag{7-10}$$

电磁转矩为

$$\begin{aligned}T_e&=P_n[\psi_fi_q+(L_q-L_d)i_di_q]\\ &=P_n\left[\psi_fI_s\cos\beta+\frac{1}{2}(L_q-L_d)I_s^2\sin2\beta\right]=T_m'+T_r\end{aligned} \tag{7-11}$$

式中，T_m' 为电流 i_q 与永磁体弱磁后产生的转矩；T_r 为磁阻转矩。

7.2 磁阻转矩的利用

由式（7-11）可以看出，由于永磁体在转子上安放位置的不同，会产生不同的磁阻转矩 T_r。在凸装式永磁转子中，d、q 轴电感相同，有 $L_q=L_d$，于是 $T_r=0$，转子上只产生电磁转矩为

$$T_{em}=P_n\psi_fi_q=P_nL_{md}i_fi_q \tag{7-12}$$

亦即，转矩中不包含磁阻转矩，电磁转矩仅与定子电流的 i_q 分量有关，与电流中直轴分量无关，$i_d=0$。这时每单位定子电流产生的转矩最大，同时转矩响应将与定子电流的响应成正比。这是在大多数应用场合所采用的方式。

对于嵌入式和内埋式永磁伺服电动机，转子的凸极性反映在直轴电感 L_d 要小于交轴电感 L_q。所以，在嵌入式或内埋式 PMSM 组成的伺服驱动系统中，可以灵活有效地利用这个磁阻转矩。

在图 2-8 中，已描述了电磁转矩 T_e 与 β 角的关系，也可以从式（7-11）看出这种关系。

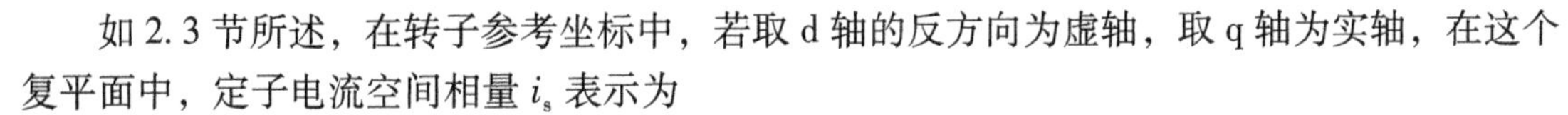

如 2.3 节所述，在转子参考坐标中，若取 d 轴的反方向为虚轴，取 q 轴为实轴，在这个复平面中，定子电流空间相量 i_s 表示为

$$i_s = i_q - j i_d \tag{7-13}$$

若 i_s 与 q 轴间夹角为 β，于是有

$$i_d = i_s \cos\beta \tag{7-14}$$

$$i_q = i_s \sin\beta \tag{7-15}$$

由此，可求得电磁转矩

$$T_e = P_n \left[L_{md} i_f i_s \sin\beta + \frac{1}{2}(L_d - L_q) i_s^2 \sin 2\beta \right] \tag{7-16}$$

由此可见，β 角的实质是定子三相合成旋转磁通势波轴线与永磁体励磁磁场轴线的角度，即 d 轴与 i_s 之间的角度。在式（7-16）中的第二项，即 $T_r = \frac{1}{2}(L_d - L_q) i_s^2 \sin 2\beta$ 便是磁阻转矩，如图 2-8 所示，图中 T_e-β 关系曲线 2 就是由电动机的凸极效应所引起的，并与两个轴的电感参数的差值成正比。进一步分析看出，对于伺服电动机而言，在当 $\beta<\pi/2$ 时，磁阻转矩具有负值，具有制动性质，是减小总转矩的，这是在电动机工作时所不希望的；而当 $\beta>\pi/2$ 时，磁阻转矩才转为正向的驱动作用。这就是说，在机械负载需要恒转矩调速时，希望磁阻转矩保持有驱动的性质，以减轻电磁转矩（电流 i_q）的负担；而在恒功率调速时，用磁阻转矩的负作用，即在 $\beta<\pi/2$ 范围内减小转矩，提高电动机的运行速度。如此，就可以通过调节 β 角的大小来改变磁阻转矩的性质。运行在恒转矩与恒功率调速之间自动适应负载调速要求而转换，可以充分利用这种性质，在一定范围内扩大调速范围。也可利用它的制动性质，加快系统的制动过程。这种利用电动机的凸极效应来提高速度范围还是很有限的，只是利用一下结构特点而已。

7.3　永磁伺服电动机的弱磁调速控制问题

由于凸装式永磁转子伺服电动机在结构上不会产生磁阻转矩，那么是否有办法提高它的转速，满足高速恒功率运行的要求呢？办法是有的，那就是在采用 $i_d \neq 0$ 的控制方式时，如果是高剩磁通密度和高矫顽力的永磁材料作为永磁伺服电动机的主磁源，那么在相当大的程度上就不惧怕电枢反应的去磁作用了。在这种情况下，就允许在直轴 d 方向上流过较大的去磁电流，这就为永磁伺服电动机在较大范围内提供了弱磁的可能性。另一方面，在高速运行时，也不需电动机提供多大的电磁转矩，只要保持大致不变的恒功率输出就可以了，这就是所谓恒功率调速方式。这对于数控机床的高精加工和生产效率都是至关重要的。在 AC 永磁伺服电动机的情况下，要求弱磁增速。然而，这里的磁场是由转子永磁体产生的，永磁体一旦充磁后，它的磁场是一定的，不可能直接将它的磁场减弱，以此种方式获得弱磁。实际上是积极利用电枢反应（这里就是利用 d 轴的负向电流 $-i_d$ 的磁场和永磁体固定磁场在定、转子间气隙中合成作用，使气隙磁场产生了“等价”的去磁而实现减弱主磁场的作用，完成弱磁控制的。在气隙中，两种磁场在未饱和情况下可以实现线性叠加，由 $-i_d$ 与永磁体主磁源相合成而起到了减弱永磁体磁场的作用，并未真的使永磁体本身的磁能力减弱了，这一点必须深刻认识，这就是永磁交流伺服电动机弱磁控制的基本思想。

至于说恒功率控制问题，那是由机械负载工作上的客观需求所决定的，而伺服电动机系统只是满足并符合这一需求配合而已，是一种服从而已。具体的参数实现调节过程下面将说明。

电动机的速度一高，转矩自然就低下来，这样电动机才能保证恒功率输出。控制上就是应该为满足这些要求去实现。

圆筒形外装式永磁 AC 伺服电动机结构示意图如图 7-2 所示。如前所示，若设永磁体所形成的气隙磁场为正弦分布，并忽略电枢电流的高次谐波，电动机为二极。那么，在转子以电角速度 ω_r 旋转的 d、q 坐标系中，所表示的电动机定子电压方程为

$$\begin{bmatrix} u_d \\ u_q \end{bmatrix} = \begin{bmatrix} R_s+pL_d & -\omega_r L_q \\ \omega_r L_d & R_s+pL_q \end{bmatrix} \begin{bmatrix} i_d \\ i_q \end{bmatrix} + \omega_r \psi_f \begin{bmatrix} 0 \\ 1 \end{bmatrix} \tag{7-17}$$

对于圆筒形凸装结构来说，d、q 轴电感基本相等，即凸极系数 $\rho = L_q/L_d = 1$，则电动机的电磁转矩为

$$T_e = P_n[\psi_f + (1-\rho)]i_q \tag{7-18}$$

变为

$$T_e = P_n \psi_f i_q \tag{7-19}$$

电枢定子电压为

$$u_s = \omega_r \sqrt{(\psi_f + L_d i_d)^2 + (\rho L_q i_q)^2} \tag{7-20}$$

变为

$$u_s = \omega_r \sqrt{(\psi_f + L_d i_d)^2 + (L_q i_q)^2} \tag{7-21}$$

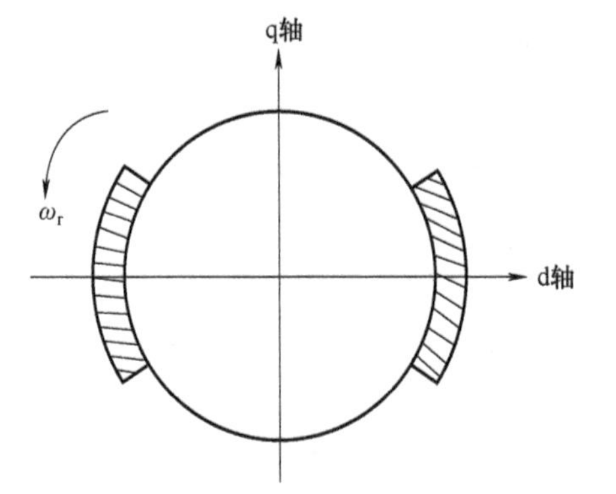

图 7-2 圆筒形外装转子结构示意图

由于在实际的交流永磁伺服系统中，永磁伺服电动机是由电力半导体器件组成的逆变器供电驱动的，故电枢电流 i_s 及端电压 u_s 必定受到限制，其约束条件为

$$\text{电流限制} \quad i_s \leqslant I_{max} \tag{7-22}$$

$$\text{电压限制} \quad u_s \leqslant U_{max} \tag{7-23}$$

式中，I_{max} 为电枢的定子电流允许的最大值；U_{max} 为定子端电压允许的最大值。

由式（7-21）可见，如果使 $i_d=0$，则电动机的端电压 u_s 随着速度 ω_r 呈正比例增加，当转矩电流 i_q 增大时，端电压也随之增大。如果充分控制 i_d，使其从 $i_d=0$ 出发，增大 i_d，逐渐加大去磁效应，结果将会使端电压 u_s 降低。这样，在高速运行时，弱磁控制就能维持电压不变，使其不超出最高的允许值。

稳态时电压矢量图如图 7-3 所示，图中 u_0 为 $i_d=0$ 时电动机的端电压。这里，要充分控制 i_d，使 $u_s=U_{smax}$。

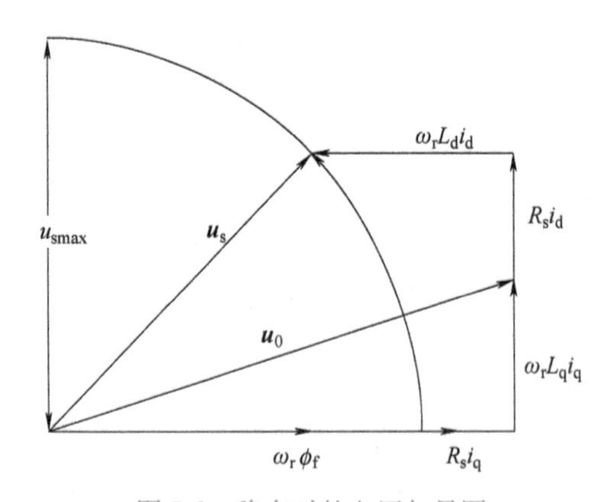

图 7-3 稳态时的电压矢量图

同样地，要把电动机的电流幅值 $|i_s| = \sqrt{i_d^2 + i_q^2}$ 控制在小于允许电流 I_{smax} 的范围内。同时，在高速运行时，必需限制最高输出转矩。实际上，I_{smax} 是由永磁体的去磁限制来决定。

图 7-4 表示输出最大转矩时的电动机定子电流 i_s 的轨迹，表示在弱磁运行时，所必需的转矩、输出功率、定子电压与电动机转速之间的关系。

当电动机的速度 $\omega_r<\omega_{r1}$ 时，在控制上使 $i_d=0$ 获得所需要的最大电磁转矩 T_{emax}；当电动机速度 $\omega_r\geqslant\omega_{r1}$ 时，弱磁升速过程便开始。在控制上若使电动机的端电压 $u_s=U_{smax}$，就需要适当控制电流 i_d，减小 i_q 以使转矩由最大输出转矩逐渐减小。定子电流幅值 $|i_s|$ 依然保持在受限状态下，但其两轴分量的大小产生相对变化。于是定子电流矢量 i_s 与 q 轴间产生夹角 α，功率呈现增加趋势。

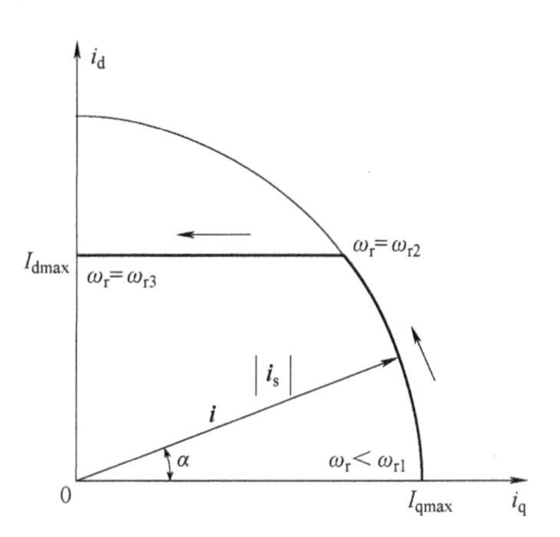

图 7-4　输出最大转矩时的电动机定子电流矢量轨迹

当 $\omega_r\geqslant\omega_{r2}$ 时，定子电压依然保持最大允许值，与此同时，要控制去磁电流，使 $i_d=i_{dmax}$；随着转速的升高，i_q 继续下降，磁场的去磁作用，处在对应于 i_{dmax} 的最强状态，输出的电磁转矩随着 i_q 的下降，功率也呈现下降趋势。

当 $\omega_r=\omega_{r3}$ 时，$i_q=0$，亦即输出的电磁转矩为零，相当于空载状态，电动机的速度 ω_{r3} 就是永磁伺服电动机所允许的最高速度。

由上述分析可知，弱磁升速过程，实际上就是保持端电压不变和降低输出转矩的过程，也就是调控 d 轴和 q 轴电流分量，在定子总电流 i_s 受限状态下的分配关系。

当 $\omega_r<\omega_{r2}$ 时，电流约束为 $|i_s|<I_{smax}$；当 $\omega_r>\omega_{r2}$ 时，电流约束归结为

$$\begin{cases} i_d<I_{dmax} \\ |i_s|<I_{smax} \end{cases} \tag{7-24}$$

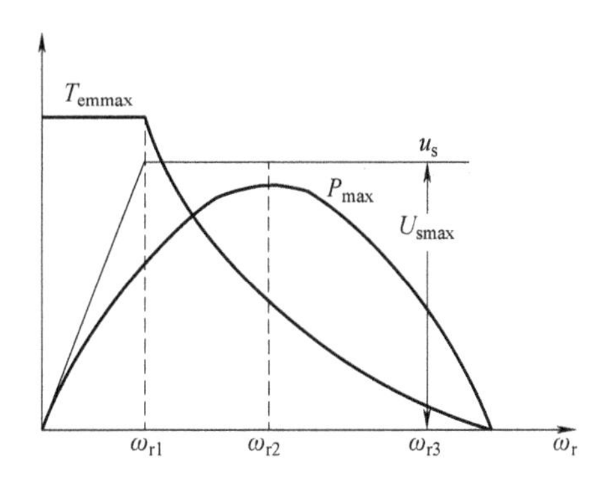

图 7-5　交流永磁同步电动机的弱磁控制特性

等效升速的弱磁控制过程的实现方法有多种，现只介绍一种如下：

1）由电动机非负载侧的轴上传感器可得到电动机的速度信号 ω_r，由图 7-5 可求出必要的电磁转矩 T_{em}^*（带星号表示转矩指令值，其他参量下的 * 相同）。

2）由转矩公式 $T_{em}^*=p_n\psi_f i_q^*$，求出 i_q^*。

3）由于此时 $u_s=U_{smax}$，即感应电压控制在最大允许值，由图 7-3 求出必要的 i_d^*。在不计定子电阻的影响时，由式 $u_s=U_{smax}=\omega_r\sqrt{(\psi_f+L_d i_d)^2+(L_q i_q)^2}$，可以求出 i_d^*，因为 ψ_f、L_d、L_q、ω_r 等是可以测量或计算出来的；i_q^* 已计算完成了。也即是 i_q 已知了。

4）参考图 7-4 由 i_q^* 和 i_d^* 确定 α^* 角，即

$$i_q^*=i_\alpha^*\cos\alpha^* \tag{7-25}$$

$$i_d^*=i_\alpha^*\sin\alpha^* \tag{7-26}$$

5）把式（7-25）和式（7-26）做 d、q 轴逆变换，变成三相正弦电流指令信号为

$$\begin{cases} i_a^* = i_s^* \cos(\omega_r t + \alpha^*) \\ i_b^* = i_s^* \cos(\omega_r t + \alpha^* - 120°) \\ i_c^* = i_s^* \cos(\omega_r t + \alpha^* + 120°) \end{cases} \tag{7-27}$$

把实际检测出来的三相正弦电流 i_a、i_b、i_c 作为电流反馈信号与其对应指令信号做比较，构成电流闭环，二个电流比较后的差值经电流控制器输出，加到 PWM 放大器变成交流电流送入交流永磁伺服电动机定子。以上工作可以用微处理器来实现。

如果交流永磁伺服电动机的转子为内装式，且凸极系数 $\rho>1$，则将产生明显的凸极效应，这时电动机的转矩为

$$T_e = p_n[\psi_f + (1-\rho) i_d i_q] i_q \tag{7-28}$$

$$u_s = \omega_r \sqrt{(\psi_f + L_d i_d)^2 + (\rho L_q i_q)^2} \tag{7-29}$$

式中，$\rho = L_q / L_d$，电流限制为圆

$$i_d^2 + i_q^2 = I_{smax}^2 \tag{7-30}$$

圆的半径为 I_{smax}，只要控制定子电流在此圆的范围内，就满足了电流限制的要求。而端电压的限制则为一个椭圆

$$(\psi_f + L_d i_d)^2 + (\rho L_q i_q)^2 = \left(\frac{u_{smax}}{\omega_r}\right)^2 \tag{7-31}$$

由式（7-31）可见，电动机的端电压被限制在椭圆的内侧，并且这个椭圆随着电动机速度上升移向内侧，这就使得同时满足电流限制和电压限制的范围越来越窄，如图 7-6 所示。

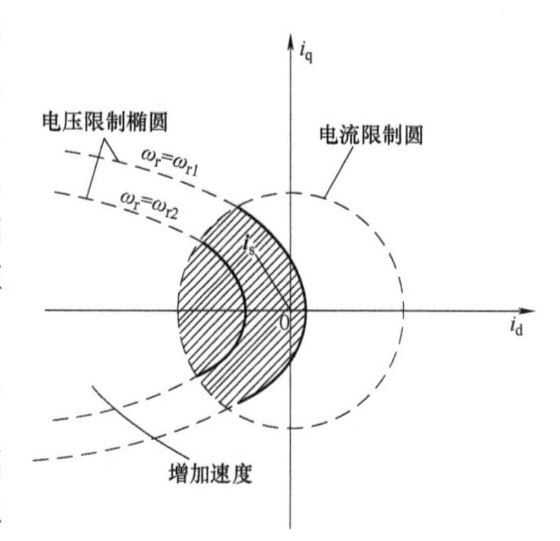

图 7-6　在电压电流受限情况下的电流矢量

这种交流永磁伺服电动机控制系统在整个速度范围内，由于考虑到弱磁调速的需要，在开始阶段采用 $i_d=0$ 控制方式而后使 $i_d=0$ 改变到 $i_d<0$，即负 d 轴电流存在（参见图 7-1），所以就产生了弱磁效应。同时，对内装式转子而言，又增加了凸极转矩进一步有利于实现升速时的恒功率控制，对转矩起到一定的提升作用，有利带动负载。这也是交流永磁伺服电动机的一个特殊之处。

7.4　交流永磁伺服电动机初始定向问题的讨论

所谓的初始定向就是指：对于 PMSM、BDCM 而言，在初始启动时就希望以额定电流的合成磁场实现对永磁体磁场正交的矢量控制，以完成启动过程的一种定位方法。如能正确初始定向，将会得到安全、快速起动并进入平稳运行状态。这对 PMSM、BDCM 系统的实际应用很有意义。所以，国内外的科技人员对此十分重视，研究出许多使用方法。

初始定位的方法有多种，各有其特点、适用场合，下面做以介绍，供参考讨论。

1. 采用绝对式光电编码器

因为在旋转码盘上制成 8~12 个码道，如图 7-7a 所示；而编码器整体结构示意如图 7-7b 所示，图中仅用 4 个码道的情况来说明其原理。绝对式光电编码器的特点是：输出的二进制数与轴角位置具有一一对应的关系；在需要更多码道时，虽然提高了位置的分辨率，但增加

制造的复杂性，需要更多的光电元件。若用计算机采样处理位置时，由于延迟时间的存在，限制了在高速控制的工作要求。假若把位置信号实现并行处理，虽然可以提高传输工作速度，但引线增多，给使用造成不便。而且编码器的造价较高，所以在一般工业上采用较少。

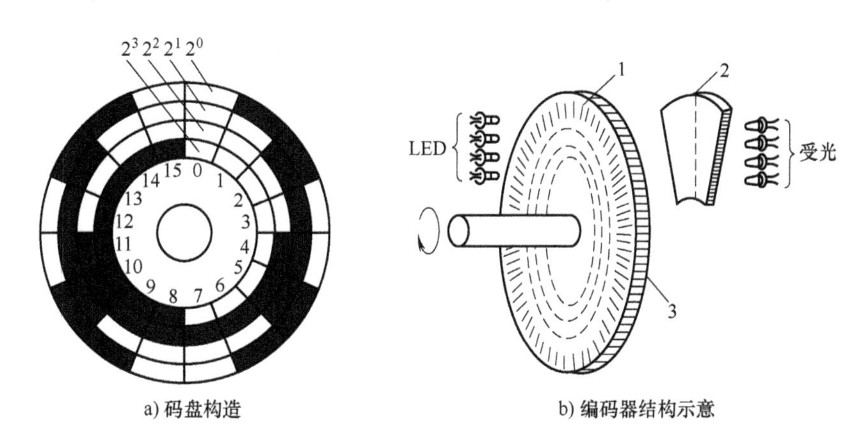

图 7-7　绝对式光电编码器构造

1—缝隙　2—固定缝隙板　3—旋转圆盘

2. 采用混合式光电编码器

现以二极电动机，$p_n=1$ 为例来说明其原理。就是在增量式光电编码器的基础上，在内圈上加制了用以检测磁极位置的三个缝隙，称为 U、V、W，互差空间角度 120°，而后再将光电传感器的信号电压分别记为 U_U、U_V、U_W，同时经过反相器取得它们相应的反向信号。这种混合式光电编码器的组成和输出波形如图 7-8 所示。

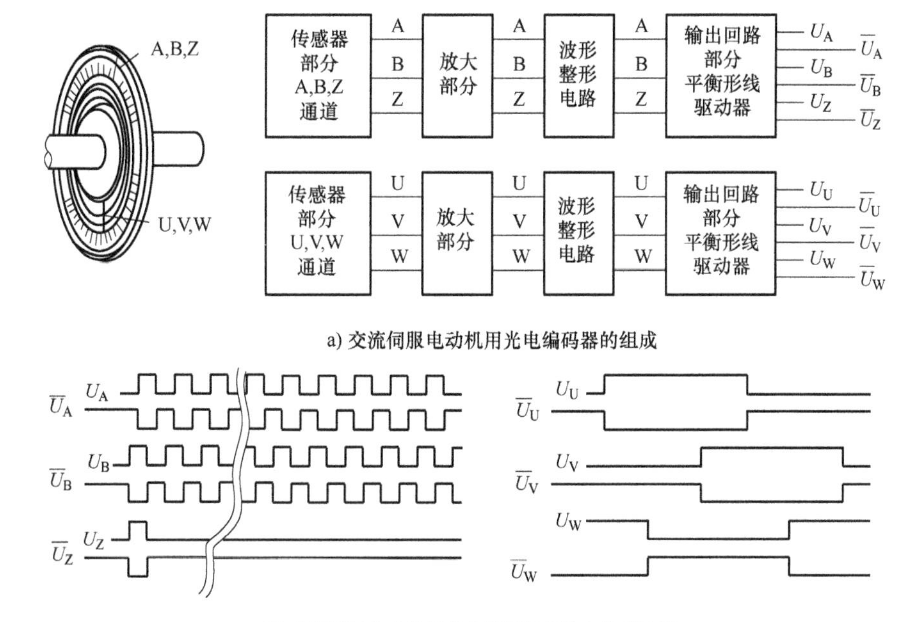

图 7-8　混合式光电编码器的组成与输出信号波形

这种混合式光电编码器常用在方波型交流永磁电动机中，也称为 BDCM，这种结构就把旋转电动机气隙中的空间位置转换成输出电信号的时间相位，通过处理输出信号就可以取得定转子磁场间的相应位置范围（60°）。利用输出的 6 个方波信号的组合，可以得到 6 种输出状态，每种状态代表空间 60°。这里，这些信号的周期为空间 360°，即在整个磁极的 360°空间内，每 60°空间用一个电信号的组合状态来代表，这 6 种组合状态可用 101、100、110、010、011、001 表示，每个组合状态区间为 60°，只要是在 60°内，就认为是转子的一个磁极位置。这样看来，在电动机转子于气隙中转动一周就有“6”个位置，只要这位置能保持与定子方波电流严格同步，就可以产生恒定转矩并稳定运行。由此看来，最大的初始定位误差也不会超过 60°，平均意义上讲可能为 30°。对于多极的永磁电动机而言，用 p_n（极对数）转子转过的电角度要高于其机械空间角度的 p_n 倍，转子精确定位的机械角度不会超过 60°的 $1/p_n$。

这种检测方法，只要购买一只适宜的混合式光电编码器正确安装在电动机的非负载侧轴端，就可以运行了，简单易行。其特点是伺服系统的低速性能，特别是超低速运行时，产生明显的步进感，不利于系统提高并保证高精度和重复定位精度。

3. 永磁场与电枢反应合成磁场正交

为了利用 U_U、$\bar{U}_U$，U_V、$\bar{U}_V$，U_W、$\bar{U}_W$ 信号的控制电流相位并与转子磁场（即反电动势）严格同步的要求，确保二者（永磁场与电枢反应合成磁场）正交的关系。利用高速计算机进行 3/2 和 2/3 变换的快速能力，实现 d-q 轴变换，同样可以达到初始启动并继续保持电磁转矩恒定的作用。把 BDCM 电动机变换成了 PMSM 电动机，始终能实现平稳、精确定位控制。

虽然存在着矩形波（为非正弦波不能进行坐标变换问题），但坐标主要的基波变换还是有效的。利用电流 $i_d=0$，而 $i_q=i_s$，自然实现坐标系与电流 $i_d=0$，$i_q=i_s$ 分离控制，实现了两个磁场快速正交，进入正常运动状态，这是利用自动控制闭环快速电流特性实现的，自动超强纠正电枢电流的能力而完成的，这就用不着十分准确的初始定位了。

复习题及思考题

（1）写出在 d-q 轴下的 PMSM 电压方程和电磁转矩方程。

（2）阐述永磁交流伺服电动机弱磁控制的基本思想。

（3）交流永磁伺服电动机初始定位的方法有什么？

第 8 章　交流永磁伺服系统的控制形式和控制器

AC 永磁伺服系统在工业自动化领域和军工武器领域的运动控制中扮演了一个十分重要的角色。应用场合的不同，对 AC 永磁伺服系统提出的控制性能的要求也不尽相同。总的来说，在实际应用中，从被控制量来看，可以概括为三种形式，即是转矩控制/电流控制、速度控制、位置控制。

8.1　转矩控制/电流控制与电流控制器

在汽车装配产线上，对汽车轮的螺栓拧紧的机构这一类设备，就需要 AC 伺服电动机系统提供必要的紧固力，并根据所需要的紧固力大小来决定伺服电动机的容量、转矩大小及其限制，而对电动机的速度和位置就没有什么特别的要求，只要能旋动螺栓向垂直方向运动并拧紧到一定程度即可。这种场合下，就应该采用转矩控制形式。常用的 PID 型控制器，控制器输出端有限幅器，防止过大电流出现，造成设备伤害。因为电动机在频繁的起制动中长期工作，要注意散热。因为在电动机的诸多变量中，电流是响应最快的一个，在最内环。

电流控制器的设置目标是消除转子速度 ω_r 对电流响应解耦成两个分量的影响，尽快地使电流两个分量 i_d 与 i_q 快速稳定达到各自的指令值 $i_d^*=0$，$i_q^*=i_s$，并且在响应的任何过程中，时刻都能保证两个分离量是解耦正交的，为外环-速度环控制提供充分的动力-电磁转矩。这是多环控制系统中电流环及其控制器除了在独立应用时外，必须为外环-速度环所做的准备工作。

8.2　速度控制与速度控制器

在速度控制形式中，要求对 AC 伺服电动机在各种运转状态下的速度能实现控制，以满足负载的工作要求，这是一种应用范围最广泛的控制形式。AC 永磁伺服电动机所产生的电磁转矩只有比负载转矩还大时，才能使电动机本身和它所驱动的机械负载实现加速。在 $T_f=0$ 时，电动机与负载转矩之差即为动态加速转矩，才可能使负载以高动态响应达到所要求的状态。

速度控制形式要求用速度控制器来实现，通常是比例积分控制规律。通过选择适宜的参数，可以得到想要的控制效果，满足生产和其他应用部门的要求。总的来说，速度控制的目标就是要使伺服系统所驱动的负载按所要求的恒值或任何速度变化规律运动，也不管内外扰动如何，而希望按所能达到快速性与精确度完成负载要求。它是在全运动过程从始至终体现出来的品质要求。

速度控制器设置目的，就是要使伺服电动机所驱动的机械负载按着所要求的速度变化规律运动，一般来说，速度控制通常采用 PI 型控制器。如果采用比例控制，就会存在稳态误差，采用增大比例增益的办法虽然可使输出的稳态误差减小，但对系统的稳定性不利。为了使稳态误差为零，应该增加积分作用环节。积分的作用能把误差存在历史过程记忆起来，直到消除误差。采用这种 PI 控制器，不但可使系统稳定，而且能有足够的稳定裕度。在这种控制器中，控制器的输出信号中，包含了输入偏差的全过程，只要比较器输出后有偏差存在，就将误差积分，并能把它记忆下来，直至最终消除误差。所以，这种 PI 型速度控制器，可以构成一个速度无误差控制器。

由于电流响应很快，其响应远远大于转子速度响应，因此为了简化速度环的设计，可以把电流闭环视为一个小惯性环节，或当作一个比例因子来看，如图 8-1 所示。根据文献[4]，按伺服系统开环传递函数分母中含有积分环节的个数区分为不同类别的伺服系统。通过分析研究得出结论表明，0 型系统的稳态精度低，而Ⅲ型和Ⅲ型以上的系统又很难稳定。因此，为了保证系统的稳定性和较高的稳态精度，根据伺服系统的输入信号，通常可以采用Ⅰ型或Ⅱ型系统。典型Ⅰ型系统的开环传递函数为

$$W(s)=\frac{K}{s(Ts+1)} \tag{8-1}$$

式中，T 为电动机转子系统的惯性时间常数；K 为系统的开环增益。

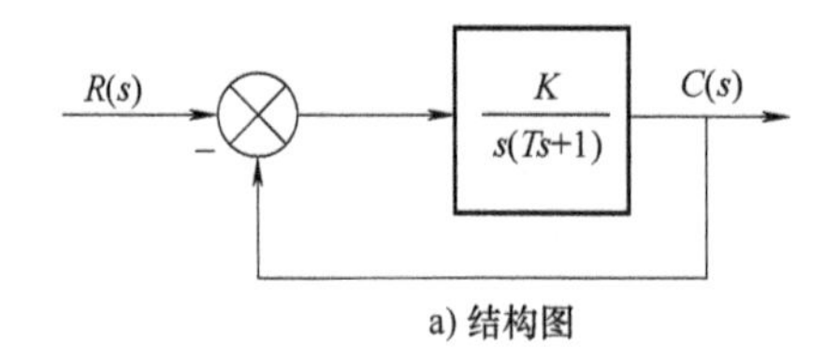

a) 结构图

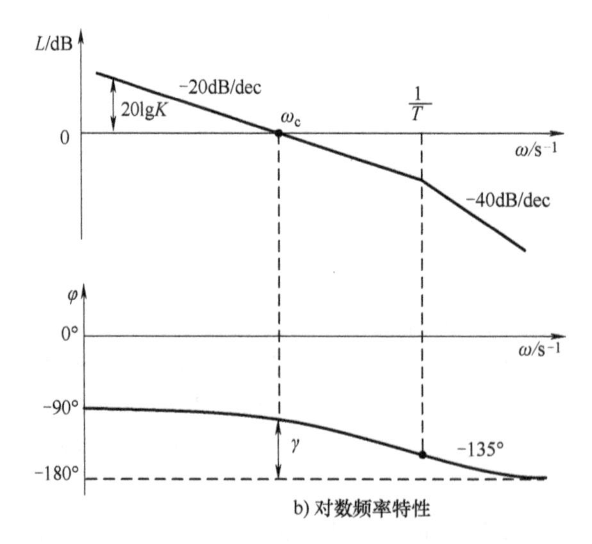

b) 对数频率特性

图 8-1　典型Ⅰ型系统的闭环系统结构及其开环对数频率特性

图 8-1a 为Ⅰ型闭环系统的结构图，图 8-1b 为其开环对数频率特性。只要满足 $\omega_c<1/T$，$\arctan\omega_c T<45°$，系统就一定稳定，而且相角有足够的稳定裕度，$\gamma=180°-90°-\arctan\omega_c T>45°$。典型的Ⅰ型伺服系统的开环传递函数如式（8-1）所示，它含有开环增益 K 和系统时间常数

T 两个参数。其中时间常数 T 在实际系统中往往视为被控对象和电动机本身所固有，不可能改变。能够由速度控制器选取的只有开环增益 K 值，也就是说，K 是唯一待定参数。下面就介绍开环增益 K 值与系统主要性能之间的关系。

1. 稳态跟随性能与系统的开环增益的关系

系统稳态跟随性能指标，可用不同输入信号作用下的稳态误差大小来表示。Ⅰ型系统在几种典型输入信号作用下，所产生的稳态误差情况见表 8-1。

表 8-1　Ⅰ型系统在不同的典型输入信号作用下的稳态误差

输入信号	阶跃输入 $R(t)=R_0$	斜坡输入 $R(t)=v_0t$	加速度输入 $R(t)=a_0t^2/2$
稳态误差	0	v_0/K	∞

由表 8-1 可见，在阶跃信号输入作用下，Ⅰ型系统在稳态时为零误差；在斜坡信号输入作用下，则是有恒定误差，且与 K 值成反比；而在加速度输入信号下，其稳态误差趋于∞。因此得出结论是：不能将加速度信号输入Ⅰ型伺服系统中。

2. 动态跟随性能与系统的开环增益间的关系。

典型的Ⅰ型系统，是一种二阶系统，文献［4］给出了二阶系统的动态跟随性能与参数间的准确关系。如控制理论课中所述，闭环传递函数一般形式为

$$W_{c1}(s)=\frac{C(s)}{R(s)}=\frac{\omega_n^2}{s^2+2\delta\omega_n s+\omega_n^2} \tag{8-2}$$

式中，ω_n 为无阻尼时的自然振荡角频率或固有频率；δ 为阻尼比，或称衰减系数。

现在由典型的Ⅰ型系统的开环传递函数 $W(s)=K/s(Ts+1)$ 按照图 8-1 所示构成闭环后，求出系统的传递函数 $W_{c1}(s)$ 为

$$W_{c1}(s)=\frac{W(s)}{1+W(s)}=\frac{\dfrac{K}{s(Ts+1)}}{1+\dfrac{K}{s(Ts+1)}}=\frac{\dfrac{K}{T}}{s^2+\dfrac{1}{T}s+\dfrac{K}{T}} \tag{8-3}$$

对比式（8-3）和式（8-2），可以得典型Ⅰ型系统参数 K、T 与标准二阶系统参数 ω_n、δ 之间的关系为

$$\omega_n=\sqrt{\frac{K}{T}} \tag{8-4}$$

$$\delta=\xi=\frac{1}{2}\sqrt{\frac{1}{KT}} \tag{8-5}$$

$$\xi\omega_n=\frac{1}{2T} \tag{8-6}$$

一般取 $0.5\leqslant\xi\leqslant 1$ 的欠阻尼，在零初始条件下的阶跃响应动态指标可以计算出来。

3. 典型Ⅰ型伺服系统抗扰性能指标与参数关系

图 8-2a 所示的是在扰动 $F(s)$ 作用下的典型Ⅰ型系统，其中 $W_1(s)$ 是扰动作用点前面部分的传递函数，后面部分是 $W_2(s)$，于是

$$W(s)=\frac{K}{s(Ts+1)}=W_1(s)W_2(s) \tag{8-7}$$

在只讨论抗扰动性能指标时，可令输入 $R=0$，而把这时的输出量写成 $\Delta C(s)$。现在，将扰动量 $F(s)$ 前移到输入作用点，则可以得图 8-2b 所示的等效结构框图。

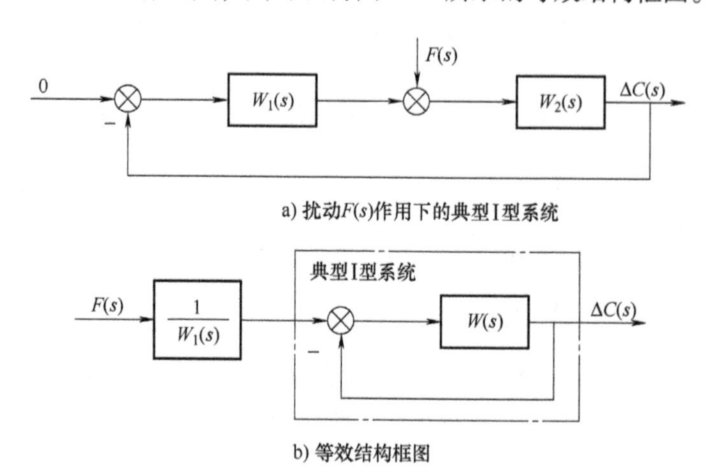

图 8-2　扰动作用下的 I 型系统的动态结构图

显然，图 8-2 中虚框部分就是典型的 I 型系统。由图 8-2b 可知，扰动作用下的输出量变化量 ΔC 的象函数为

$$\Delta C(s)=\frac{W(s)}{1+W(s)}\cdot\frac{F(s)}{W_1(s)} \tag{8-8}$$

虚框内环节的输出变化过程就是闭环系统的跟随过程，这就说明抗扰性能的优势与跟随性能的优势有关。然而，在虚框前面，还有 $1/W_1(s)$ 作用，因此，在扰动作用前面的 $W_1(s)$ 对抗扰性能也有很大的影响。仅靠 I 型典型系统的开环传递函数 $W(s)$ 并不能像分析跟随性能那样唯一地解决抗扰性能指标，扰动点的位置对输出变化的影响也是一个重要因素。某种定量抗扰性能指标，只适用于一种特定的扰动作用点。

因此，本书选取图 8-3a 所示的扰动点作用下的伺服系统结构。控制对象在扰动点前后的结构分别是 $K_d/T_1(s+1)$ 和 $K_1/T_2(s+1)$，在控制对象前面的控制器采用的 PI 型控制规律。调节器为 PI 型，其传递函数为

$$W_{pi}(s)=K_{pi}\frac{\tau_{1s}+1}{\tau_{1s}} \tag{8-9}$$

取 $K_1=K_{pi}K_d/\tau_1$；$K_1K_2=K$；$\tau_1=T_2>T_1=T$，则得到图 8-3b 所示的等效框图。也就是说，用控制对象中带有较大时间常数的惯性环节 T_2s+1 去代替控制器中的比例微分环节 τ_1s+1，在其他未变的情况下，则可以得到扰动点前的传递函数 $W_1(s)$。有 $W_1(s)=\frac{K_{pi}(T_2s+1)}{\tau_1s}\cdot\frac{K_d}{T_1s+1}$经处理后得出

$$W_1(s)=\frac{K_{pi}(T_2s+1)}{\tau_1s}\cdot\frac{K_d}{T_1s+1} \tag{8-10}$$

$$W_2(s)=\frac{K_2}{T_2s+1} \tag{8-11}$$

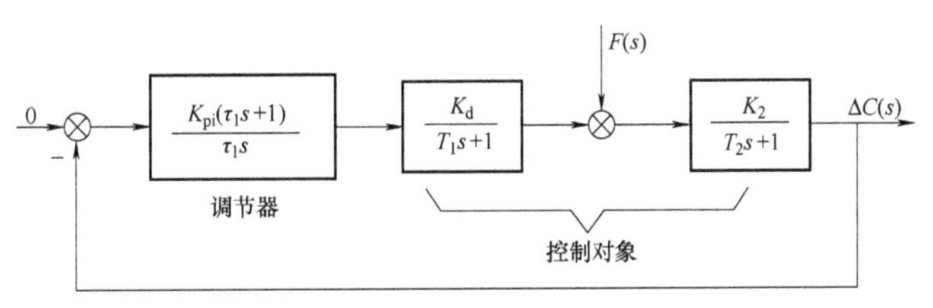

a) 扰动点作用下的伺服系统结构

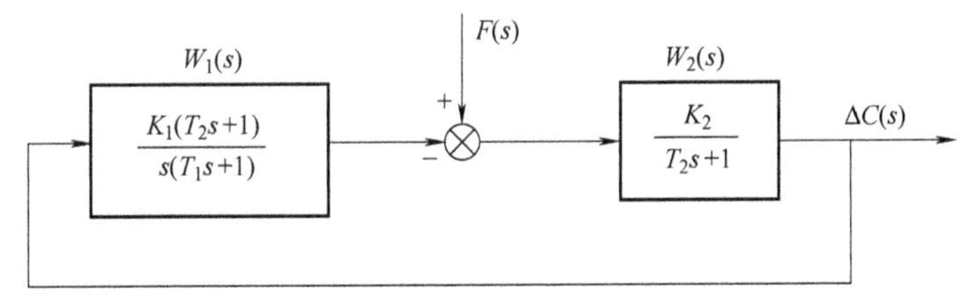

b) 等效框图

图 8-3　典型Ⅰ型系统在一种扰动作用下的动态结构

而 $W_1(s)\cdot W_2(s)=W(s)$ 就是典型Ⅰ型系统，因为它只有一个积分环节。

在阶跃信号 $F(s)=F/s$ 的作用下，对于图 8-3b 所示的等效框图，可以得到

$$\Delta C(s)=\frac{F}{S}\cdot\frac{W_2(s)}{1+W_1(s)W_2(s)}=\frac{FK_2(T_1s+1)}{(T_2s+1)(T_1s^2+s+1)} \tag{8-12}$$

选择 $KT=0.5$，整理后

$$\Delta C(s)=\frac{2FK_2T_1(T_1s+1)}{(T_2s+1)(2T_1^2s^2+2T_1s+1)} \tag{8-13}$$

由上述的象函数 $\Delta C(s)$，则可以求出最大的输出动态速度降落 ΔC_{max} 及恢复时间 τ_γ，这是我们最关心的两个扰动性能指标，只要在合理的范围内，就可以认为扰动性能指标达到了要求。

以上讲述了Ⅰ型系统速度控制器的设计思想，最后还得通过实际证明是否合适。对于Ⅱ型伺服系统，也可以通过分析研究得出相应结论：Ⅰ型和Ⅱ型系统除了稳态误差有区别外，就一般情况来说，在动态性能上，Ⅰ型系统在跟随性能上能做到超调小，跟踪性能好，但抗扰能力差；而Ⅱ型系统的超调量相对较大，而抗扰性能较好。所以，选择伺服系统的型别是很重要的，在选好型别的基础上，再匹配好参数。

在数控机床的交流永磁驱动伺服系统中，给定的位置输入信号是斜坡形式，用的是Ⅰ型伺服系统，对速度信号有很好跟踪能力，位置误差与系统的开环增益成反比。

8.3　位置控制与位置控制器

位置控制的根本任务是实现执行机构对位置指令全程的精准复现与跟踪，甚至精准地定位在终点，这都是位置控制所要达到的目的。所以，高度的跟随性成为位置控制的主要指标。完成这项任务者，依靠的主要就是位置控制系统。借助于电流内环控制，提供充足的动

力，驱动电动机以适当的速度，实现位置控制目标。位置控制系统的结构组成，如图 8-4 所示，这是一个三环控制系统，内环是由电流环和速度环组成的，由于电流环和速度环相对最外环——位置环来说，其截止频率远高于位置环，在只考虑位置环的输出特性时，可以视两个内环为一个常数，这样就可以得到一个简化的位置伺服系统框图如图 8-5 所示。

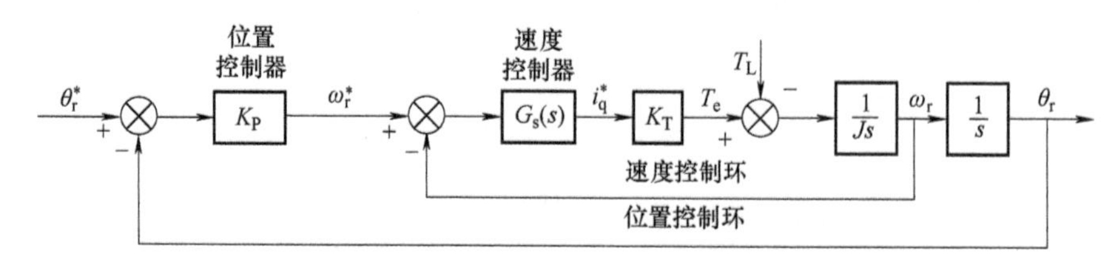

图 8-4　位置伺服系统的组成框图

这是一个典型的 I 型伺服系统，它只有一个积分环节 $1/s$。其开环传递函数为 K_p/s，图 8-5 的闭环传递函数为

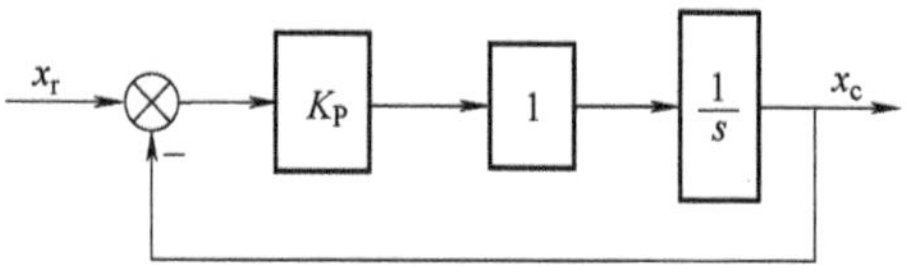

$$W_{c1}(s)=\frac{x_c(s)}{x_r(s)}=\frac{K_p}{s+K_p}=\frac{1}{Ts+1} \tag{8-14}$$

图 8-5　位置伺服系统的简化框图

其位置输入函数为斜坡型，如图 8-6 所示。

斜坡输入函数 Ft 的拉氏变换为

$$F(s)=\frac{F}{s^2} \tag{8-15}$$

而图 8-6 所示的简化伺服系统的开环传递函数为

$$W_k(s)=\frac{K_p}{s} \tag{8-16}$$

闭环传递函数为

$$W_B(s)=\frac{W_k(s)}{1+W_k(s)}=\frac{s}{s+K_p} \tag{8-17}$$

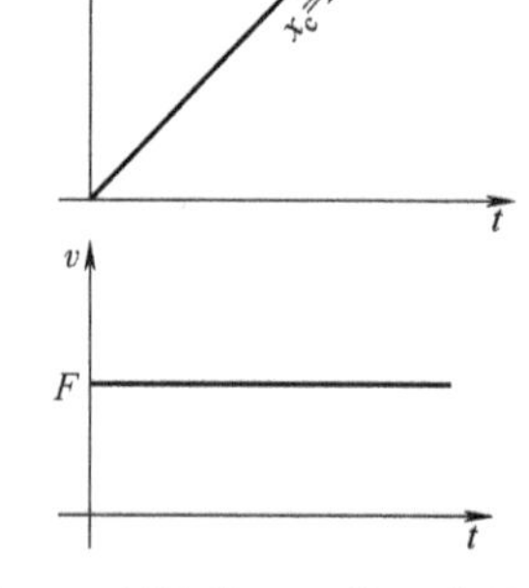

图 8-6　斜坡位置函数和阶跃速度

误差函数为

$$E(s)=x_r(s)-x_c(s)=x_r(s)\cdot\left[1-\frac{K_p}{s+K_p}\right]=\frac{s}{s+K_p}x_r(s) \tag{8-18}$$

按控制理论中的终值定理有

$$\lim_{s\to 0}sE(s)\cdot\frac{F}{s^2}=\lim_{s\to 0}s\frac{s}{s+K_p}\frac{F}{s^2}=\frac{F}{K_p} \tag{8-19}$$

得到如表 8-1 所给出的结论，如果是阶跃信号，则 $x_r(s)=1/s$，则 $E(s)=0$ 如果是斜坡信号输入，则其拉式变换为 F/s^2，则 $x_r(s)=1/s^2$，则当 $s\to 0$ 时，必有误差→F/K_p，证明了表 8-1 的结论。

在考虑伺服电动机的惯性作用后，即一阶惯性环节之后，经过推导后仍然证明结论成立。

以上分析说明位置伺服系统可以简化成一阶惯性环节和一个积分环节的串联，也可以简化成一个放大环节和一个积分环节，总之都是 I 型伺服系统，所以对各种输入信号所得出的稳态误差都与表 8-1 所给出的结论是一致的。

位置控制对系统的快速性要求是很高的，为此要求位置环应该具有较高的截止频率，截止频率的高低表征了系统的快速性。如果速度控制系统是由速度、电流双闭环组成，再加上位置外环，构成了三个闭环控制，由于每个闭环都有自己的调节对象（被控量），这就容易控制。然而，由于每次由内环设计到外环时，都要把内环视为一个相对简化的等效环节，而这种等效之所以能成立，是以外环的截止频率远低于内环为先决条件的。这样一来，位置环截止频率就被限制得太低，从而有可能影响到位置控制系统的快速性。为了提高位置伺服系统的快速性，可以采用适当形式的位置控制器。这在上述中，已做了初步说明，从系统的时间常数 $T=1/K_p$ 中就可以看出，加大 K_p 是一个简单办法。

位置控制在大多数应用中，都采用比例形式的，有时还可以采用参数配合适宜的 PID 形式控制和并联反馈校正控制方式，要根据具体应用要求在实际中做出合理的选择。但有一点，应该特别注意，在具体工作中，看是否允许位置有超调现象，有些情况是绝对不允许出现的。

复习题及思考题

（1）在交流永磁伺服系统中，对速度控制的目标是什么？

（2）在交流永磁伺服系统中，对位置控制的目标是什么？

（3）画出位置伺服系统的组成框图。

第 9 章　PID 基本控制及其他控制方法

9.1　何谓 PID

PID（Proportion-P；Intergration-I；Differentiation-D）比例、积分、微分三个英文单词的缩写，简写为 PID，PID 控制是这三种控制规律的总体称谓。由 PID 规律构成的控制器，叫 PID 控制器。它出现于 20 世纪 30 年代末期，当时除了在最简单情况采用开关控制外，PID 控制方式是当时唯一的连续控制方法。时至现在，历时八九十年的不断更新换代，PID 控制得到长足的发展。特别是近年来，随着计算机技术的飞速发展，发生了由模拟 PID 控制向数字化的重大转变；与此同时，还涌现了 PID 技术与其他现代算法相结合的控制规律，出现了许多新型 PID 控制算法和控制方式，例如非线性 PID 控制、自适应 PID 控制、智能 PID 控制等。在传统 PID 应用基础上，结合了现代各种最新控制方法，出现了许多新的方法，但都逃不出 PID 的大框架，扩大了 PID 的应用范围，成为各种控制的根基与母体。

到目前为止，PID 控制仍然是历史最久，生命力最强的基本控制方式。这是因为 PID 控制具有以下诸多优点：

1）PID 原理简单、使用方便，并且已经形成了一套完整的结构和参数设计与整定方法，很容易为科学家和工程技术人员掌握运用。

2）PID 控制规律的数学算法蕴含了系统运动过程中的过去、现在和未来（将来）的主要信息。通过比例系数、积分时间常数和微分时间常数适当地选择和调整，可以使系统输出特性达到良好控制效果。

3）PID 控制适应性强，可以广泛应用于电气传动、功率变换、伺服控制，各种运动体大的机械控制。在各类化工、热工、冶金、炼油、造纸、建材以及各种加工制造生产行业都有应用。

4）PID 控制的鲁棒性较强，其控制品质对于控制对象特性的变化不是十分敏感，具有一定的镇定、鲁棒能力。在一般情况下无需特别采用特殊措施，仍能保持正常工作。

5）PID 控制根据不同的需要，针对自身的缺陷和不足，可以引进其方法的优点，不断地改进完善并形成了一系列行之有效的 PID 改进新算法。

正是由于 PID 具有上述的诸多优点，使得其在电气传动与电气伺服系统中的应用成为广泛的基本控制方法，方兴未艾，正处于不断地发展之中。

9.2　PID 基本控制

9.2.1　比例控制规律

PID 的发展与应用之所以历久不衰，广泛应用的原因是因为它根植于近代几百年的物理与数学土壤之中，反映了物体的运动规律及表现形式，下面分析一下它所用到的数学问题。为叙述方便起见，设一个数 K_p，这个数 K_p 原则上可以是任一个数，只要根据需要来选取。它的大小涉及了是否稳定、输出的误差大小（精度）、时间的快慢（时间常数变化）。K_p 的大小变化规律，影响到输出的变化走向，它是一个常数或是一个变数，对系统有不可忽视的影响。

我们把实现具有比例控制规律的控制装置称 P 控制器，如图 9-1 所示，其中 K_p 称为比例增益。在图 9-1 中，控制器 P 的输出信号 $u(t)$ 与偏差输入信号 $e(t)$ 成比例

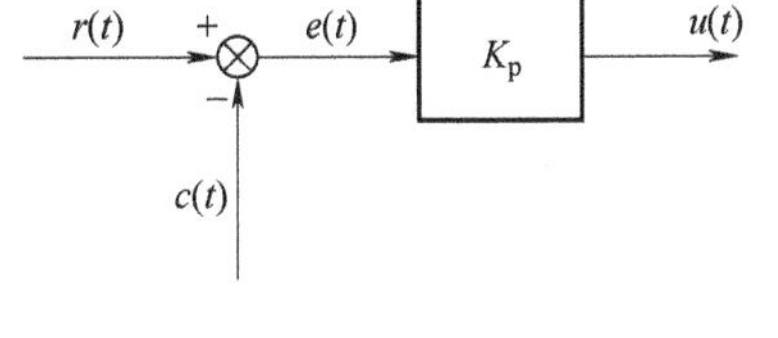

图 9-1　P 控制器

$$u(t)=K_pe(t) \tag{9-1}$$

注意，上式控制器的输出 $u(t)$ 实际上是对其起始值 u_0 的增量。因此，当偏差 $e(t)$ 为零而使计算出的 $u(t)=0$ 时，并不能表示控制器没有输出，它只能说明此时有 $u(t)=0$，u_0 的大小可以通过调整控制器的工作点加以改变。

比例控制器实质上是一个可调增益的放大器。在信号的变化过程中，比例控制器只改变输入信号的幅值而不影响其相位，加大比例增益 K_p，可以提高系统的开环增益，减小系统的输出稳态误差，从而提高系统的控制精度。但 K_p 过大时，系统的相对稳定性将会变差，甚至可能造成闭环系统不稳定。因而在实际控制系统中，很少单独使用比例控制规律。如图 9-2 所示，选择不同的比例增益 K_p，对系统输出的影响也不同。在数学上就是对输入信号乘以一个适当数字 K_p 来得到所需要的输出。

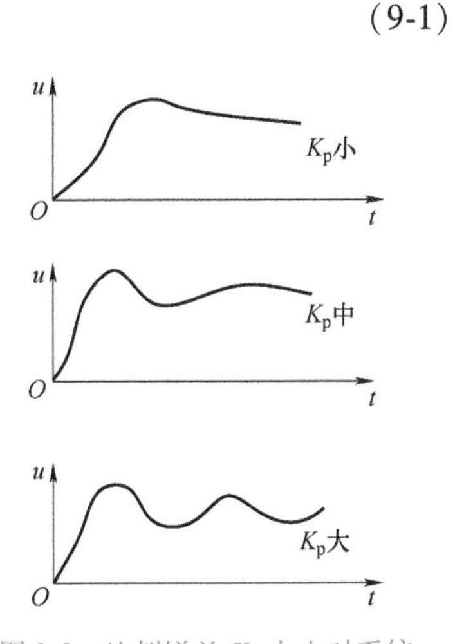

图 9-2　比例增益 K_p 大小对系统输出影响

9.2.2　积分控制规律

积分控制规律表示输出信号是输入误差信号 $e(t)$ 的积分，实现这种作用的装置称为积分器，简记为 I 控制器。在图 9-3 中，控制器的输出信号 $u(t)$ 与偏差输入信号 $e(t)$ 之间的表达式为

$$u(t)=\frac{K_p}{T_I}\int_0^t e(t)\,\mathrm{d}t \tag{9-2}$$

式中，T_I 为积分时间常数；定义 K_p/T_I 为积分速度，记为 $K_p/T_I=K_I$ 表明积分作用增长的快慢。

对于图 9-3，可视为是一个具有积分速度为 K_s 的积分控制作用。它若与比例环节级联应用，则可以构成一个比例-积分控制器（P-I 控制规律），其中比例的作用，上面已有说明。这里的积分控制作用对直接输入的误差信号 $e(t)$ 有记忆和不断积累的作用，它能把误差的初始变化过程和最终的状态完整的累计结果记忆保存下来，它的特点是只要输入误差存在，就一直

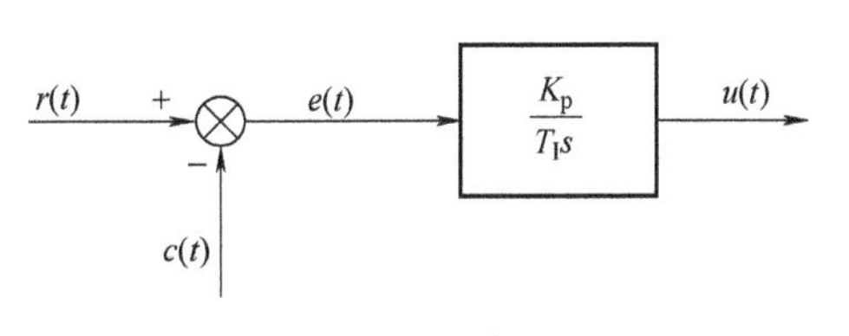

图 9-3　I 控制器

往上累积，只有误差不存在，为零了，它才停止向上积累，但又能把零误差时输出结果保持、记忆下去。总之，它把误差的初始、过程与将来的结果能一直保持下去。积分控制有利于消除静态误差，有利于稳态性能的提高。但积分控制作用使系统增加了一个位于坐标原点的开环极点，使输出产生90°的相角滞后，对于系统的稳定性不利。因此，在实际系统控制中，通常不采用单一的积分控制环节，而是和其他控制作用组合共同应用。图9-4表示了选择不同的积分速度 K_s 时，对输出的不同影响。实际上是积分控制和比例控制共同作用的结果。

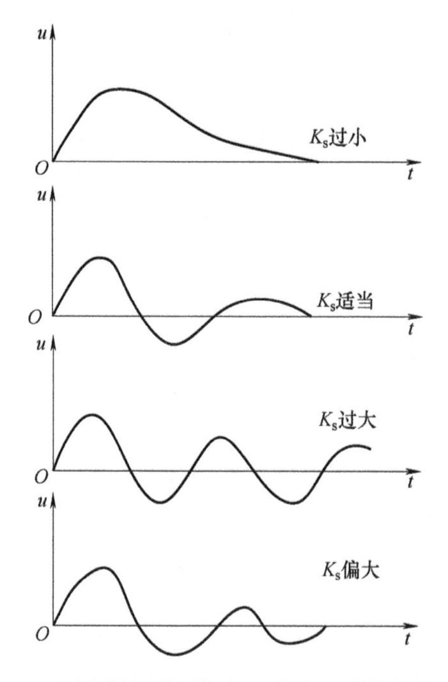

图9-4　在积分控制规律下，不同 K_s 对输出的影响

9.2.3　比例-积分控制规律

这种组合控制方式如图9-5所示。把具有比例-积分控制规律的装置称PI控制器，其结构如图9-5所示，它是把P控制与积分控制明显分成两部分，而不是图9-3所示那样的单纯积分作用，控制作用自带有那种积分速度系数的比例-积分控制。按图9-5所示的比例-积分控制器；又能得到输出信号 $u(t)$，同时成比例地反映出偏差信号 $e(t)$ 及其积分，即

$$u(t)=K_{\mathrm{p}}e(t)+\frac{K_{\mathrm{p}}}{T_{\mathrm{I}}}\int_{0}^{t}e(t)\,\mathrm{d}t \tag{9-3}$$

这里的PI控制综合了比例、积分两种控制规律的优点，利用比例控制的快速反应能力，强力消减误差 $e(t)$，完成比例输入作用应在输出中所起到的作用。而积分的最关键作用是最终消除稳态误差，并保持输出的记忆，直至完成控制任务。

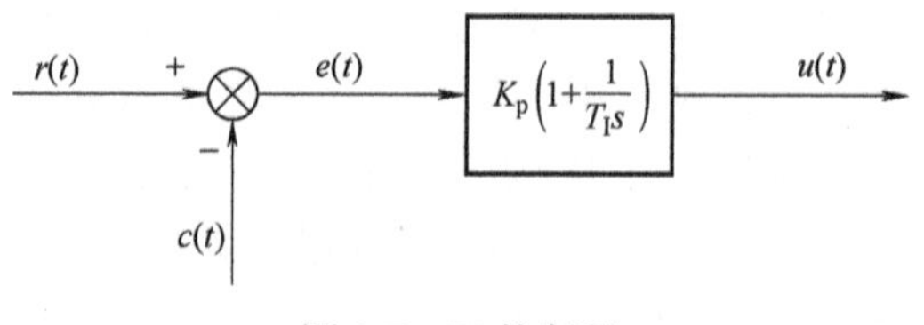

图9-5　PI控制器

PI 控制规律相当于在系统中增加一个位于原点的开环极点，可以提高系统的型别。但同时，也在 S 平面的左半面增加了一个开环负实零点，则可以提高系统的阻尼效果，减缓了 PI 控制器极点对系统稳定性产生的不利影响。只要积分时间常数 T_{I} 足够大，PI 控制器对稳定性的不利影响会大大降低。在工程实践中，PI 控制器主要用来改善系统的稳定性能。图 9-6 表示不同积分时间常数 T_{I} 下的系统响应曲线。

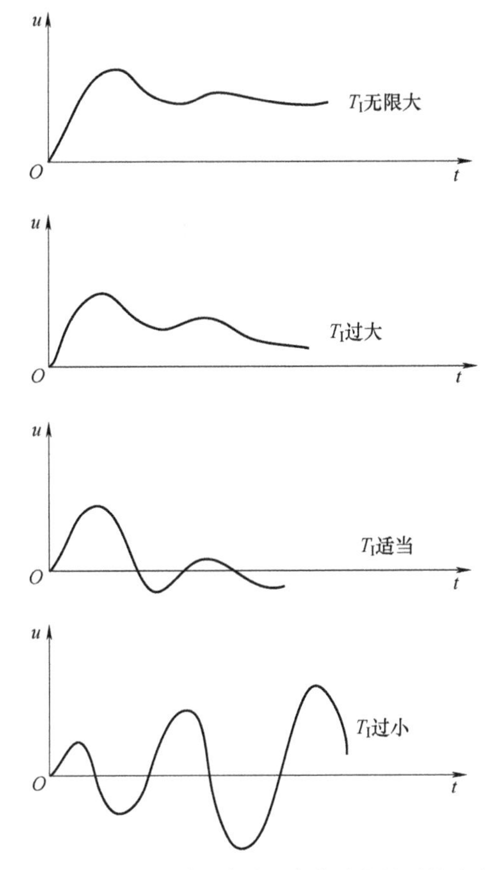

图 9-6　PI 控制下不同积分时间常数对应的系统响应曲线

9.2.4　微分控制规律

把具有微分控制规律的控制器称为 D 控制器，如图 9-7 所示。控制器的输出信号 $u(t)$ 与偏差输入信号 $e(t)$ 的导数成正比，即

$$u(t)=K_{\mathrm{p}}T_{\mathrm{D}}\frac{\mathrm{d}e(t)}{\mathrm{d}t} \tag{9-4}$$

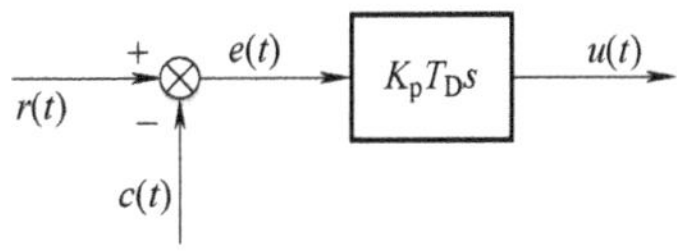

图 9-7　D 控制器

比例调节和积分调节都是根据输入的方向和大小进行调节。而微分控制作用能够体现出偏差信号的变化趋势，这就具有了一定的预见性。

但是，因为微分控制作用，只能对动态过程起作用，对稳态过程没有影响，并且对系统噪声非常敏感，所以单一微分控制器，在任何情况下都不宜单独与控制对象串联使用。在实际系统控制中，微分控制通常与比例控制和比例-积分控制结合起来，构成比例-微分控制（P-D）或比例-积分-微分（PID）控制器使用。

9.2.5 比例-微分控制规律

把具有比例-微分控制规律的控制器称PD控制器，图9-8所示为PD控制器。控制器的输出信号 $u(t)$ 与偏差输入信号 $e(t)$ 的关系如下式所示

$$u(t)=K_{\mathrm{p}}e(t)+K_{\mathrm{p}}T_{\mathrm{D}}\frac{\mathrm{d}e(t)}{\mathrm{d}t} \tag{9-5}$$

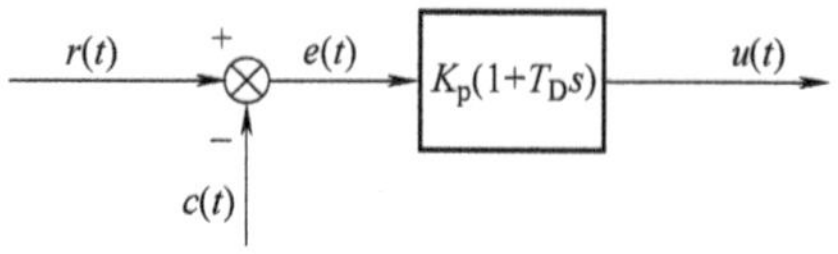

r(t) + e(t) $K_{\mathrm{p}}(1+T_{\mathrm{D}}s)$ u(t) − c(t)

图9-8 PD控制器

式中，T_{D} 为微分时间常数。

在PD控制器中，微分控制作用能够反映出输出误差信号的变化趋势，产生有效的早期修正信号，以增加系统的阻尼程度，从而改善系统的稳定性。在串联校正中，微分作用可使系统增加一个开环零点 $1/T_{\mathrm{D}}$。使系统的相角裕度提高，因而有助于系统动态性能的改善。

应该特别注意，引入微分作用要适度。这是因为在大多数PD控制系统中，随着微分时间常数 T_{D} 的增大，系统的稳定性也在提高。但在某些特殊情况下，有所不同，当 T_{D} 超出某一上限时，系统反而变得不稳定。图9-9所示为在不同微分时间常数 T_{D} 下的PD控制系统输出的响应曲线。

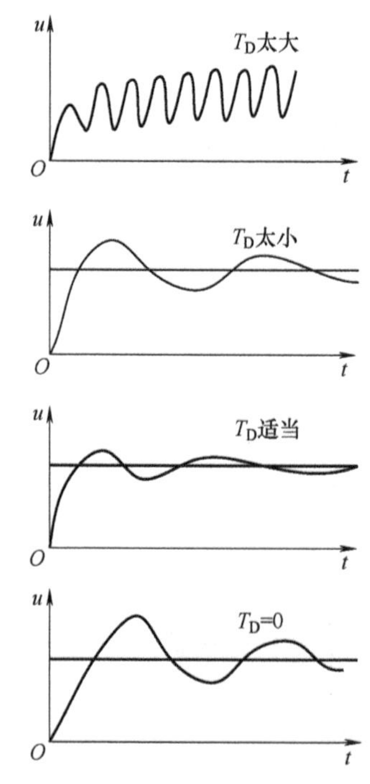

图9-9 PD控制下不同微分时间常数 T_{D} 下的PD的系统输出响应曲线

9.2.6 PID控制规律

我们把具有比例-积分-微分控制规律的控制器称为PID控制器。控制器的时域输出为

$$u(t)=K_{\mathrm{p}}e(t)+\frac{K_{\mathrm{p}}}{T_{\mathrm{I}}}\int_{0}^{t}e(t)\mathrm{d}t+K_{\mathrm{p}}T_{\mathrm{D}}\frac{\mathrm{d}e(t)}{\mathrm{d}t} \tag{9-6}$$

与此对应的传递函数为

$$G(s)=K_{\mathrm{P}}\left(1+\frac{1}{T_{\mathrm{I}}s}+T_{\mathrm{D}}s\right) \tag{9-7}$$

在串联校正中，采用 PID 控制器可以提高系统的型别，并提供两个负实零点。较 PI 控制多出一个负实零点，从而在提高性能方面具有更大的优越性。PID 广泛应用于工业控制中，其参数选择通常按如下原则，应使积分部分（I）作用体现在系统特性的低频段，以提高系统的稳态特性；使微分（D）部分发生在系统频率特性的中频段，以改善系统的动态特性。图 9-10 为 PID 控制器示意图。

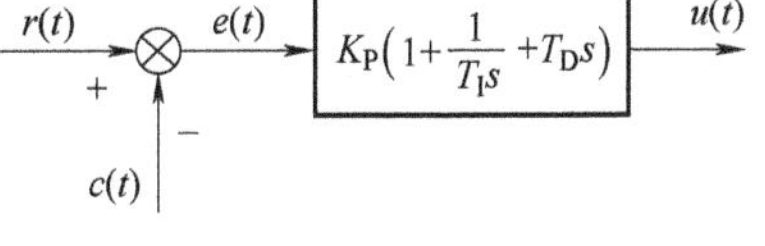

图 9-10　PID 控制器

为了比较各种控制器的控制效果，对于同一对象在相同的阶跃输入下，不同形式的控制器对应的单位阶跃响应示于图 9-11 中。显然，具有三种控制作用的 PID 控制器的控制效果最好，但这并不意味着在任何情况下采用三种控制作用的 PID 控制器都是合理的。因为控制器的参数整定不当、匹配不良也照样发挥不了良好的效果。就像一个优美的古典合奏音乐一样，如果有一个乐器演奏失调，音乐效果就大打折扣了。如果能整定与匹配较好，PID 控制器基本上可以实现如图 9-12 所示的阶跃作用下的输出响应特性曲线。

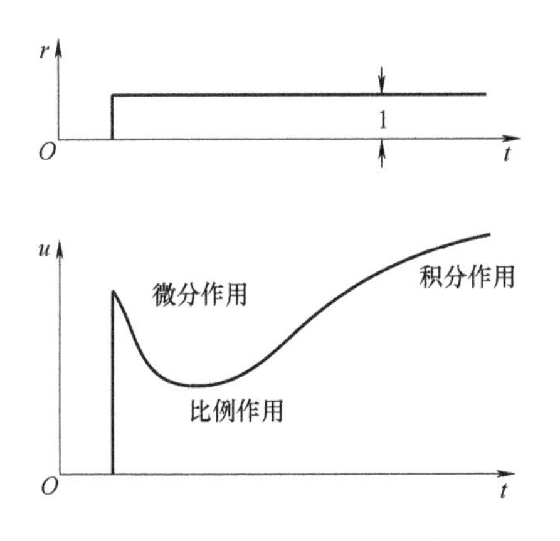

图 9-11　PID 控制器的单位阶跃响应

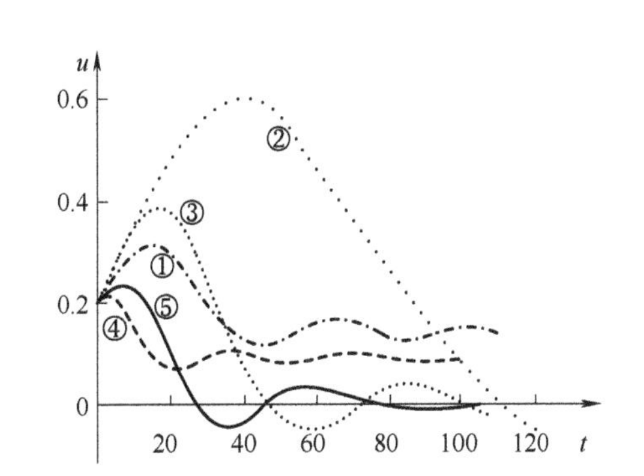

图 9-12　不同控制器对应的系统阶跃响应
①—比例控制器　②—积分控制器　③—比例-积分控制器
④—比例-微分控制器　⑤—比例-积分-微分控制器

控制规律的选择，应该根据被控制对象的特性、负荷的变化、主要扰动形式及对系统的动静态要求等诸多方面具体情况，同时考虑到经济性是否合理，综合考虑来决定。一般情况下，按如下原则选择具体的控制规律：

1）若被控对象的时间常数较大或延迟时间较长，应引入微分控制规律；若系统要求无偏差，则选择比例-积分-微分控制。

2）若被控对象时间常数较小，负荷变化也不大，同时系统要求无偏差时，可选择比例-积分控制。

3）若被控对象时间常数小，负荷变化较小，要求系统的控制性能不高时，可选用比例控制即可。

P、I、D 三种控制作用少数情况下可以单独使用，多数情况下可以几种规律组合使用，这些作用之间互不牵涉，自由作用，而又可以自由叠加，完全是一种线性组合运用，这给分析研究和使用带来巨大的便利，成为电气伺服系统中最基本的控制规律与方法。

9.3 模拟 PID 控制与数字 PID 控制

9.3.1 模拟 PID 控制

模拟 PID 控制器是由高放大倍数（可达 $10^5 \sim 10^8$）的运算放大器并引入不同性质的深度负反馈组合而成的，又称为有源补偿网络。图 9-13 所示为两种不同形式的模拟 PID 控制器结构图，图 9-13a 中对应的控制器传递函数为

$$w(s)=\frac{T_2T_3s^2+[T_2(1+s)+T_3]s+1}{T_1s} \tag{9-8}$$

式中，$T_1=R_1C_1$；$T_2=R_2C_2$；$T_3=R_3C_1$。

图 9-13b 所对应传递函数为

$$w(s)=\frac{(T_2T_3+T_3T_4+T_4T_5)s^2+(T_2+T_3+T_4+T_5)s+1}{T_1s(T_4s+4)} \tag{9-9}$$

式中，$T_1=R_1C_1$；$T_2=R_2C_2$；$T_3=R_3C_1$；$T_4=R_4C_2$；$T_5=R_2C_1$。

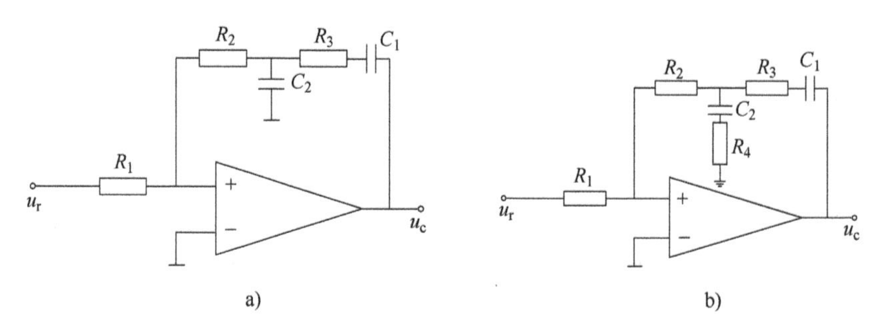

图 9-13　两种不同形式的模拟 PID 控制器结构

模拟 PID 控制器不仅可以对信号幅值起到放大作用，还可以对信号产生超前或滞后作用，并具有响应快速的特点，在自动控制系统中得到了广泛的应用。但是，模拟器件有自身的固有缺点：如工作状态极易受温度影响而产生工作点漂移，就可能破坏了已调整好的工作状态；模拟器件的特性具有分散性，使系统调整增加了困难，工作点不容易调到最佳状态并保持下去。特别是模拟器件缺乏柔性，不能完成复杂运动控制规律算法，发挥不了所说的软件优势，这极大地限制了模拟 PID 广泛应用到复杂控制场合，难以实现高性能、高精度的鲁棒控制需求。

9.3.2 数字 PID 控制

计算机技术的发展，使其价格不断下降而得以普及，不但可以单纯地完成数字计算任务，而且能进入到现场控制系统使用中。这为交流伺服系统的数字化提供了强大的物质技术基础，加上软件技术的飞速发展，就使数字化 PID 控制技术已取代了模拟 PID 控制技术，

为数字控制技术提供强有利的工具。

数字控制技术具有如下主要优点：

1）在数字控制中，因为采用数字信号传送信息，所以不易受温度的影响。

2）由于采用数字信号交换信息，所以容易实现与上位计算机的通信，容易使伺服系统纳入整个自动化系统，成为其中的一个有机组成部分。

3）数字控制技术，能够充分发挥软件优势，具有完成复杂控制规律的计算能力，具有较高的柔性，容易实现应用现代控制理论和智能控制理论成果，使伺服系统具有较高的性能。

PID 控制是工业控制中应用最广泛的一种基本控制规律。常用数字 PID 控制算法有两种模型：①位置型 PID 算法；②增量型 PID 算法。数字 PID 控制原理如图 9-14 所示。

9.3.2.1　位置型 PID 算法

位置型 PID 的控制算法是以连续系统的 PID 控制规律为基础，然后将其数字化，写成离散形式。图 9-14 为典型 PID 数字控制系统的结构形式。

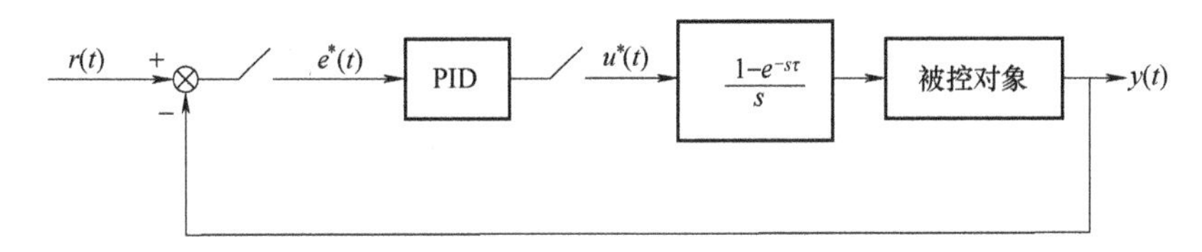

图 9-14　数字 PID 控制原理

在连续系统中，PID 控制规律可描述为

$$u(t)=K_{P}e(t)+\frac{1}{T_{I}}\int_{0}^{t}e(t)\mathrm{d}t+T_{D}\frac{\mathrm{d}e(t)}{\mathrm{d}t} \tag{9-10}$$

式中，T_I 为积分时间常数；T_D 为微分时间常数。

选择采样周期为 T，初始时刻为零。将上式积分用求和来近似代替，微分用差分代替，即

$$\int_{0}^{t}e(t)\mathrm{d}t\approx T\sum_{i=0}^{n}e(i) \tag{9-11}$$

$$\frac{\mathrm{d}e(t)}{\mathrm{d}t}\approx\frac{e(n)-e(n-1)}{T} \tag{9-12}$$

式中，$e(n)=r(n)-y(n)$，表示第 n 次采样时刻的偏差值。

将式（9-11）和式（9-12）代入式（9-10），则可以得到如下差分方程：

$$\begin{aligned}u(n)&=K_{P}\left\{e(n)+\frac{T}{T_{I}}\sum_{i=0}^{n}e(i)+\frac{T_{D}}{T}[e(n)-e(n-1)]\right\}\\&=K_{P}e(n)+K_{I}\sum_{i=0}^{n}e(i)+K_{D}[e(n)-e(n-1)]\end{aligned} \tag{9-13}$$

式中，$K_{P}\dfrac{T}{T_{I}}=K_{I}$ 称为积分系数；$k_{D}=K_{P}\dfrac{T_{D}}{T}$称为微分系数。

由式（9-13）位置型 PID 的算法可以看出，控制器的输出为全量输出。在计算过程中，不仅当前时刻与上一时刻的信号偏差 $e(n)$ 和 $e(n-1)$，而且还要对历次偏差信号 $e(i)$ 进行

累加 $\sum_{i=0}^{n} e(i)$。这样不但使计算繁琐，而且保存 $e(i)$ 还要占用很大内存空间。此外，当计算机出现计算差错时，会使输出产生大幅度变化，对控制十分不利。为了改善这种情况，人们提出了 PID 增量型控制算法。

9.3.2.2 增量型 PID 算法

增量型 PID 算法的优点是在前一次输出的基础上，只做本次的增量计算输出。这种算法广泛用于各种控制中。算法推导过程如下：

由式（9-13）可得

$$u(n-1)=K_{\mathrm{P}}\left\{e(n-1)+\frac{T}{T_{\mathrm{I}}}\sum_{i=0}^{n-1}e(i)+\frac{T_{\mathrm{D}}}{T}[e(n-1)-e(n-2)]\right\} \tag{9-14}$$

再由式（9-13）减去式（9-14），便得出增量控制作用 Δu 为

$$\begin{aligned}\Delta u(n)&=u(n)-u(n-1)\\&=K_{\mathrm{P}}\left\{[e(n)-e(n-1)]+\frac{T}{T_{\mathrm{I}}}e(n)+\frac{T_{\mathrm{D}}}{T}[e(n)-2e(n-1)+e(n-2)]\right\}\\&=K_{\mathrm{P}}[e(n)-e(n-1)]+K_{\mathrm{I}}e(n)+K_{\mathrm{D}}[e(n)-2e(n-1)+e(n-2)]\end{aligned} \tag{9-15}$$

式（9-15）表明，计算结果为一增量值，即在每一次输出的基础上叠加一个增量。这样，当计算机在某步计算出错时，也不至于对系统运行产生过大影响。因此，增量型 PID 算法比较可靠，而且算法简单。

在实际应用中，通常为编程方便，而采用简单的控制算式。只要将（9-15）改为

$$\Delta u(n)=(k_{\mathrm{P}}+k_{\mathrm{I}}+k_{\mathrm{D}})e(n)-(k_{\mathrm{P}}+2k_{\mathrm{D}})e(n-1)+k_{\mathrm{D}}e(n-2) \tag{9-16}$$

若令

$$A=k_{\mathrm{P}}+k_{\mathrm{I}}+k_{\mathrm{D}},B=k_{\mathrm{P}}+2k_{\mathrm{D}},C=k_{\mathrm{D}} \tag{9-17}$$

则式（9-16）可写成

$$\Delta u(n)=Ae(n)-Be(n-1)+Ce(n-2) \tag{9-18}$$

A、B、C 这三个动态参数为中间变量。由式（9-16）已经反映不出比例、积分和微分的作用，这只反映各次采样偏差对控制作用的影响。因此称式（9-16）为偏差系数控制算式。

数字控制与模拟控制相比，虽然优点突出，但仍存在着以下不足之处：

1）模拟控制属于连续控制方式，即控制作用每时每刻都在进行中；而数字控制属于离散控制方式，即控制作用在一个采样期内是不变的。

2）由于计算机的数值运算和输入输出需要一定时间，所以控制作用在时间上存在延迟。

3）数字控制系统一旦受到噪声的影响，控制作用可导致失败。

为此，必须发挥计算机运算速度快、逻辑判断功能强、编程灵活等突出优势。这样才能建立起许多模拟控制器难以实现的控制规律，从而在控制性能上超过模拟控制器。为了改善 PID 控制器的控制质量，目前在 PID 数字控制算法中，引进了许多改进措施，形成了多种形式的改进 PID 算法。随着数字化控制技术的发展，数字 PID 控制技术将会越来越普及。

虽然 PID 控制规律在当代各个领域中获得了广泛的应用，成为线性控制中最基本的控制方式，但它同时也存在着抗干扰性和快速跟踪的矛盾，虽然在一定程度上有办法解决这种矛盾，但很难实现。而且客观上存在很多不确定因素，不但控制对象如此，而且控制器本身

也存在着未知的变化，在许多情况下，达不到所要求的快速性和鲁棒性的完美统一。因此人们探讨各种控制方法解决这一问题。

在考虑控制策略和具体选择控制方式时，始终不应该忘记，研究的对象是交流永磁伺服电动机驱动系统。研究对象的模型框架是基本清楚的，而且对象是一个高度的快速运动系统，不是所有控制策略和方法都是对此有效应用的。所以本书中我们只对那些已成功应用或在现实中提出来需要解决而又有望应用此类的方法加以讨论。这里不讨论控制理论本身，只是为本书学习和应用提供必要的基础知识，并试图把理论和实际问题联系起来，针对 PMSM（PMLSM）能有一个完整的理解。

上面介绍了 PID 这一基本控制规律，下面再介绍几种常用的控制方法。

9.4　Smith 预估控制方法

9.4.1　Smith 预估控制的对象

在工业过程控制中，有一些控制对象具有很大的滞后特性。在伺服驱动电气传动系统中，虽然相比之下所存在的滞后效应较小，但在高精度、高响应的系统中，其滞后作用也是不容忽视的。由于时间滞后的存在，致使输入的控制作用不能得到输出的及时响应，扰动的不良作用不能及时发现和补偿而延误了控制作用，引起系统超调和振荡等不良反应。分析表明，时间滞后因素 $e^{-\tau s}$ 将直接进入闭环系统的特征方程，使系统的设计十分困难，因而引起系统的不稳定。

所谓时间滞后，也叫滞后、纯延迟，或传输滞后，其数学表达式为

$$\frac{y(s)}{x(s)}=e^{-\tau s} \tag{9-19}$$

式（9-19）的含义是输出信号 $y(t)$ 与输入信号 $x(t)$ 的信号形状一样，只是输出各个部分沿时间轴总是落后一个固定时间 τ，从信号相位的角度看，$y(t)$ 比 $x(t)$ 的相位所滞后角增加了 $(\tau\times360°)/T_x$，其中 T_x 是信号 $x(t)$ 的周期，见图 9-15。

对于具有滞后特性的系统来说，其控制的难易程度取决于滞后时间 τ 占整过程动态时间比例的大小：所占比例越大，系统越难控制。通常认为滞后时间 τ 与过程时间常数之比大于 0.3，则系统属于大滞后系统，τ/T 加大时，系统的相位滞后也会增加，有时导致系统超调严重，甚至不稳定。

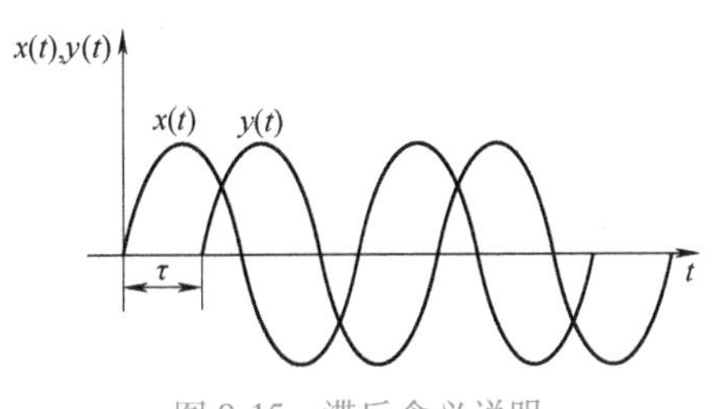

图 9-15　滞后含义说明

本文介绍的 PMSM 系统，属于电气伺服系统。其主回路元件、控制回路元件、检测反馈元件都是各类电子元器件，其控制作用的传递方式都是以电信号形式出现的。因此，这种电动伺服系统具有很小的滞后特性，在一般的控制驱动场合，其滞后特性可以不考虑。但要求实现高响应、高精度微进给驱动中，高速运行的高性能伺服系统，滞后影响将变得突出。如逆变器传输滞后造成的控制量传输滞后和转速测量滞后造成的被调量反馈滞后都会使输出不能及时响应控制作用，扰动不能及时被发现和补偿，从而导致伺服性能下降，甚至不稳定，因而在设计时必须考虑消除这些滞后因素的影

响。目前，主要是采用 Smith 预估控制方法来解决。

控制对象与系统的滞后是一种固有特性，通过一定技术方法在认识了滞后时间 τ 的大小之后，可以采用一些方法去克服滞后的问题，其中以 Smith 预估器控制方法的效果最好。

9.4.2 Smith 预估控制原理

1957 年被提出，此法的特点是预先估计出被控系统在基本扰动下动态特性，然后应用预估器适当补偿，力图使被延迟了的被控量超前反映到控制器中，使控制器提前动作，从而可以减小系统的超调量，同时加速系统的调节过程。Smith 预估控制系统示于图 9-16 中。该方案的基本原理如下：$G_p(s)$ 为不考虑滞后环节 $e^{-\tau s}$时的对象传递函数，$G(s)$ 为 Smith 预估补偿器的传递函数。假如系统中没有补偿器，则由控制器 $D(s)$ 的输出 $u(s)$ 到被控量 $y(s)$ 之间的传递函数为

$$\frac{y(s)}{u(s)}=G_p(s)e^{-\tau s} \tag{9-20}$$

上式表明，受到控制作用的被控量 $y(s)$ 需经过滞后时间 τ 之后才能返回到系统控制器。若系统采用预估补偿器，则控制量 $u(s)$ 与反馈到控制器输入端的反馈信号 $y'(s)$ 之间的传递函数是两个并联通道之和，即

$$\frac{y'(s)}{u(s)}=G_p(s)e^{-\tau s}+G(s)$$

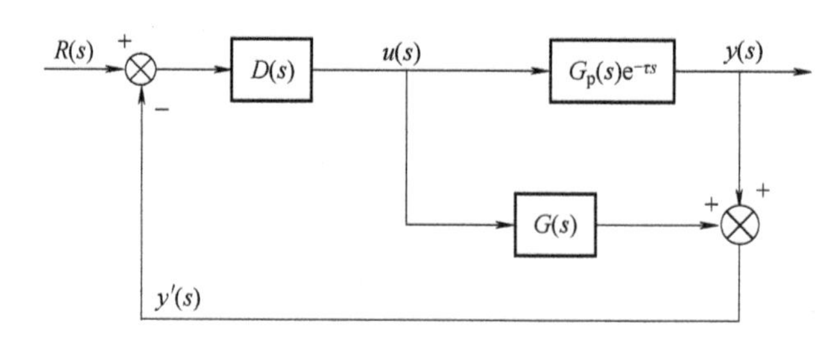

图 9-16 Smith 预估控制系统原理框图

为了使反馈信号 $y'(s)$ 不滞后 τ，则要求上式

$$\frac{y'(s)}{u(s)}=G_p(s)e^{-\tau s}+G(s)=G_p(s)$$

这样，就可以由上式导出 Smith 预估补偿器的传递函数为

$$G(s)=G_p(s)(1-e^{-\tau s}) \tag{9-21}$$

通常，式（9-21）所表示的预估器称为 Smith 预估器，其实施框图如图 9-17 所示。由该图可以看出，只要一个与对象除去滞后环节的传递函数 $G_p(s)$ 相同的环节和一个滞后时间等于 τ 的纯滞后环节就可以组成 Smith 预估模型。从图 9-17 中可以推导出系统的闭环传递函数为

$$\frac{y(s)}{R(s)}=\frac{\dfrac{D(s)G_p(s)e^{-\tau s}}{1+D(s)G_p(s)(1-e^{-\tau s})}}{1+\dfrac{D(s)G_p(s)e^{-\tau s}}{D(s)G_p(s)(1-e^{-\tau s})}}=\frac{D(s)G_p(s)e^{-\tau s}}{1+D(s)G_p(s)} \tag{9-22a}$$

由上可以很明显看到，在系统的特征方程中，已经不包含 $e^{-\tau s}$项了。这说明，已经消除了滞后对系统控制品质的影响，使之与无滞后环节时一样。但是，闭环传递函数分子上的 $e^{-\tau s}$说明被控制量 $y(s)$ 的响应还比设定值滞后时间 τ。

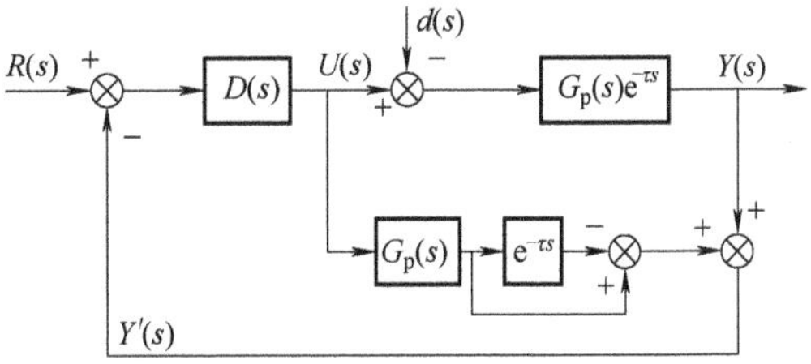

图 9-17　Smith 预估器补偿系统框图

9.4.3　Smith 预估控制器的实质

由$\frac{y(s)}{R(s)}$所得到的闭环传递函数为

$$\frac{y(s)}{R(s)}=\frac{D(s)G_1(s)}{1+D(s)G_1(s)} \tag{9-22b}$$

式中，$G_1(s)=G_P(s)e^{-\tau s}$表示实际的被控对象。

根据式（9-22b）得到图 9-18 所示的另一种控制系统方框图结构形式，由图可以看出，Smith 预估控制的实质是相当于在闭环控制系统的反馈回路内加入一个产生超越函数 $e^{\tau s}$的预测单元。如果说任意一个函数 $Q(t)$ 经过纯滞后 $e^{-\tau s}$单元会被延迟 τ 时间，得到滞后信号 $Q(t-\tau)$，那么对任意函数 $Q(t)$ 经过一个具有超前作用的超越函数 $e^{\tau s}$预测单元以后，就会被提前时间 τ，会得到一个信号 $Q(t+\tau)$。显然，利用硬件来实现超越函数 $e^{\tau s}$要比软件实现 $e^{-\tau s}$困难得多。Smith 方法的巧妙之处在于它回避了产生超越函数 $e^{\tau s}$这一难题，而是利用 $G_p(s)(1-e^{-\tau s})$ 与原被控对象并联，客观上达到了产生加入 $e^{\tau s}$组件的功能。

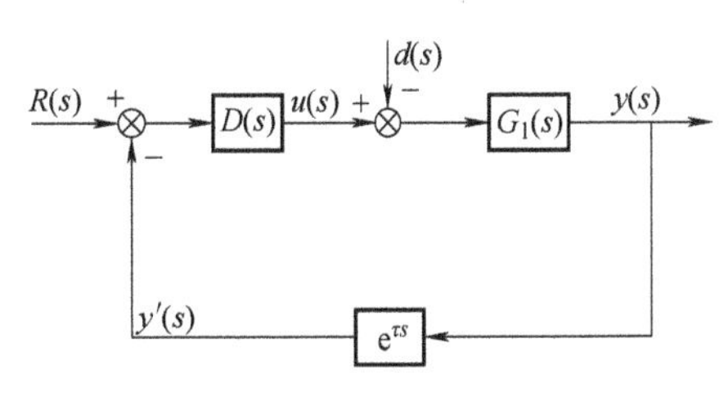

图 9-18　预估器另一种结构框图

超越函数的超前程度远远大于一般的微分单元，一般微分单元的传递函数为

$$D_P(s)=\frac{T_Ds+1}{\frac{T_D}{k_D}+1} \tag{9-23}$$

而超越函数 $e^{\tau s}$按泰勒级数展开为

$$\begin{aligned} e^{\tau s} &\approx 1+\frac{\tau s}{1!}+\frac{(\tau s)^2}{2!}+\frac{(\tau s)^3}{3!}+\cdots+\frac{(\tau s)^n}{n!} \\ &\approx (1+\tau_1 s)(1+\tau_2 s)+\cdots+(1+\tau_n s) \end{aligned} \tag{9-24}$$

对比式（9-23）与式（9-24）可以看出，预测单元相当于一个高阶微分器。因此，$e^{\tau s}$的微分作用比一般的微分单元强得多。

尽管预估控制方法在物理上可以实现，但在实际应用中仍然存在不少问题，若扰动不包含在 Smith 预估补偿器内，对控制效果将会很差；对于时变对象，Smith 预估器常会出现不稳定现象；对于无自衡现象，Smith 预估器会产生很大的静态调节偏差。为了改善 Smith 预估器的补偿性能，人们已经研究出若干改进方案与措施，为节省篇幅，本文不再赘述。

9.5 滑模变结构控制

9.5.1 概述

滑模变结构控制系统（variable-structure control system with sliding mode）自从由前苏联学者欧曼尔杨诺夫等人于20世纪60年代初开始全面研究变结构系统（Variable-Strueture System，VSS）以来，经历了半个多世纪的发展，至今已经成为控制理论的一个重要分支。VSS与常规控制系统的不同之处在于这种系统的结构可以在瞬变过程中，系统的状态依据当时状态（即偏差及其各阶导数等）以跃变的方式和极小的幅度、极高的频率的跃变振荡方式快速地趋向于平衡点（原点），即沿着所谓的滑动模态（简称为滑模运动）。许多研究工作及控制实践已经证明，由于该滑模可以设计且与对象的参数和扰动无关，这就迫使VSS具有快速响应、对参数及外扰变化不敏感；且无需在线辨识、物理实现简单等许多本质上的优点，使得VSS受到了广泛重视，成为一个快速性好、鲁棒性强的控制方式，在交流电动机伺服控制系统中有着十分重要的应用前景。

本节在于介绍滑模变结构控制的基本原理、设计基础，以便为将来应用奠定基础。由于这是一个新的自动化控制理论学科的分支，涉及许多知识，这里只能做初步的介绍。希冀这一控制方法能像PID基本控制规律一样得到普及应用。但变结构控制是一个瞬变状态，涉及许多方面问题，它也存在着与生俱来的一个缺点就是抖振问题。若彻底解决此问题一时还是很难的。

9.5.2 自动控制系统数学描述

自动控制系统通常是一个反馈动态系统，它包含控制器，检测反馈及控制对象等部分，在反馈检测环节中，反馈量是系统的输出量或状态量的测量值，构成输出反馈或状态反馈。控制器实质上是一种运算器，它综合了希望值和反馈量，生成控制对象的输出控制作用。使整个系统按时间规律运动或为完成规定的指标运动。图9-19所表示的控制系统的框图，v、u、y及F_x、F_y分别表示参考输入、对象输入、系统输出及状态反馈、输出反馈。实际上，图9-19中的系统方框描述也是一种数学表述。另一种常用的数学描述，对于单输入-单输出的线性定常系统可用一个高阶微分方程来描述其输入输出关系

$$y^{(n)}=-\sum_{i=1}^{n}a_iy^{(i-1)}+\sum_{i=1}^{m}b_iu^{(i-1)} \tag{9-25}$$

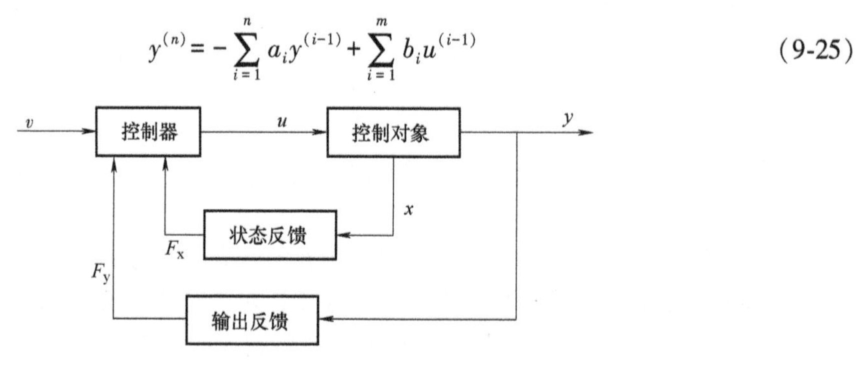

图9-19 控制系统框图

该式也可用传递函数来表示（结构图见图 9-20）

$$G(s)=\frac{y(s)}{u(s)}=\frac{\sum_{i=1}^{m} b_i s^{i-1}}{s^n+\sum_{i=1}^{n} a_i s^{i-1}} \tag{9-26}$$

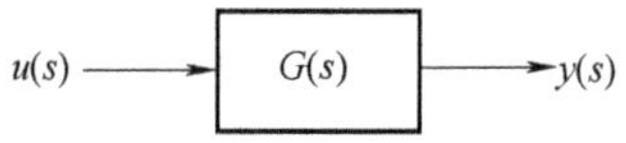

图 9-20 用传递函数表达的单输入-单输出对象结构图

如果用状态量表示系统的数学描述，则可以令 $x_1=y$，$x_2=y^{(1)}$，…，$x_n=y^{(n-1)}$，则单输入-单输出的线性定常系统则可以表述为状态空间的形式（设输出 $y=x_1$）

$$\begin{cases}\dfrac{\mathrm{d}}{\mathrm{d}t}x_i=x_{i+1}\\ \dfrac{\mathrm{d}x}{\mathrm{d}t}x_n=-\sum_{i=1}^{n} a_i x_i+\sum_{i=1}^{m} b_i u^{(i-1)}\end{cases}\quad (i=1,2,\cdots,n-1) \tag{9-27}$$

此时，状态 $x_i(i=1,2,\cdots,n)$ 也称为“相”或“相变量”。

对于一般的单输入-单输出的线性对象（见图 9-21）可表示为

$$\begin{cases}\dfrac{\mathrm{d}}{\mathrm{d}t}x=\boldsymbol{A}x+\boldsymbol{b}u \quad x\in R^n \quad u\in R\\ y=\boldsymbol{c}x \quad y\in R\end{cases}$$

式中

$$\boldsymbol{A}=\begin{bmatrix}a_{11} & a_{12} & \cdots & a_{1n}\\ a_{21} & a_{22} & \cdots & a_{2n}\\ \vdots & \vdots & & \vdots\\ a_{n1} & a_{n2} & \cdots & a_{nn}\end{bmatrix}$$

$$\boldsymbol{b}=\begin{bmatrix}b_1\\ b_2\\ \vdots\\ b_n\end{bmatrix}$$

$$\boldsymbol{c}=[c_1 \quad c_2 \quad \cdots \quad c_n]$$

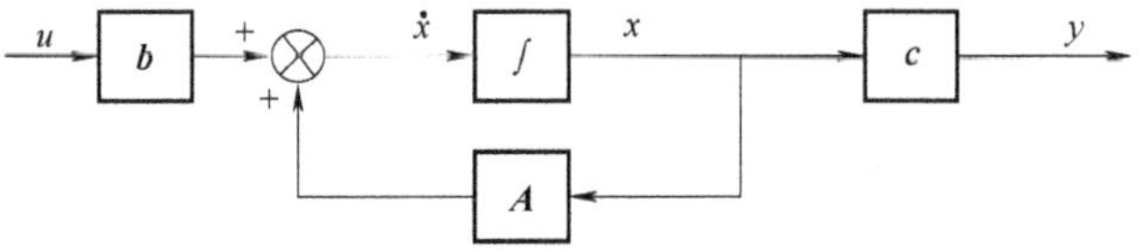

图 9-21 用状态空间表达的单输入-单输出对象结构图

9.5.3 一类仿射非线性系统

用高阶微分方程表达的单输入-单输出对象如下：

$$F(y^{(n)},y^{(n-1)},\cdots,y;u^{(m)},u^{(m-1)},\cdots,u)=0$$

通常，这种对象用状态空间描述时，有

$$\begin{cases}\dfrac{\mathrm{d}}{\mathrm{d}t}x=f(x,u) \quad x\in R^n \quad u\in R\\ y=h(x) \quad y\in R\end{cases}$$

对于许多实际对象，常用所谓一类仿射非线性系统（即对控制量而言是线性的）的表达式，例如对单输入对象（见图 9-22）。

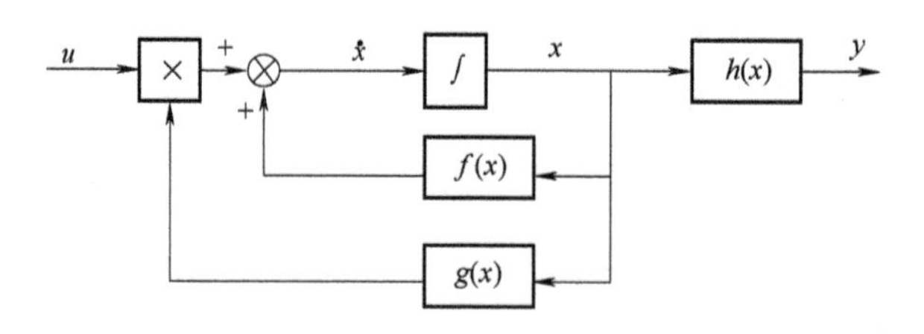

图 9-22 单输入-单输出一类仿射非线性系统结构图

许多控制问题的常规求解，是决定一种控制函数、使系统按要求的输出或性能指标运动。在采用反馈控制策略时，对于线性系统取状态反馈 $\boldsymbol{u}=\boldsymbol{kx}$（$\boldsymbol{k}$ 为状态反馈矩阵），或者取输出反馈 $\boldsymbol{u}=\boldsymbol{Qy}$（$\boldsymbol{Q}$ 为输出反馈矩阵）。对于非线性系统，通常采用非线性反馈。例如，对一类仿射非线性系统，控制 $\boldsymbol{u}$ 是状态 $\boldsymbol{x}$ 及其参考输入 $\boldsymbol{v}$ 的函数，即 $\boldsymbol{u}(\boldsymbol{x})=\boldsymbol{\alpha}(\boldsymbol{x})+\boldsymbol{\beta}(\boldsymbol{x})\boldsymbol{v}$。

9.5.3.1 自治系统、平衡点及偏差方程

本文控制对象是一个具有电磁惯性和机械惯性的动态系统，有明显的动态过渡过程。系统在输入即控制变量的作用下，会从一个运动状态进入到另一个状态。当不加入控制作用时，即在 $u=0$ 时，系统就处于自由运动的状态；若 $u\neq0$，则系统就处于一种强迫运动状态；若一个定常（stationary）系统，即参数不变的系统且有 $u=0$ 时，该系统称为自治系统（autonomous system）

$$\frac{\mathrm{d}x_{\mathrm{a}}}{\mathrm{d}t}=F(x_{\mathrm{a}}) \tag{9-28}$$

令 $x_{\mathrm{a}}=c$，使 $\lim\limits_{t\to\infty}\frac{\mathrm{d}x_{\mathrm{a}}}{\mathrm{d}t}=F(c)=0$，即式（9-28）的等式右边函数等于零。称 c 是该动态系统的一个平衡点（equilibrim point）。

作一个坐标变换 $x=x_{\mathrm{a}}-c$，则

$$\frac{\mathrm{d}x}{\mathrm{d}t}=F(x) \quad F(0)=0 \tag{9-29}$$

因此，若平衡点存在，总可以将系统写为平衡点附近的偏差方程式。若自治系统是线性的，其方程为

$$\frac{\mathrm{d}x}{\mathrm{d}t}=Ax \tag{9-30}$$

式（9-29）及式（9-30）的平衡点均为原点，或者说它们是关于平衡点的偏差方程式。这样写出的控制系统状态方程式实际上代表了系统在平衡点附近的动态行为。

9.5.3.2 状态轨迹及相轨迹

轨迹不单单是数学上的几何曲线，表示位移路径，它还有丰富的物理意义。系统在初始点 $x^0=x(t_0)$，$t=t_0$ 的响应是状态方程在初始点处的特解。它是时间 t 的函数 $x(t)$，可以在以 n 个状态变量 x_1，x_2，…，x_n 及一个时间变量 t 作为坐标轴的 $n+1$ 维欧氏空间中描绘出的一条空间曲线，叫作响应曲线。该响应曲线在 n 维状态空间中（不包含时间轴）的投影，叫作状态轨迹。这个状态轨迹在系统的分析中很有意义，它不但是空间中的一条几何曲线，

实际控制系统中还有具体的物理意义，表征轨迹上点的时间、位置、速度、加速度、加加速度等及变化趋势等多种信息。对于二阶系统，状态空间就是一个二维平面，而其中的状态轨迹就是平面中的一条曲线，这很容易做直观上的几何描述；对于三阶以上的系统，状态轨迹的概念仍很有用，然而几何上的直观描述就比较困难，但由二阶系统思维的推广，在概念的抽象中会演绎出与二阶系统类似的结果。

举例，有一个简单的二阶自治线性系统为

$$\dot{\boldsymbol{x}}=\boldsymbol{A}\boldsymbol{x}+\boldsymbol{B}\boldsymbol{u}$$

已知 $\boldsymbol{A}=\begin{bmatrix}-\dfrac{3}{2} & \dfrac{3}{2}\\ \dfrac{1}{6} & -\dfrac{3}{2}\end{bmatrix}$，$\boldsymbol{x}=(0)=\begin{bmatrix}2\\4\end{bmatrix}$，$\boldsymbol{u}=0$，该系统的解为

$$\boldsymbol{x}(t)=\boldsymbol{S}(t)\boldsymbol{x}(0)+\int_0^t\boldsymbol{S}(t-\tau)\boldsymbol{b}\boldsymbol{u}(\tau)\mathrm{d}\tau$$

$$\boldsymbol{S}(t)=\mathrm{e}^{At}=\boldsymbol{I}+\boldsymbol{A}t+\frac{1}{2!}\boldsymbol{A}^2t^2+\cdots+\frac{1}{n!}\boldsymbol{A}^nt^n+\cdots$$

由于该系统比较简单，故可以用下法求解：

1）求 $\boldsymbol{A}$ 矩阵的特征根

$$|\lambda\boldsymbol{I}-\boldsymbol{A}|=\begin{vmatrix}\lambda+\dfrac{3}{2} & -\dfrac{3}{2}\\ -\dfrac{1}{6} & \lambda+\dfrac{3}{2}\end{vmatrix}=0\quad(\lambda=-1,-2)$$

2）求特征矢量 $\boldsymbol{A}\boldsymbol{\nu}=\boldsymbol{\lambda}\boldsymbol{\nu}$

$$\begin{bmatrix}-\dfrac{3}{2} & \dfrac{3}{2}\\ \dfrac{1}{6} & -\dfrac{3}{2}\end{bmatrix}=\begin{bmatrix}u_{11}\\u_{12}\end{bmatrix}=-1\begin{bmatrix}u_{11}\\u_{12}\end{bmatrix}$$

$$\begin{bmatrix}-\dfrac{3}{2} & \dfrac{3}{2}\\ \dfrac{1}{6} & -\dfrac{3}{2}\end{bmatrix}=\begin{bmatrix}u_{21}\\u_{22}\end{bmatrix}=-2\begin{bmatrix}u_{21}\\u_{22}\end{bmatrix}$$

令 $u_{11}=1$，得 $u_{12}=\dfrac{1}{3}$；令 $u_{21}=1$，$u_{22}=-\dfrac{1}{3}$，所以对于 $\lambda=-1$，-2 分别有特征矢量

$$\boldsymbol{\nu}_1=\begin{bmatrix}1\\ \dfrac{1}{3}\end{bmatrix},\quad \boldsymbol{\nu}_2=\begin{bmatrix}1\\ \dfrac{1}{3}\end{bmatrix}$$

3）求模态矩阵及逆矩阵

$$\boldsymbol{M}=[\boldsymbol{\nu}_1\quad \boldsymbol{\nu}_2],\boldsymbol{M}^{-1}=\begin{bmatrix}\dfrac{1}{2} & \dfrac{3}{2}\\ \dfrac{1}{2} & -\dfrac{3}{2}\end{bmatrix},\boldsymbol{M}^{-1}=[\boldsymbol{\nu}_1\quad \boldsymbol{\nu}_2]^{-1}$$

即 $\boldsymbol{M}=\begin{bmatrix}1 & 1\\ \frac{1}{3} & -\frac{1}{3}\end{bmatrix}$，$\boldsymbol{M}^{-1}=\begin{bmatrix}\frac{1}{2} & \frac{3}{2}\\ \frac{1}{2} & -\frac{3}{2}\end{bmatrix}$。

4）系统的解

$$x(t)=\boldsymbol{M}\begin{bmatrix}e^{\lambda_1 t} & 0\\ 0 & e^{\lambda_2 t}\end{bmatrix}\boldsymbol{M}^{-1}x(0)$$

$$=\begin{bmatrix}1 & 1\\ \frac{1}{3} & -\frac{1}{3}\end{bmatrix}\begin{bmatrix}e^{-t} & 0\\ 0 & e^{-2t}\end{bmatrix}\begin{bmatrix}\frac{1}{2} & \frac{3}{2}\\ \frac{1}{2} & -\frac{3}{2}\end{bmatrix}\begin{bmatrix}2\\ 4\end{bmatrix}$$

$$=\begin{bmatrix}7e^{-t}-5e^{-2t}\\ \left(\frac{7}{3}\right)e^{-t}+\left(\frac{5}{3}\right)e^{-2t}\end{bmatrix}$$

据此例，状态响应为

$$x_1(t)=7e^{-t}-5e^{-2t}$$

$$x_2(t)=\frac{7}{3}e^{-t}+\frac{5}{3}e^{-2t}$$

消去时间参数 t 后，得到状态轨迹方程式为

$$196(3x_2-x_1)=10(3x_2+x_1)^2$$

此即状态响应曲线在状态空间上的投影。此二阶系统的响应即 $x_1(t)$、$x_2(t)$ 及合成的状态响应曲线分别绘于图 9-23 的 a)、b)、c）中。在图 9-24 中，画出了初始点分别为

$$\boldsymbol{x}(0)=\begin{bmatrix}2\\ 4\end{bmatrix},\begin{bmatrix}3\\ 1\end{bmatrix},\begin{bmatrix}3\\ -1\end{bmatrix}$$

的三条状态轨迹。

状态轨迹有时也叫相轨迹，因为在状态空间的表达式中，是用“相”或者“相变量”来表达状态的。现有用相变量表达的二阶系统由式（9-27）知，当 $n=2$ 而又没有加入控制变量 u 时，为

$$\frac{d}{dt}x_1=x_2$$

$$\frac{d}{dt}x_2=-a_1x_1-a_2x_2$$

其相轨迹便为

$$x_2+cx_1=0 \quad (c>0)$$

不难看出，其对应的相轨迹与系统对时间的响应，如图 9-25a 及图 9-25b 所示。前已述及，对二阶系统，状态空间是一个平面。这个平面的横轴为 x_1，纵轴为 x_2，x_2 超前 x_1 90°，在这个平面中其相轨迹的斜率为负，即 $x_2/x_1=-c$，（$c>0$）负斜率表示相轨迹越来越收敛到坐标原点，这种变化如图 9-25a 所示，而其 $x_1(t)$ 时间响应如图 9-25b 所示。其响应的变化规律为 $x_1(t)=x(0)e^{-ct}$。如果相轨迹如图 9-25c 所示，那么其对应响应曲线则如图 9-25d 所

示，是一种衰减振荡。

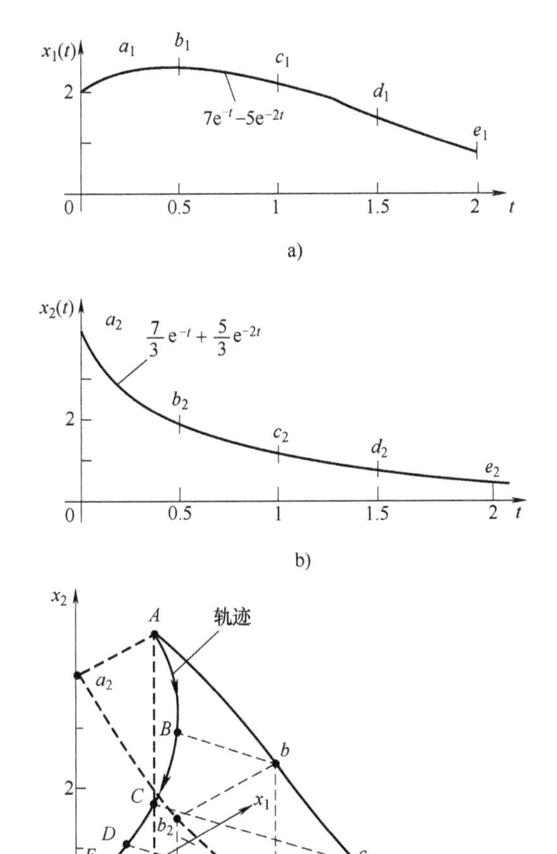

图 9-23　二阶系统的响应

9.5.3.3　关于“结构”定义的讨论

变结构控制系统是一种特殊的非线性系统，其非线性主要表现在控制作用的不连续性。这类控制系统与其他传统控制系统的主要区别在于它们的“结构”并非固定，而是在控制过程中不断地改变着。但是，在控制理论中，直至现在还没有给出 VSS 概念的一个严格定义，这不仅是因为 VSS 理论比较新颖，而且是因为“结构”一词尚无真正的严格定义。不管怎样，有一点在目前是公认的，带有正反馈的系统结构与带有负反馈的系统结构是不同的（即使系统组分的连接都相同）；同样，带有负反馈的系统结构与开环系统的结构也是不同的。因此，假设系统

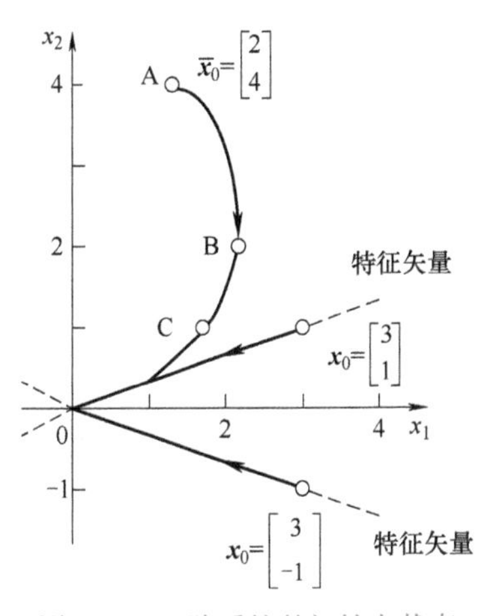

图 9-24　二阶系统的初始点状态

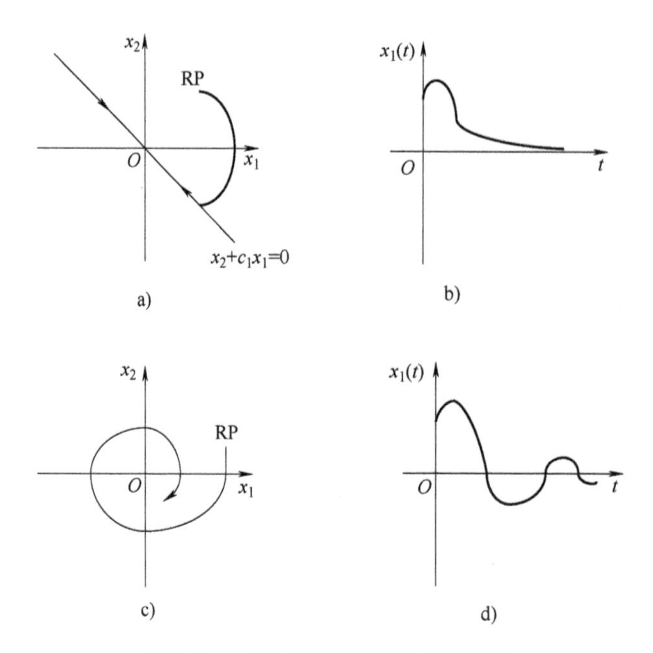

图 9-25　二阶系统两种特殊的相轨迹

中至少有两个组分互相间的连接符号不同，或者有两个组分在一个系统中互相连接，而在另一个系统中互相不连接，则系统的结构不同。一般而言，系统的结构可以偶然地（例如，执行机构突然断开）或者按着一个确定的规则有规律地（例如，规定改变结构的法则）变化。VSS 属于可变结构的系统，它们的结构在系统瞬变过程中按照规定的结构控制法则有规律地变化。在 VSS 理论中所研究的控制法则通常是，每当系统相空间中的运动点穿过某些曲面（超曲面）时改变系统的结构。这些曲面的形状本质上取决于控制对象的类型，实质上 VSS 理论是研究这些定义在相空间中的合理的（对一个专门的对象而言）开关曲面及其几何结构。

对“结构”作上述这样的理解，初看是可以的。但是实际上仍然是含糊不清的，因为它没有说清楚“结构”对一个控制系统的真正的意义。

“结构”在数学上是来自几何学的一个概念。控制系统的“结构”似不应指控制系统的物理结构，也似不应指系统框图形式的结构；“结构”又是一种定性的概念，它应指定性地反映出系统的内在性质。由于控制系统是一种动态系统，如前所述，实质上它的动态关系可以用微分方程来描述。当选择合适的状态变量以后，这种微分方程可以改写为状态空间表达式。这样，系统的动态行为完全由状态方程的解确定，该解是状态对时间的函数 $x(t)$。这种求解过程并非易事，特别是对于非线性系统，更无一般的解法。然而，对于控制学中的许多问题也不一定要解出方程后才能解决。譬如：系统的稳定性、渐进特性、跟踪快速性、系统行为不变性（鲁棒性）、振荡特性等系统的定性性质。事实上，这些性质都可在系统的状态轨迹（或相轨迹）中反映出来，因此可以认为状态轨迹描述了系统的内在特性。状态轨迹是状态空间中的几何曲线，一定系统的所有可能的状态轨迹的全体，完全描述了系统动态行为的一切性质，在状态空间的一定范围内，系统的状态轨迹有一定的几何性质，例如文献［7］中的表 1.1~表 1.5 所列出的状态轨迹。不同的系统可以具有不同的特点，就可以说系统具有不同的几何结构，按照这种观点，在这里可以对 VSS“结构”下定义如下：系统的结构是系统在状态空间（或相空间）中的状态轨迹（或相轨迹）的总体几何（拓扑）性质。

9.5.4　滑模变结构控制的基本原理

在 9.5.1 中，已经提到 VSS 是一类特殊的非线性系统，其非线性表现在控制的不连续性。这种不连续性实质上是对控制函数的一种开关切换动作，系统在整个控制过程中由于该切换动作，不断地反复改变其结构。而开关的切换动作则受一种“滑动模态”的控制。本节将从一些简单例子引入滑动模态（sliding mode，简称滑模）的概念及其存在条件等相关问题。

9.5.4.1　开关控制与滑模变结构控制

滑模控制有开关的切换动作，也有逻辑判断功能，这些动作与功能在系统的整个动态过程中都在进行，不断地改变系统的结构。其目的是使系统运动达到和保持一种预定的滑动模态。可以说，滑模变结构控制是一种具有预定滑动模态的开关控制。

图 9-26 所示是定值炉温开关控制系统，它就是一个具有自衡的稳定的对象，传递函数 $G(s)$ 可以写作为

$$G(s)=\frac{k}{s^{n}+\sum_{i=1}^{n}a_{i}s^{i-1}}$$

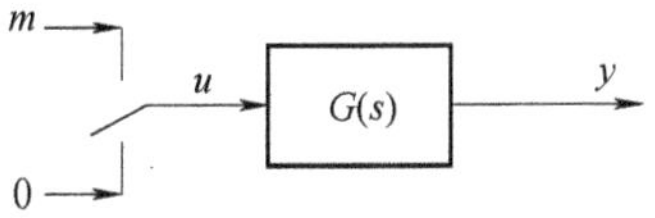

图 9-26　定值炉温开关控制

式中，所有的极点都是负实数。

它的控制虽然也在开关切换下工作，只要炉温未达到设定值，开关就投向 m 使炉温升高；当温度达到设定值时，开关就切换到 0。当控制为 m 或 0 时，按偏差原则控制炉温在设定值和 0 值之间变化并不改变系统的结构，也没有进入所谓的“滑动模态”。

有些开关系统是属于变结构系统，但不属滑动模态的变结构系统。那么，什么是滑模变结构系统呢？在这种系统中，结构变换开关将以极高的频率来回切换，而状态的运动点则以极小的幅度在开关线 $x_2+cx_1=0$ 上下穿行。此时，控制系统的状态方程为

$$\begin{cases}\dfrac{\mathrm{d}x_1}{\mathrm{d}t}=x_2\\[2mm]\dfrac{\mathrm{d}x_2}{\mathrm{d}t}=-u\end{cases}\tag{9-31a}$$

式中

$$x_1=r-y=e$$

$$u=\begin{cases}a_1 & \text{当 } x_1q(x)>0\\-a_1 & \text{当 } x_1q(x)<0\end{cases}\tag{9-31b}$$

$$q(x)=x_2+cx_1$$

此处称

$$s(x)=x_1q(x)=x_1(x_2+cx_1)\tag{9-31c}$$

为切换函数，而称

$$s(x)=x_1(x_2+cx_1)=0\tag{9-31d}$$

为切换线（切换面）

由式（9-27），有 $x_1=y$，$x_2=y^{(1)}$，…，现在由 x_1 作横坐标，$x_2=\dot{x}_1$ 作纵坐标的二维平面上，状态轨迹在滑模线上下穿越。所以，可以断定滑模线也是在这个相平面上，这条线的数学表达式便是 $s(x)=0$。在实际系统中，认为切换开关延时足够小的 $\tau>0$，从直观上可以看出，这将使状态运动点在切换线 $s(x)=0$ 附近做椭圆小弧及双曲小弧的交替高频小振荡，当 $\tau\to0$ 时，运动点将以无穷小的振幅及无穷高的频率沿开关切换线 $s(x)=0$ 渐近至原点。故此时系统的运动可以定义为

$$x_2+cx_1=0$$

或者

$$\frac{\mathrm{d}x_1}{\mathrm{d}t}+cx_1=0 \tag{9-32}$$

式（9-32）所表示的运动起始于初始点到切换线 $q(x)=0$ 的最初时刻，以后就沿 $q(x)=0$ 运动，这就是一个二阶 VSS 的滑模运动。实际上，式（9-32）规定的运动是一种“平均运动”。

滑模运动具有一个非常重要的性质：它与控制对象的参数变化及外部扰动无关。在本例中，它只与所选的滑模参数 c 有关。而控制对象的参数变化及扰动在一定范围内，只改变在状态空间中状态轨迹的形状，而它形状的变化与切换线 $q(x)=0$ 的斜率 c 无关。由式（9-32）可以求出切换线的斜率为 $c=-x_2/x_1<0(\because c>0)$。

9.5.4.2 滑动模态及数学表达

带有滑动模态的变结构控制，叫作滑模变结构控制。通过开关的切换，改变系统在状态空间中的切换面 $s(x)=0$ 两边的结构。开关的切换法则称为控制策略，它保证系统具有滑动模态。此时，分别把 $s=s(x)$ 及 $s(x)=0$ 叫作切换函数及切换面。

1. 滑动模态及几何图形表达

由上例的二阶变结构控制系统可知，开关线 $q=x_2+cx_1=0$ 及 $q=x_2+\sqrt{a_1}x_1=0$，$c<\sqrt{a_1}$，两者性质是不同的，其不同之处在于文献［7］中所论及的：系统的运动点到达直线 $q=x_2+\sqrt{a_1}x_1=0$ 附近时，是穿越此直线而过的；而运动点到达直线 $q=x_2+cx_1=0$ 附近时，是从直线两边趋近此直线的。直线 $x_2+cx_1=0$ 具有一种“强迫”或者“吸引”运动点沿此直线运动的能力。

现在来考虑一般的情况，在系统

$$\frac{\mathrm{d}\boldsymbol{x}}{\mathrm{d}t}=f(\boldsymbol{x}) \quad \boldsymbol{x}\in R^n$$

的状态空间中，有一个超曲面 $s(\boldsymbol{x})=s(x_1,x_2,\cdots,x_n)=0$，它将状态空间分成上下两部分（见图 9-27），即 $s>0$ 及 $s<0$。在切换面上的点有三种情况：

1）通常点-系统运动点 RP（representative point）运动到切换面 $s(\boldsymbol{x})=0$ 附近时穿越此点而过（见图 9-27 中 A 点）。

2）起始点-系统运动点 RP，到达切换面 $s=0$ 附近时，向切换面的该点的两边离开（见图 9-27 中的 B 点）。

3）终止点-系统运动点 RP 到达切换面 $s=0$ 附近时，从切换面两边趋向于该点（见图 9-27 中的 C 点）。

在滑模变结构控制中，通常点和起始点无多大意义，而终止点却有特殊的含义。因为如果在切换面上某一区域内所有的点都是终止点的话，则一旦运动点 RP 趋于该区域时，就被“吸引”在该区域内运动。此时，就称在切换面 $s(\boldsymbol{x})=0$ 上所有点都是终止点的区域为“滑动模态”区，或简称为“滑模”区。系统在滑模区中的运动就叫作“滑模运动”。

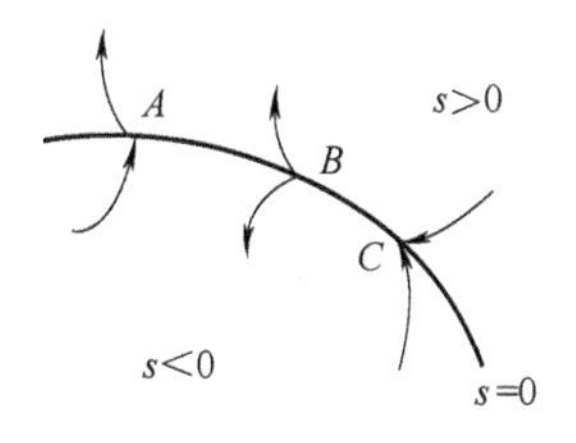

图 9-27　切换面上的三种点的特性

注意，并非切换面（切换线）所含的所有开关面（开关线）都是滑模面（线），例如上述的二阶变结构系统，其切换函数是 $s(x)=x_1(x_2+cx_1)$，切换面为 $s(x)=x_1(x_2+cx_1)=0$。它包含两条开关线 $x_1=0$ 及 $x_2+cx_1=0$，显然只有 $x_2+cx_1=0$ 才是滑模线。因为由图 9-27 可知，$x_1=0$ 上的点都是通常点，而直线 $x_2+cx_1=0$ 上的点才都是终止点。

2. 滑动模态的数学表达

按照滑动模态区上的点都必须是终止点这一要求，当运动点 RP 到达切换面 $s(\boldsymbol{x})=0$ 的附近时，必须有

$$\lim_{s\to 0^+}\frac{\mathrm{d}s}{\mathrm{d}t}\leqslant 0 \text{ 及 } \lim_{s\to 0^-}\frac{\mathrm{d}s}{\mathrm{d}t}\geqslant 0$$

或者

$$\lim_{s\to 0^+}\frac{\mathrm{d}s}{\mathrm{d}t}\leqslant 0\leqslant \lim_{s\to 0^-}\frac{\mathrm{d}s}{\mathrm{d}t} \tag{9-33}$$

式（9-33）也可以写作

$$\lim_{s\to 0} s\frac{\mathrm{d}s}{\mathrm{d}t}\leqslant 0 \tag{9-34}$$

与上式等效的还有

$$\lim_{s\to 0}\frac{\mathrm{d}s^2}{\mathrm{d}t}\leqslant 0 \tag{9-35}$$

9.5.4.3　菲力普夫理论

已经指出，滑动模态具有一个极其重要的、很有用的性质，就是它对系统参数的变化及外部扰动的不变性，也就是说，系统具有十分完全的鲁棒性。VSS 理论的实质主要是保证滑动模态的存在性，只要保证滑模存在，它就有实用意义。为此，根据菲力普夫理论，对滑动模态作更严格的考虑，并且还要对系统的滑模运动做出定义。

1. 滑动模态的存在条件

一般系统的微分方程为

$$\frac{\mathrm{d}x_i}{\mathrm{d}t}=f_i(x_1,x_2,\cdots,x_n,t)\quad (i=1,2,\cdots,n) \tag{9-36}$$

假设式（9-36）的右边函数在 n 维状态空间中某个超曲面 $s(\boldsymbol{x})=s(x_1,\cdots,x_n)=0$ 上是不连续的，而且当运动点 RP 从超曲面两边的任一边趋近 $s(\boldsymbol{x})=0$ 时，函数 $f_i(x_1,x_2,\cdots,x_n,t)$ 的左、右极限均存在

$$\lim_{s\to 0^-}f_i(x_1,\cdots,x_n,t)=f_i^-(x_1,\cdots,x_n,t) \tag{9-37}$$

$$\lim_{s\to 0^+}f_i(x_1,\cdots,x_n,t)=f_i^+(x_1,\cdots,x_n,t) \tag{9-38}$$

通常，$f_i^-(x_1,\cdots,x_n,t)\neq f_i^+(x_1,\cdots,x_n,t)$，$i=(1,\cdots,n)$。左右极限不等。

函数 $s(x)$ 沿系统式（9-36）轨迹的导数是

$$\frac{\mathrm{d}s}{\mathrm{d}t}=\sum_{i=1}^{n}\frac{\partial s}{\partial x_i}\frac{\mathrm{d}x_i}{\mathrm{d}t}=\sum_{i=1}^{n}\frac{\partial s}{\partial x_i}f_i=(\mathrm{grad}s)\boldsymbol{f}$$

式中，$\boldsymbol{f}$ 是一个元素为函数 f_1，…，f_n 的 n 维列矢量（状态速度矢量）；grad$s$ 是超曲面 $s=0$ 的梯度向量，它是行矢量，代表曲面 $s=0$ 的法线方向。

按照式（9-36）~式（9-37）和式（9-38），下面的极限存在

$$\lim_{s\to0^-}\frac{\mathrm{d}s}{\mathrm{d}t}=(\mathrm{grad}s)f^- \tag{9-39}$$

$$\lim_{s\to0^+}\frac{\mathrm{d}s}{\mathrm{d}t}=(\mathrm{grad}s)f^+ \tag{9-40}$$

式中，f^-及f^+分别是元素为f_i^- 及$f_i^+(i=1,\cdots,n)$ 的 n 维函数变量。

图 9-28 为切换面上点的七种情况，分别用下面七个式子表示为

$$\lim_{s\to0^+}\frac{\mathrm{d}s}{\mathrm{d}t}>0<\lim_{s\to0^-}\frac{\mathrm{d}s}{\mathrm{d}t} \tag{9-41}$$

$$\lim_{s\to0^+}\frac{\mathrm{d}s}{\mathrm{d}t}<0>\lim_{s\to0^-}\frac{\mathrm{d}s}{\mathrm{d}t} \tag{9-42}$$

$$\lim_{s\to0^+}\frac{\mathrm{d}s}{\mathrm{d}t}>0>\lim_{s\to0^-}\frac{\mathrm{d}s}{\mathrm{d}t} \tag{9-43}$$

$$\lim_{s\to0^+}\frac{\mathrm{d}s}{\mathrm{d}t}<0<\lim_{s\to0^-}\frac{\mathrm{d}s}{\mathrm{d}t} \tag{9-44}$$

$$\lim_{s\to0^+}\frac{\mathrm{d}s}{\mathrm{d}t}=0<\lim_{s\to0^-}\frac{\mathrm{d}s}{\mathrm{d}t} \tag{9-45}$$

$$\lim_{s\to0^+}\frac{\mathrm{d}s}{\mathrm{d}t}<0=\lim_{s\to0^-}\frac{\mathrm{d}s}{\mathrm{d}t} \tag{9-46}$$

$$\lim_{s\to0^+}\frac{\mathrm{d}s}{\mathrm{d}t}=0=\lim_{s\to0^-}\frac{\mathrm{d}s}{\mathrm{d}t} \tag{9-47}$$

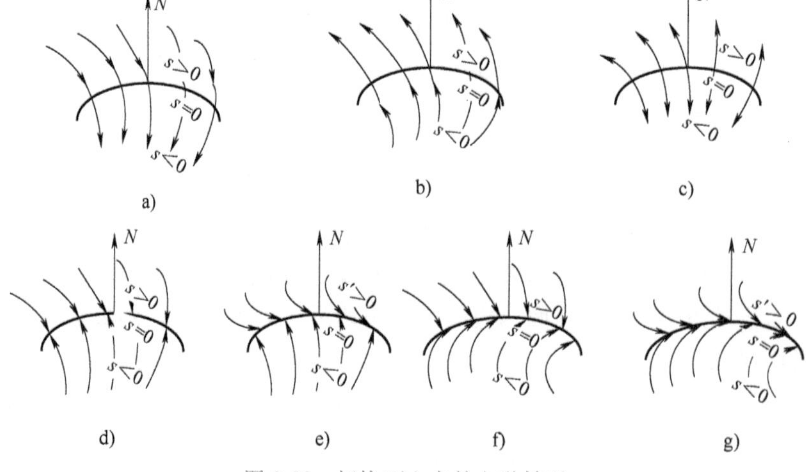

图 9-28　切换面上点的七种情况

式（9-41）和式（9-42）是通常点的表达式；式（9-43）是起始点的表达式；式（9-44）~式（9-47）是终止点的表达式。最后的四个式子合并为式（9-33）。

2. 关于菲力普夫理论的说明

设有定常系统

$$\begin{cases}\dfrac{\mathrm{d}\boldsymbol{x}}{\mathrm{d}t}=f(\boldsymbol{x},u) & \boldsymbol{x}\in R^n \quad u\in R \\ y=h(\boldsymbol{x}) \end{cases} \tag{9-48}$$

式中，u 是控制（单输入）变量。

作为一个开关系统，要求找出控制输入 u 对时间的函数 $u(t)$，使得输出 $y^*(t)$ 或满足一定的指标要求，如能对系统施加状态反馈 $u=u(\boldsymbol{x})$，使系统成为

$$\frac{\mathrm{d}\boldsymbol{x}}{\mathrm{d}t}=f(\boldsymbol{x},u(\boldsymbol{x})) \quad y=h(\boldsymbol{x})$$

寻找反馈律 $u=u(\boldsymbol{x})$，使输出符合一定的要求或者使系统满足控制指标要求。

例如对一类仿射非线性系统为

$$\begin{cases}\dfrac{\mathrm{d}\boldsymbol{x}}{\mathrm{d}t}=f(\boldsymbol{x})+\boldsymbol{g}(\boldsymbol{x})\boldsymbol{u} & \boldsymbol{x}\in R^n \quad u\in R \\ y=h(\boldsymbol{x}) & y\in R \end{cases} \tag{9-49}$$

令 $u=u(\boldsymbol{x})$，则

$$\frac{\mathrm{d}x}{\mathrm{d}t}=f(\boldsymbol{x})+g(\boldsymbol{x})u(\boldsymbol{x})=f^*(\boldsymbol{x})$$

在控制系统的几何结构理论中，经常使用 $u=\alpha(\boldsymbol{x})+\beta(\boldsymbol{x})v$，将控制 u 做了仿射变换，目的是容易使系统（9-49）按以下线性系统来处理。

$$\begin{cases}\dfrac{\mathrm{d}z}{\mathrm{d}t}=Az+bv & x\in R^n \quad u\in R \\ y=\mathrm{d}z & y\in R \end{cases}$$

然后，再对该系统的新的控制变量 v 施加状态反馈 $v=v(z)$，以获得要求的控制指标。

这样，就可以利用式（9-27）所表示的线性定常系统方法，采用线性反馈 $u=\boldsymbol{kx}$ 构成闭环系统了。

$$\begin{cases}\dfrac{\mathrm{d}\boldsymbol{x}}{\mathrm{d}t}=\boldsymbol{Ax}+\boldsymbol{b}u & \boldsymbol{x}\in R^n \quad u\in R \\ y=c\boldsymbol{x} & y\in R \end{cases}$$

菲力普夫理论的几何解释：

为了更好地理解滑模变结构控制的机理，对菲力普夫理论做出更深入的几何解释。

在常规的控制系统中，系统本身是连续的，反馈控制量 $u(\boldsymbol{x})$ 是状态的连续函数，系统的微分方程在整个状态空间中均有定义。这里对此都称连续控制。

现在来对上述系统实施非连续控制，于是

$$\begin{cases}\dfrac{\mathrm{d}\boldsymbol{x}}{\mathrm{d}t}=f(\boldsymbol{x})+g(\boldsymbol{x})u & \boldsymbol{x}\in R^n \quad u\in R \\ y=h(\boldsymbol{x}) & y\in R \end{cases} \tag{9-50}$$

令

$$u=\begin{cases}u^{+}(\boldsymbol{x}) & s(\boldsymbol{x})>0\\ u^{-}(\boldsymbol{x}) & s(\boldsymbol{x})<0\end{cases}$$

则

$$f^{*}(\boldsymbol{x})=\begin{cases}f(\boldsymbol{x})+g(\boldsymbol{x})u^{+}=f^{*+}(\boldsymbol{x}) & s(\boldsymbol{x})>0\\ f(\boldsymbol{x})+g(\boldsymbol{x})u^{-}=f^{*-}(\boldsymbol{x}) & s(\boldsymbol{x})<0\end{cases}$$

式中，$f^{*+}(\boldsymbol{x})$ 及 $f^{*-}(\boldsymbol{x})$ 都是连续函数，且 $f^{*+}(\boldsymbol{x})\neq f^{*-}(\boldsymbol{x})$；$s(\boldsymbol{x})$ 是切换函数，$s(\boldsymbol{x})=s(x_1,\cdots,s_n)=0$ 是切换超曲面，见图 9-29。

如果系统沿 $s(x)=0$ 运动，则在 $s(x)=0$ 的任一点 x 上的切向矢量为 $f^{*}(x)$，而函数 $s=s(x)$ 的梯度是

$$\text{grad}s=\text{grad}s(x)=\frac{\partial s(x)}{\partial x}$$

梯度向量 $[\text{grad}s]=\left[\frac{\partial s}{\partial x_1}\quad\frac{\partial s}{\partial x_2}\quad\cdots\quad\frac{\partial s}{\partial x_n}\right]$ 是切换面 $s(x)=0$ 在点 x 处的法向矢量，故

$$[\text{grad}s]\cdot f^{*}(x)=0\tag{9-51}$$

又设

$$\lim_{s\to0^+}f^{*}(x)=f^{*+},\quad\lim_{s\to0^-}f^{*}(x)=f^{*-}(x)$$

此时 x 为终止点，则

$$[\text{grad}s]f^{*+}(x)<0,[\text{grad}s]f^{*-}(x)>0$$

取 $0\leqslant\mu\leqslant1$，由图 9-30 可知，$f^{*}+r$ 或 $r=f^{*+}-f^{*-}$，则

$$f^{*}=f^{*-}+\mu r=f^{*-}+\mu(f^{*+}-f^{*-})=f^{*-}+\mu f^{*+}-\mu f^{*-}=\mu f^{*}+(1-\mu)f^{*-}$$

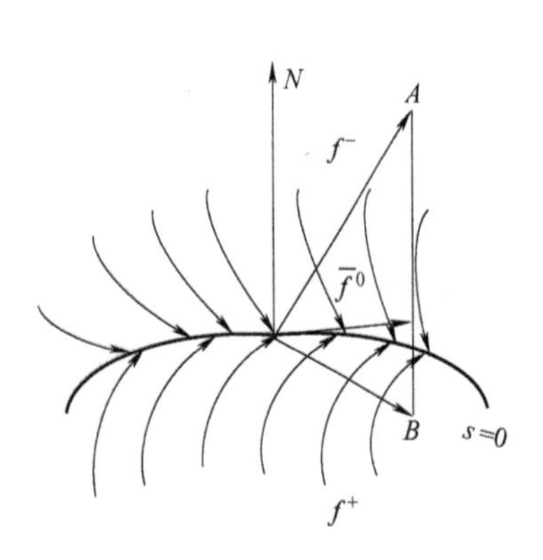

图 9-29　菲力普夫理论的几何解释

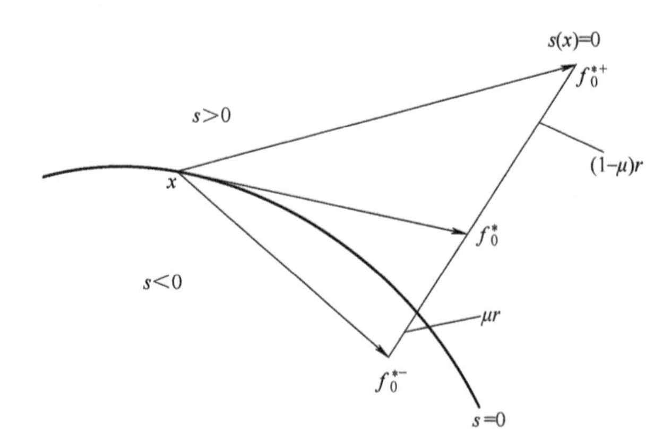

图 9-30　μ 的估计

由于式（9-51）成立，有

$$\mu[\text{grad}s]\cdot f^{*+}+(1-\mu)[\text{grad}s]f^{*-}=0$$

解出 $\mu=\dfrac{[\text{grad}(x)]f^{*-}(x)}{[\text{grad}(x)](f^{*-}(x)-f^{*+}(x))}$，于是在终止点区系统的运动方程可定义为

$$\frac{\mathrm{d}\boldsymbol{x}}{\mathrm{d}t}=\mu f^{*+}(\boldsymbol{x})+(1-\mu)f^{*-}(\boldsymbol{x})\tag{9-52}$$

此时

$$s(\boldsymbol{x})=0 \tag{9-53}$$

9.5.4.4　等效控制及滑模运动

按照菲力普夫理论描述系统在滑动模态上的运动微分方程式（9-52）和式（9-53），实质上是对滑模运动的一种极限情况下的定义。在这个意义下，系统处于滑模运动时，有 $s(\boldsymbol{x})=0$，$\mathrm{d}s(\boldsymbol{x})/\mathrm{d}t=0$。在这实际系统中，这种情况是无法用连续控制来实现的。当采用滑模变结构的非连续性控制时，也只有在“理想开关”（无时间滞后及空间滞后）的作用下，才能实现，然而对于现实的“非理想开关”（有时间滞后及空间滞后），可以设想一种“等效”的平均控制，以帮助对处于滑模运动情况下的系统运动进行分析。

9.5.4.4.1　等效控制

设系统的状态方程为

$$\frac{\mathrm{d}\boldsymbol{x}}{\mathrm{d}t}=f(\boldsymbol{x},u,t)\quad \boldsymbol{x}\in R^n\quad u\in R \tag{9-54}$$

如果实现了滑模控制，系统已进入滑动模态区，此时 $\mathrm{d}s/\mathrm{d}t=0$，则

$$\frac{\mathrm{d}s}{\mathrm{d}t}=\frac{\partial s}{\partial \boldsymbol{x}}\frac{\partial \boldsymbol{x}}{\partial t}=0$$

或

$$\frac{\partial s}{\partial \boldsymbol{x}}\boldsymbol{f}(\boldsymbol{x},u,t)=0 \tag{9-55}$$

（$\partial s/\partial \boldsymbol{x}$ 为梯度向量，即法向量；而 $f^*(x)$ 为切向量。两者正交，故二矢量点乘积为 0）式（9-55）是一个代数方程，对 u 求解（若存在）则

$$u^*=u^*(\boldsymbol{x}) \tag{9-56}$$

便称为系统在滑模区的等效控制。

例如，有线性系统

$$\frac{\mathrm{d}\boldsymbol{x}}{\mathrm{d}t}=\boldsymbol{A}\boldsymbol{x}+\boldsymbol{b}u,\quad x\in R^n,u\in R$$

取切换函数

$$s(\boldsymbol{x})=\boldsymbol{c}\boldsymbol{x}=c_nx_n+c_{n-1}x_{n-1}+\cdots+c_1x_1=\sum_{i=1}^{n}c_ix_i \tag{9-57}$$

控制策略选为

$$u=\begin{cases}u^+(\boldsymbol{x}) & s(\boldsymbol{x})>0\\ u^-(\boldsymbol{x}) & s(\boldsymbol{x})<0\end{cases}$$

使式（9-35）成立。设系统进入滑动状态后的等效控制为 u^*，则

$$\frac{\mathrm{d}\boldsymbol{x}}{\mathrm{d}t}=\boldsymbol{A}\boldsymbol{x}+\boldsymbol{b}u^*$$

所以有

$$\frac{\mathrm{d}s}{\mathrm{d}t}=\boldsymbol{c}\frac{\mathrm{d}\boldsymbol{x}}{\mathrm{d}t}=\boldsymbol{c}(\boldsymbol{A}\boldsymbol{x}+\boldsymbol{b}u^*)=0$$

若矩阵［$\boldsymbol{cb}$］满秩，解出

$$u^{*}=-[\boldsymbol{cb}]^{-1}\boldsymbol{cAx}$$

9.5.4.4.2 滑模运动

有了等效控制后，就很容易写出滑模运动方程。将等效控制 u^{*} 代入方程（9-54）即可得到

$$\frac{\partial \boldsymbol{x}}{\partial t}=\boldsymbol{f}(\boldsymbol{x},u^{*}(\boldsymbol{x}),t) \tag{9-58a}$$

$$s(\boldsymbol{x})=0 \tag{9-58b}$$

对于上面的线性系统，就有

$$\frac{\mathrm{d}\boldsymbol{x}}{\mathrm{d}t}=[\boldsymbol{I}-\boldsymbol{b}[\boldsymbol{c}\quad\boldsymbol{b}]^{-1}\boldsymbol{c}]\boldsymbol{Ax} \tag{9-59a}$$

$$s=\boldsymbol{cx}=0 \tag{9-59b}$$

式中，$\boldsymbol{I}$ 是单位矩阵。

注意：滑模运动方程式（9-58）及式（9-59）都是联立方程，它们分别代表非线性单输入系统及线性单输入系统的滑模运动。由于系统的状态变量受到一个切换面 $s(\boldsymbol{x})=0$ 的约束，因此有 n 个状态变量，只有 $n-1$ 个是独立的，所以方程式（9-58）或式（9-59）实际上只有 $n-1$ 个微分方程是独立的。

具体的切换函数 $s(\boldsymbol{x})$，一般而言，可以是任意的实系数的单值连续函数。如果 $s(\boldsymbol{x})$ 可以分解为实系数单值函数的乘积，如 $s(\boldsymbol{x})=g_1(\boldsymbol{x})g_2(\boldsymbol{x})$，其中 $g_1(\boldsymbol{x})$、$g_2(\boldsymbol{x})$ 都是实系数单值连续函数，则必须检查开关面 $g_1(\boldsymbol{x})=0$ 及 $g_2(\boldsymbol{x})=0$ 哪一个上面的点都是终止点。

滑模运动是系统沿切换面 $s(\boldsymbol{x})=0$ 上的运动，此时满足 $s=0$ 及 $\mathrm{d}s/\mathrm{d}t=0$（见图 9-31a），同时切换开关必须是理想开关，这是一种理想的极限情况。系统的情况是，现实的运动点 RP 沿 $s=0$ 上下穿行（参见图 9-31b、c、d）。

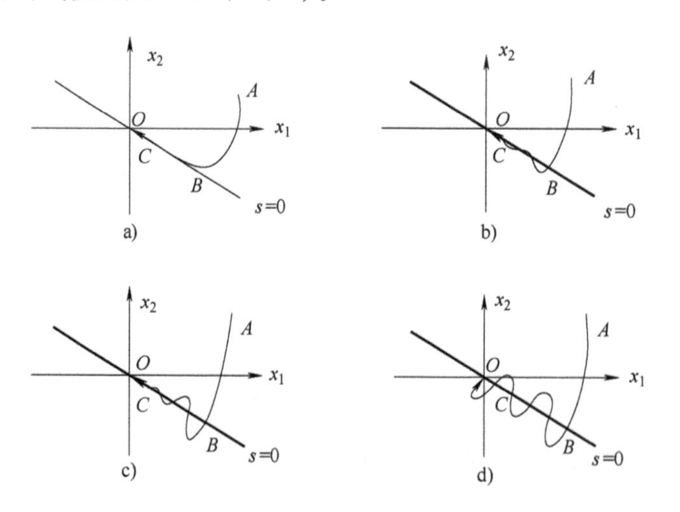

图 9-31 四种滑模运动

对于无时间滞后及空间滞后的理想开关，当系统运动点 RP 到达 $s=0$ 时 $\mathrm{d}s/\mathrm{d}t\neq0$，则系统的运动点 RP 将在 $s=0$ 附近以极高的频率及极小幅度迅速沿 $s=0$ 趋于平衡点 $x(0)$（见图 9-31b）。对于有时间滞后的切换开关，系统的运动点 RP 将在 $s=0$ 附近做衰减震荡（见

图 9-31c)，这种衰减震荡是 VSS 的一种特有的“抖振”。

如果切换开关有空间滞后，则系统的运动点 RP 将在 $s=0$ 附近等幅颤振，空间滞后越大，颤振幅度亦越大（见图 9-31d）。

9.5.4.5　滑模变结构控制的基本问题

设有一个系统

$$\begin{cases}\dfrac{\mathrm{d}\boldsymbol{x}}{\mathrm{d}t}=\boldsymbol{f}(\boldsymbol{x},u,t) & x\in R^n,u\in R^m,t\in R \\ y=h(\boldsymbol{x}) & y\in R^L,n>m>L\end{cases} \tag{9-60}$$

确定一个切换函数矢量为

$$s=s(x)\quad s\in R^m \tag{9-61}$$

求解控制函数

$$u_i=\begin{cases}u_i^+(\boldsymbol{x}) & s_i(\boldsymbol{x})>0 \\ u_i^-(\boldsymbol{x}) & s_i(\boldsymbol{x})<0\end{cases} \tag{9-62}$$

式中，$u_i^+(\boldsymbol{x})\neq u_i^-(\boldsymbol{x})\quad(i=1,\cdots,m)$，使得

1）滑动模态存在，即式（9-35）成立。

2）满足可达性条件：在切换面 $s_i(x)=0(i=1,\cdots,m)$ 以外的状态点都将于有限时间内到达切换面。

3）滑模运动的稳定性。

4）VSS 的品质。

上面的 1)~3）项是 VSS 的三个基本问题。满足该三个条件的控制叫滑模变结构控制；由此而构成的系统叫滑模变结构控制系统；实现这种控制的策略、算法、控制器等统称为滑模变结构控制器。

9.5.4.5.1　滑动模态的存在性

式（9-35）即为一般的滑模存在性条件。但在实际应用中，时常将式（9-35）的等号去掉写成

$$\lim_{s\to 0}s\frac{\mathrm{d}s}{\mathrm{d}t}<0 \tag{9-63}$$

因为 $s(\mathrm{d}s/\mathrm{d}t)=0$ 的运动点正好在滑模面上，然而实际上此时的连续控制 $u(\boldsymbol{x})$ 并不存在。换言之，按式（9-62）只能分别找出连续控制 $u^+(\boldsymbol{x})$ 及 $u^-(\boldsymbol{x})$，而找不出一个统一的连续控制 $u(\boldsymbol{x})$，使得运动点 RP 连续的沿 $s=0$ 运动。当然，可以按下述的方法采用适当的趋近律（例如指数趋近律），使系统运动点 RP 在无限接近 $s=0$ 时 $\mathrm{d}s/\mathrm{d}t=0$，此时，滑模存在的条件就是式（9-35）。

9.5.4.5.2　滑动模态的可达性及广义滑模

如果系统的初始点 $\boldsymbol{x}(0)$ 不在 $s=0$ 附近，而在状态空间的任意位置，此时要求系统的运动必须趋向切换面 $s=0$，即必须满足可达性条件，否则系统无法启动滑模运动。对于 VSS 的各种滑模控制策略的可达性条件，将在以后再详细讨论。这里一般可以把式（9-35）的极限符号去掉，变成

$$s\frac{\mathrm{d}s}{\mathrm{d}t}\leqslant 0 \tag{9-64}$$

此式表示状态空间中的任意点必将向切换面 $s=0$ 靠近（或无限的靠近）的趋势。称式（9-65）为“广义滑动模态”的存在条件。系统在此条件下的运动方式，叫作“广义滑模”运动。显然，系统满足广义滑模条件，必然同时满足滑模存在性及可达性条件。

现在来说明广义滑模运动的情况。设有一个任意的滑模变结构系统为

$$\frac{\mathrm{d}x}{\mathrm{d}t}=f(x,u) \quad x\in R^n, u\in R$$

$$u(x)=\begin{cases}u^+(x) & 当\ s(x)>0\\ u^-(x) & 当\ s(x)<0\end{cases}$$

式中，$s(x)$ 为切换函数；$s(x)=0$ 为切换面。

假设函数 $u^+(\boldsymbol{x})$、$u^-(\boldsymbol{x})$、$f(\boldsymbol{x},u^+(\boldsymbol{x}))$ 及 $f(\boldsymbol{x},u^-(\boldsymbol{x}))$ 均为连续，而且 $u^+(\boldsymbol{x})\neq u^-(\boldsymbol{x})$，则在 n 维状态空间中，系统在满足广义滑模条件下的运动的情况如下（见图 9-32）：

1）当 $s>0$，系统运动点 $A_1(x_1,\cdots,x_n)$ 的运动方程为

$$\frac{\mathrm{d}\boldsymbol{x}}{\mathrm{d}t}=f(\boldsymbol{x},u^+(\boldsymbol{x}))=g^+(\boldsymbol{x}) \tag{9-65a}$$

如果 A_1 并非式（9-65a）的平衡点，因为 $s(\mathrm{d}s/\mathrm{d}t)<0$，故 $\mathrm{d}s/\mathrm{d}t<0$，则点 A_1 必然由 $s>0$ 向 $s=0$ 的某个方向运动。若在运动途中不遇到其他的平衡点，运动将继续沿 s 值减小的方向进行，直至 $s=0$。

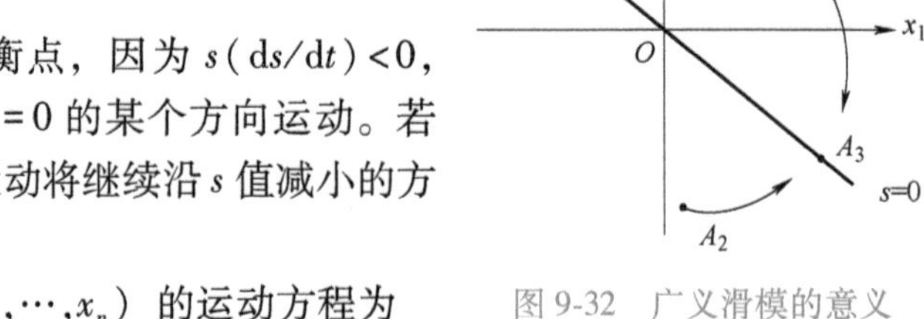

图 9-32　广义滑模的意义

2）当 $s<0$，则系统运动点 $A_2(x_1,\cdots,x_n)$ 的运动方程为

$$\frac{\mathrm{d}\boldsymbol{x}}{\mathrm{d}t}=\boldsymbol{f}(\boldsymbol{x},u^-(\boldsymbol{x}))=g^-(\boldsymbol{x}) \tag{9-65b}$$

同样，如果 A_2 不是式（9-65b）的平衡点，由于此时 $\mathrm{d}s/\mathrm{d}t>0$，则点 A_2 必然由 $s<0$ 向 $s=0$ 的某个方向运动。若在中途不遇到其他的平衡点，运动也将继续沿 s 值增加的方向直至 $s=0$。

3）如果 $s=0$，系统运动点开始于 $A_3(x_1,\cdots,x_n)$，或者系统运动已经到达滑动模态区，则根据菲力普夫理论，系统运动的微分方程成为

$$\frac{\mathrm{d}\boldsymbol{x}}{\mathrm{d}t}=\boldsymbol{g}_0^+\frac{[\mathrm{grad}s]\boldsymbol{g}_0^-}{[\mathrm{grad}s](\boldsymbol{g}_0^--\boldsymbol{g}_0^+)}-\boldsymbol{g}_0^-\frac{[\mathrm{grad}s]\boldsymbol{g}_0^+}{[\mathrm{grad}s](\boldsymbol{g}_0^--\boldsymbol{g}_0^+)}$$

式中，$\boldsymbol{g}_0^+=\lim\limits_{s\to0^+}\boldsymbol{g}^+(x)$，$\boldsymbol{g}_0^-=\lim\limits_{s\to0^-}\boldsymbol{g}^-(x)$。

这时，系统沿切换面 $s=0$ 上的滑动模态区上滑行。

4）若系统在运动点开始时无论在 A_1、A_2、A_3，运动过程中遇到了稳定的平衡点，则系统的运动将留在该平衡点上，不再继续运动。

5）系统的运动点开始时，（无论 A_1、A_2 或 A_3）不在平衡点，而在运动过程中，遇到了不稳定平衡点，则系统将继续上面的 1）、2）、3）的情况。

9.5.4.5.3　滑模运动的稳定性

系统运动进入滑动模态区以后，就开始滑模运动。对通常的反馈控制系统而言，都希望滑模运动是渐进稳定的。对于具体的控制系统，滑模运动的稳定性问题将在以后讨论。这里仅就一般系统的滑模运动的稳定性提出一种原则上的分析方法，便于以后使用。

设有滑模变结构控制系统为

$$\frac{\mathrm{d}\boldsymbol{x}}{\mathrm{d}t}=f(\boldsymbol{x},u)\quad \boldsymbol{x}\in R^n,u\in R \tag{9-66}$$

式中

$$u=\begin{cases}u^+(x) & s(x)>0\\ u^-(x) & s(x)<0\end{cases}$$

其中，$s=s(x)$ 为切换函数，$s=0$ 为切换超曲面。而且，开关的切换法则满足广义滑模条件 $s(\mathrm{d}s/\mathrm{d}t)\leqslant 0$，或者满足滑模存在性条件 $\lim\limits_{s\to 0}(\mathrm{d}s/\mathrm{d}t)\leqslant 0$。按照菲力普夫理论，可以写出式（9-52）及式（9-53）联立的滑模运动方程式，其中

$$\boldsymbol{f}^{*+}(\boldsymbol{x})=\boldsymbol{f}^+(\boldsymbol{x})=\boldsymbol{f}(\boldsymbol{x},u^+(\boldsymbol{x}))$$
$$\boldsymbol{f}^{*-}(\boldsymbol{x})=\boldsymbol{f}^-(\boldsymbol{x})=\boldsymbol{f}(\boldsymbol{x},u^-(\boldsymbol{x}))$$

如果切换面 $s(x)=0$ 包含系统表达式（9-66）的一个稳定平衡点 $x=0$，且滑模运动方程式（9-52）及式（9-53）在 $\boldsymbol{x}=0$ 附近是渐进稳定的话，则系统在滑动模态下的运动是渐进稳定的（稳定于 $\boldsymbol{x}=0$）。

实际上可以利用等效控制的概念来求得滑模控制方程（参见 9.5.4.4 节 1）。

假设滑模运动的等效控制为 $u^*(\boldsymbol{x})$，则滑模的运动方程可以写作

$$\frac{\mathrm{d}\boldsymbol{x}}{\mathrm{d}t}=\boldsymbol{f}(\boldsymbol{x},u^*(\boldsymbol{x}))=\boldsymbol{f}^*(\boldsymbol{x})\quad \boldsymbol{x}\in R_n \tag{9-67a}$$

$$s(x)=0 \tag{9-67b}$$

为了使滑模运动通过原点，尚须令

$$s(0,0,\cdots,0)=0 \tag{9-67c}$$

由于一个约束条件式（9-67b）的存在，上列微分方程只有 $n-1$ 个解是独立的，因此，式（9-67a）及式（9-67b）的联合仅可得到 $n-1$ 个独立的微分方程

$$\frac{\mathrm{d}x_i}{\mathrm{d}t}=g_i(x_1,\cdots,x_{n-1})\quad (i=1,\cdots,n-1) \tag{9-68}$$

如果微分方程式（9-68）中的状态变量 x_i 是以偏差的形式写出的，而且 $x_i=0(i=1,\cdots,n-1)$ 是式（9-68）的一个平衡点，则有 $g_i(0,\cdots,0)=0$，将 $g_i(x_1,\cdots,x_{n-1})$ 在原点附近展开成泰勒级数为

$$\frac{\mathrm{d}x_i}{\mathrm{d}t}=\sum_{j=1}^{n-1}a_{ij}+G_i(x_1,\cdots,x_{n-1})\quad (j=1,\cdots,n-1) \tag{9-69}$$

式中，G_i 只含有二次及二次以上的项，根据庞克莱-李亚普诺夫第一近似定理，当

$$\boldsymbol{A}=\begin{bmatrix}a_{11} & a_{12} & \cdots & a_{1(n-1)}\\ a_{21} & a_{22} & \cdots & a_{2(n-1)}\\ \vdots & \vdots & & \vdots\\ a_{(n-1)1} & a_{(n-1)2} & \cdots & a_{(n-1)(n-1)}\end{bmatrix}$$

为 $(n-1)\times(n-1)$ 的满秩矩阵时，如果 $\boldsymbol{A}$ 的特征根都具有负实部，则方程式（9-68）的原点是渐进稳定的。

因此，要适当地选定切换函数 $s(x)=s(x_1,\cdots,x_n)$ 满足

$$\lim_{s\to 0}s\frac{\mathrm{d}s}{\mathrm{d}t}=0 \tag{9-70a}$$

$$s(0,\cdots,0)=0 \tag{9-70b}$$

然后取微分方程式（9-70a）（等效于方程式（9-48a）及式（9-48b））泰勒一级线性近似式（9-69），求出 $a_{ij}(i,j=1,\cdots,n-1)$ 即可确定滑动模态渐进稳定与 $x=0$ 的必要条件。

对于一个系统的具体控制问题，滑模运动稳定性的分析将有助于切换函数 $s(x)$ 及其参数的选定；而且在对系统进行滑模变结构控制设计时，尚须考虑滑模运动的动态品质。这将在以后的有关章节中讨论。

9.5.4.6 滑模变结构控制系统的动态品质

滑模变结构控制系统的运动由两部分组成：

1）系统在连续控制 $u^+(\boldsymbol{x})$，$s(\boldsymbol{x})>0$ 或者 $u^-(\boldsymbol{x})$，$s(\boldsymbol{x})<0$ 的正常运动，它在状态空间中的运动轨迹将全部位于切换面以外，或者有限地穿过切换面（参看图 9-31 之轨迹 AB 段）。

2）系统在切换面附近并且沿切换面 $s=0$ 的滑模运动（参看图 9-31 之轨迹 BC 段）。

1. 正常运动段

按照滑模变结构原理，正常运动段必须满足滑动模态的可达性条件。在 9.5.4.5 节的 2 中已经提到保证滑模可达性的条件，其中之一可采用广义滑模，$s(\mathrm{d}s/\mathrm{d}t)<0$，因为广义滑模条件成立必然同时保证了滑模的存在性及可达性。

注意滑模可达性条件仅实现了在状态空间任意位置的运动点 RP 必然于有限时间内到达切换面的要求。至于在这段时间内，对运动点的具体运动轨迹未做任何规定，为了改善这段运动的动态品质，在一定程度上，可以用规定“趋近律”的办法来加以控制。在广义滑模的条件下，可按需要规定如下一些趋近律：

（1）等速趋近律

$$\frac{\mathrm{d}s}{\mathrm{d}t}=-\varepsilon \mathrm{sign}s \quad \varepsilon>0 \tag{9-71}$$

式中，常数 ε 表示系统的运动点 RP 趋近切换面 $s=0$ 的速率。

ε 小，趋近速度慢；ε 大，趋近速度快，ε 称趋近速率常数。显然，式（9-71）满足广义滑模条件，很容易解出

$$\text{当 } s>0 \text{ 时，} s(t)=-t$$
$$\text{当 } s<0 \text{ 时，} s(t)=+t$$

式中，sign 为符号函数。

（2）指数趋近律

$$\frac{\mathrm{d}s}{\mathrm{d}t}=-\varepsilon \mathrm{sign}s-ks \quad \varepsilon>0,k>0 \tag{9-72}$$

该式也满足广义滑模条件，而且

当 $s>0$ 时，$\mathrm{d}s/\mathrm{d}t=-\varepsilon-ks$，解出 $s(t)=-\dfrac{\varepsilon}{k}+\left(s_0+\dfrac{\varepsilon}{k}\right)\mathrm{e}^{-kt}$；

当 $s<0$ 时，$\mathrm{d}s/\mathrm{d}t=\dfrac{\varepsilon}{k}+\left(s_0-\dfrac{\varepsilon}{k}\right)\mathrm{e}^{-kt}$。

式中，s_0 是系统初始状态时（$t=0$）的切换函数 $s(x)$ 的值。

（3）幂次趋近律

$$\frac{\mathrm{d}s}{\mathrm{d}t}=-k\,|\,s\,|^{\alpha}\mathrm{sign}s \quad k>0,1>\alpha>0 \tag{9-73}$$

此时，仍保持广义滑模条件 $s(\mathrm{d}s/\mathrm{d}t)<0$。

若取 $\alpha=0.5$，$\mathrm{d}s/\mathrm{d}t=-k\sqrt{|s|}\,\mathrm{sign}s$，积分后，可得 $s^{1-\alpha}=-(1-\alpha)kt+s_0^{1-\alpha}$，$s_0$ 是初始值。此时，s 由 s_0 逐渐减小到零，到达的时间为

$$t=\frac{s_0^{1-\alpha}}{(1-\alpha)k}$$

而且，到达 $s=0$ 时，$|\mathrm{d}s/\mathrm{d}t|=0$。

（4）一般趋近律

$$\frac{\mathrm{d}s}{\mathrm{d}t}=-\varepsilon\mathrm{sign}s-f(s) \tag{9-74}$$

其中，$f(0)=0$；当 $s\neq0$ 时，$sf(s)>0$。此时仍维持广义滑模条件 $s(\mathrm{d}s/\mathrm{d}t)<0$。当式（9-75）中函数 $f(s)$ 不同时，可获得上述各种趋近律。如果系统是多输入的，例如

$$\frac{\mathrm{d}\boldsymbol{x}}{\mathrm{d}t}=\boldsymbol{f}(\boldsymbol{x},u)\quad x\in R^n,u\in R^m \tag{9-75a}$$

$$u_j=\begin{bmatrix}u_j^+(\boldsymbol{x}) & s_j(\boldsymbol{x})>0\\ u_j^-(\boldsymbol{x}) & s_j(\boldsymbol{x})<0\end{bmatrix}\quad(j=1,\cdots,m) \tag{9-75b}$$

$$\boldsymbol{s}(\boldsymbol{x})=[s_1(\boldsymbol{x})\quad s_2(\boldsymbol{x})\quad\cdots\quad s_m(\boldsymbol{x})]^{\mathrm{T}} \tag{9-75c}$$

对于上列各种趋近律有

$$\begin{cases}\boldsymbol{\varepsilon}=\mathrm{diag}[\varepsilon_1,\varepsilon_2,\cdots\varepsilon_m],(\varepsilon_i>0)\\ \mathrm{sign}s=[\mathrm{sign}s_1\quad\mathrm{sign}s_2\quad\cdots\quad\mathrm{sign}s_m]^{\mathrm{T}}\\ \boldsymbol{K}=\mathrm{diag}[k_1,k_2,\cdots,k_m],(k_i>0)\\ \boldsymbol{f}(s)=[f_1(s)\quad f_2(s)\quad\cdots\quad f_m(s)]^{\mathrm{T}}\end{cases}$$

$$|s|^{\alpha}\mathrm{sign}s=[\,|s_1|^{\alpha_1}\mathrm{sign}s_1,\cdots,|s_m|^{\alpha_m}\mathrm{sign}s_m]^{\mathrm{T}},1>\alpha_i>0,(i=1,\cdots,m)$$

注意，此时 $s(x)$ 是 m 维函数矢量；符号 $\mathrm{diag}[\cdot]$ 表示对角矩阵。

2. 滑模运动段

对于滑模运动段系统的运动，实际上也是由两部分构成：一部分是系统运动点 RP 在切换面 $s=0$ 附近上下穿行，该部分运动的产生是由于系统运动点 RP 到达切换面时，$\mathrm{d}s/\mathrm{d}t\neq0$，或者切换开关具有时间滞后或空间滞后；另一部分是系统沿滑动模态的极限运动。已经提到这部分的运动微分方程可以根据菲力普夫理论来定义（见式（9-52）及式（9-53）），实际上它相当于同时满足条件 $s=0$ 及 $\mathrm{d}s/\mathrm{d}t=0$。于是，可以利用等效控制来求得该微分方程，有时也称它为滑模变结构控制系统在滑动模态附近的平均运动方程。这种平均运动方程描述了系统在滑动模态下的主要的动态特性。通常希望这个动态特性既是渐进稳定的，又具有优良的动态品质。此时，滑模运动的微分方程必须决定于式（9-70a）及式（9-70b）的联立。

【例】 设有二阶线性系统

$$\frac{\mathrm{d}x_1}{\mathrm{d}t}=2x_1+x_2+u$$

$$\frac{\mathrm{d}x_2}{\mathrm{d}t}=x_1+3x_2+2u$$

$$A=\begin{bmatrix}2 & 1\\1 & 3\end{bmatrix},\ b=\begin{bmatrix}1\\2\end{bmatrix}$$

取切换函数 $s=2x_1+x_2$，即 $c=[2\quad 1]$；等效控制为

$$u^*=-[c\quad b]^{-1}CAx=-\frac{1}{4}[2\quad 1]\begin{bmatrix}2 & 1\\1 & 3\end{bmatrix}\begin{bmatrix}x_1\\x_2\end{bmatrix}=-\frac{5}{4}x_1-\frac{5}{4}x_2$$

按式（9-58a）及式（9-58b），滑模运动的微分方程为

$$\frac{\mathrm{d}x_1}{\mathrm{d}t}=\frac{3}{4}x_1-\frac{1}{4}x_2 \tag{9-76a}$$

$$\frac{\mathrm{d}x_2}{\mathrm{d}t}=-\frac{3}{2}x_1+\frac{1}{2}x_2 \tag{9-76b}$$

$$s=2x_1+x_2=0 \tag{9-76c}$$

方程式（9-76a）、式（9-76b）及式（9-76c）并非独立的，可以取滑模运动方程为

$$\frac{\mathrm{d}x_1}{\mathrm{d}t}=0.75x_1-0.25x_2$$

$$2x_1+x_2=0$$

或者

$$\frac{\mathrm{d}x_2}{\mathrm{d}t}=-1.5x_1+0.5x_2$$

$$2x_1+x_2=0$$

此时，滑模运动的动态品质有方程式（9-76a）及式（9-76c）联立或由方程式（9-76b）及式（9-76c）联立决定，而且从 $s(x_1,x_2)=2x_1+x_2$ 可知 $s(0,0)=0$。

9.5.4.7 滑模变结构系统的“抖振”问题讨论

从理论角度，在一定意义上，由于滑模变结构控制可以按需要设计，而且系统的滑模运动与控制对象的参数变化、系统外部的干扰及内部的摄动无关，因此滑模变结构控制系统的“鲁棒性”要比一般常规的连续控制系统要强。然而，滑模变结构控制在本质上是不连续的开关控制，会引起一种“抖振”问题，这对于连续系统的光滑控制而言是不会出现的。

对于一个理想的滑模变结构控制系统，假设“结构”的切换过程具有理想的开关特性（即无时间及空间滞后）、系统状态的测量精确无误、控制量不受限制，则滑动模态总是降维的光滑运动并且渐进稳定于原点，不会出现抖振。但由于一个现实的滑模变结构控制系统，控制力总是受限的，从而使系统的加速度受限；另外，系统的惯性、切换开关时间空间滞后以及检测状态的误差、特别是对计算机采样间隔较大的系统时，形成的 n 维滑模等都将会在光滑的滑动模态上叠加一个锯齿形的轨迹。于是，在实际上，抖振是必然存在的，人们可以努力去削弱抖振的幅度，而无法消除它。消除了抖振也就消除了滑模变结构控制的抗摄动与扰抗动的能力了。

这里就引起抖振的主要因素做一些概要的分析，以便对抖振的幅度有一个估计，并且提出一些削弱抖振的方法。

各种抖振因素所引起的抖振现象的特点如下：

1）时间滞后开关：在切换面附近，由于开关的时间滞后，控制作用对状态的变化被延

迟一定的时间；又因为控制量的幅度是随状态量的幅度逐渐减小的，因此时间滞后开关的作用将在光滑的滑动模态上叠加一个衰减的三角波形（见图 9-33a）。

2）空间滞后开关：开关的空间滞后作用相当于在状态空间中存在一个状态量变化的“死区”，因此其结果是在光滑的滑模上叠加了一个等幅波形（见图 9-33b）。

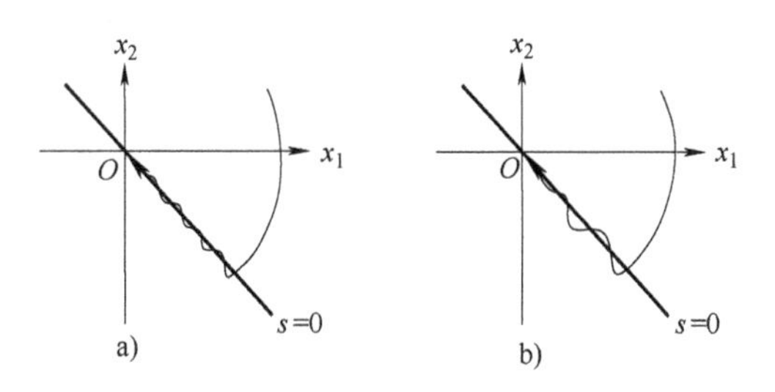

图 9-33　时间滞后和空间滞后开关引起的抖振

由图 9-33 可以看出，空间滞后是相当于什么意思呢？若状态变量设定为 $x_1=y$，y 为输出，y 可能存在死区问题，那么 x_1 与 dx_1/dt…在死区内都可能使 $dx_i/dt=x_{i+1}$死区。设有状态输出，即可能出现时间滞后问题，但这不是开关本身的问题，而是状态本身的问题。

3）系统惯性的影响：由于任何的物理现实系统的能量不可能无限的大，因而系统的控制力不能无限的大，这就必然使系统的加速度有限；另外，系统惯性总是存在的，于是控制的切换必然伴有滞后。这种滞后造成的抖振，与时间滞后的结果类同。系统惯性与时间滞后开关共同作用的结果，将使衰减三角波的幅度增大（见图 9-34a）。系统惯性与空间滞后开关共同作用时，如果抖振幅度大于空间滞后开关“死区”，则振动主要呈现衰减三角波形；如果抖振幅度小于或等于“死区”时，则抖振波呈等幅振荡（图 9-34b）。

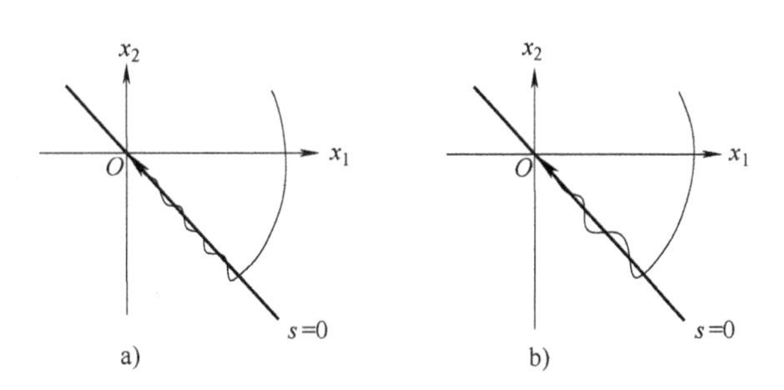

图 9-34　系统惯性与开关滞后特性的共同作用

4）系统时间滞后和空间“死区”的影响：有许多控制系统本身存在时间滞后及空间滞后，这些滞后往往比开关时间及空间滞后大得多，从而造成很大的抖振，如果处理不当，甚至引起整个系统的不稳定。

5）状态测量误差对抖振的影响：状态测量误差主要是使切换面摄动，而且往往伴有随机性。因此，抖振呈现不规则的衰减三角波，测量误差越大，抖振的波幅越大（见图 9-35）。

6）时间离散滑模变结构系统的抖振：时间离散系统的滑动模态是一种“准滑模”，它的切换动作并不正好发生在切换面上，而是发生在以原点为顶点的一个锥形体的表面上（见图 9-36）。因此，必然有衰减的抖振，而且锥形体越大，抖振幅度越强。该锥形体的大小与采样周期有关。因此采样周期实质上也是一种时间滞后，同样能造成抖振。

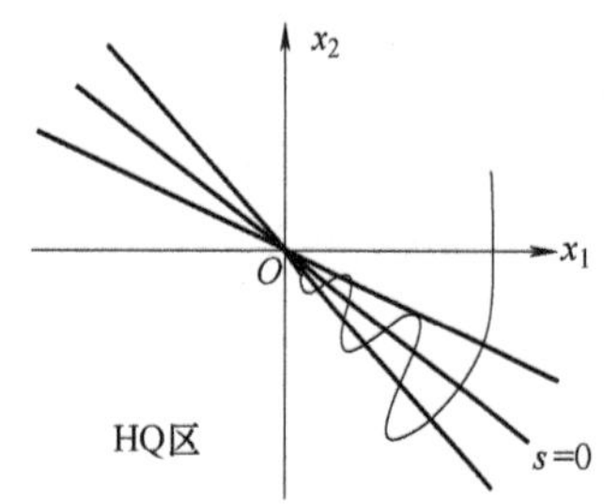

图 9-35　状态测量误差引起的抖振

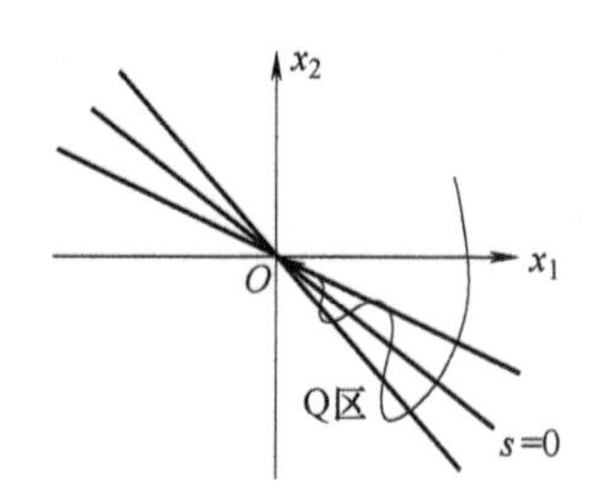

图 9-36　时间离散滑模变结构控制系统的抖振

总之，所谓“抖振”，无非是在光滑的切换面上叠加了一种波动的轨迹。抖振的强弱与上述因素的大小有关。就实际意义而言，相比之下，切换开关本身的时间与空间滞后对抖振的影响小（特别是采用计算机实现时，计算机的高速逻辑切换以及高精度的数值运算使时间及空间滞后实际上几乎不存在）。然而，开关的切换动作造成控制的不连续性是抖振发生的本质原因。

9.6　鲁棒控制

鲁棒控制的研究始于 1976 年，是针对模型不确定性问题而提出来的。其研究要点是讨论控制系统的某种性能或某个指标在某种扰动下保持不变的程度（或对扰动不敏感的程度）。

9.6.1　鲁棒控制的基本概念

一般说来，控制系统的某些参数与设计时依据的参数相比，有某些偏差往往是不可避免的，甚至系统的结构也可能会有些偏差。由于为对象建立数学模型时存在着测量误差，系统运行条件变化（工作点可能随之改变），或者运行环境由线性状态进入到某种非线性区域等，都会造成与设计模型时出现一定的偏差。另外，人们为了简化设计而忽略了许多次要因素（例如时间常数较小的惯性等），由于这些因素的影响，实际系统运行时的特性与设计时认定的特性总会有一些差别。我们把设计的系统数学模型称为名义系统，把由于种种原因偏离了名义系统的变化称为摄动。人们所设计的名义系统当然必须是稳定的，但摄动后的实际系统是否一定能保持稳定就不一定了。所以，一个稳定的名义系统在摄动的影响下仍能保持其稳定性的能力，就称为这个系统的鲁棒性（robustion）。鲁棒性是一个统称，最基本的可分为稳定鲁棒性和品质鲁棒性，前者指系统在某种扰动影响下保持稳定性的能力，后者指保持某项品质性能指标的能力。显然鲁棒性是控制系统的一项重要性能指标。

经过近 50 多年的研究和发展，鲁棒性理论取得了十分丰富的成果，如内模控制、鲁棒调节器、稳定化控制器的 Youla 参数化、棱边定理、H^∞ 控制理论、结构奇异值理论方法等，以及镇定理论和基于李亚普诺夫（Lyapunov）稳定性理论的系统鲁棒性分析和综合方法等。

从广义上讲，系统的不确定性按其结构可以分为两类：①不确定性的结构未知，仅仅已知不确定性变化的范围；②不确定性的结构已知、参数存在着变化（参数不确定性）。第一类不确定性的鲁棒控制研究导致了 H^∞ 控制理论；第二类不确定性的鲁棒控制研究导致了参数鲁棒控制理论的发展。

本章主要介绍内模控制（internal model control），其他不做介绍。

9.6.2　内模控制

内模控制是一种重要的系统控制结构，与传统的反馈控制系统相比，内模控制系统具有较好的动态响应性能，同时也具有较好的稳定性和鲁棒性。

图 9-37 中的实线部分表示的是一般的反馈控制系统，图中的 $C(z)$ 和 $G(z)$ 分别为常规控制器和被控对象的 z 变换传递函数。为了便于分析，本节中的传递函数均采用 z 变换后的传函形式。图 9-37 中的虚线所示部分为不影响整个系统的附加部分，其中 $\hat{G}(z)$ 为被控对象的预测模型。图 9-37 中的第一个虚线反馈回路（即图中的反馈回路 I），经过传递函数运算可以得到等价的控制器 $G_c(z)$ 如下：

$$G_c(z)=\frac{C(z)}{1+C(z)\hat{G}(z)} \tag{9-77}$$

这样可以得到新的控制系统结构框图，如图 9-38 所示。

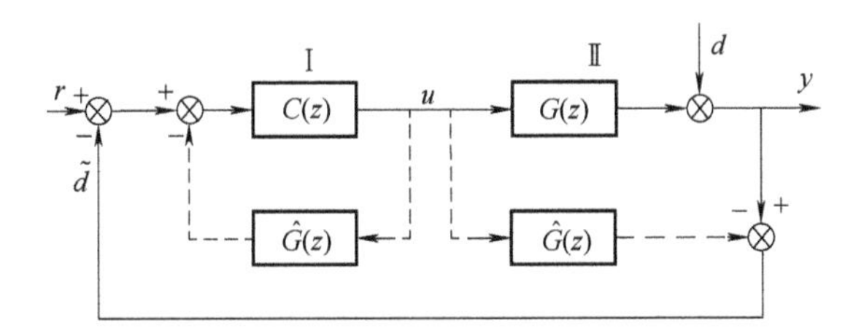

图 9-37　普通反馈控制系统结构框图

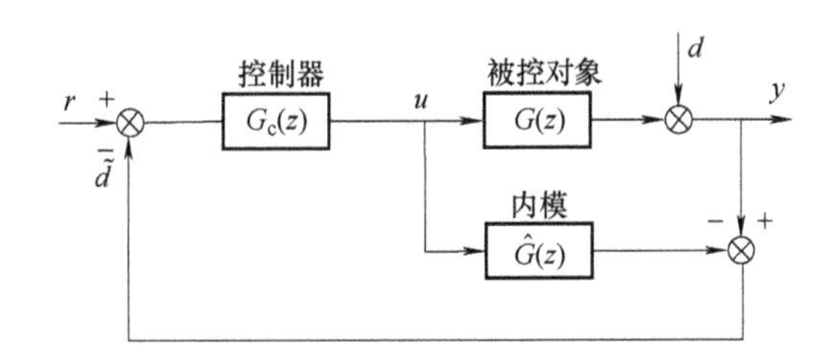

图 9-38　基本内模控制系统结构框图

在图 9-38 中，因为预测模型在闭环系统内部，所以称这种等价结构为内模结构。

内模结构虽然是由普通反馈控制结构转化得到，但内模控制结构却具有两个主要优点：①内模控制器 $G_c(z)$ 的设计，比传统反馈控制器 $C(z)$ 的设计容易得多；②采用内模控制结构，可以把被控对象鲁棒性作为明显的设计目标，这是由于反馈信号 $\tilde{d}(z)$ 可以写成如下的特殊形式：

$$\tilde{d}(z)=\frac{1}{1+[G(z)-\hat{G}(z)G_c(z)]}d(z) \tag{9-78}$$

如果预测模型是准确的，那么反馈信号就是扰动 $d(z)$。此时系统相当于开环，故系统的稳定性不成问题。当对象与预测模型之间存在误差时，则 $\tilde{d}(z)$ 中将包含某些偏差信息。只要适当地调整 $\hat{G}(z)$，就可以获得较好的系统鲁棒性。至于内模控制器的设计、稳定性及性能进一步改善，由于篇幅所限，就不做介绍了。

9.7 预见控制

9.7.1 概述

伺服系统通常不利用未来信息，但在机器人、数控机床等设备中，可以利用目标值等未来信息的情况是很多的，因此我们不但可以根据当前目标值而且还可以根据未来的目标值及干扰值来决定当前的控制方案，这样的控制便可以称之为伺服系统的预见控制。它的最初想法，就是不仅要注意现在的目标值，而且要注意未来信息的目标值，以使目标值与受控量间的偏差值整体最小。所以，就自然地把其归入了使横贯全部控制期间的某一评价函数取最小值的最优控制理论框架之中。事实上，可以认为预见控制理论是最优跟踪控制理论问题的新出发点。这种想法，如图 9-39 所示，控制的目的是使图中斜线部分的面积最小。因为控制对象一般都包含动态项，所以当前时刻施加上的控制输入并不能立即在被控量（输出）上表现出来，而是有一些延迟。所以，了解未来如何要求，即目标值信号及干扰信号如何变化，对确定现在的控制输入自然就是极为重要的信息了。这是预见控制最根本的出发点，日本的市川邦彦等人从这个观点出发研究了最优跟踪控制问题的预见控制。他们研究了最优跟踪控制系统的性质，弄清了利用目标值的未来值可以改善跟踪性能，以及并不需要知道目标值的直到无限的未来值，而只需知道到适当的一个未来时刻为止的有限个未来值就足够了。通过对未来信息的利用与（最优）伺服系统构造法的结合，使得对干扰及参数变化的处理成为可能，而且可以在通常伺服系统结构的范畴内研究预见控制。因此，使预见控制成了真正实用的控制方法。

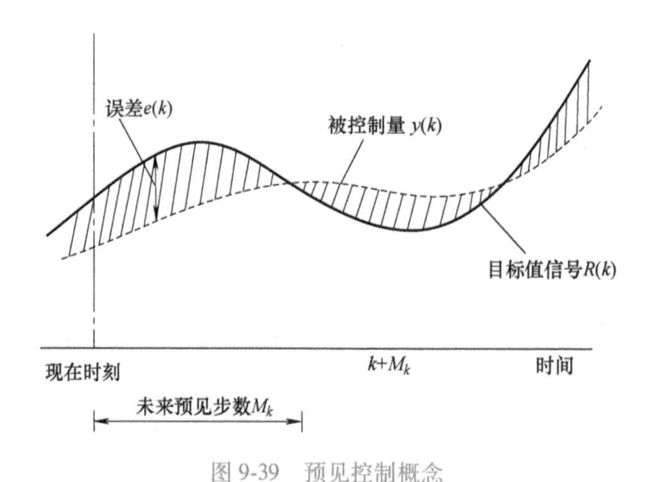

图 9-39 预见控制概念

9.7.2 控制系统的结构图及频率特性

没有预见功能的普通伺服系统及有预见功能的伺服系统的结构分别见图 9-40a、b，由图可知，预见伺服系统是在普通伺服系统的基础上附加了使用未来信号的前馈补偿后构成的。

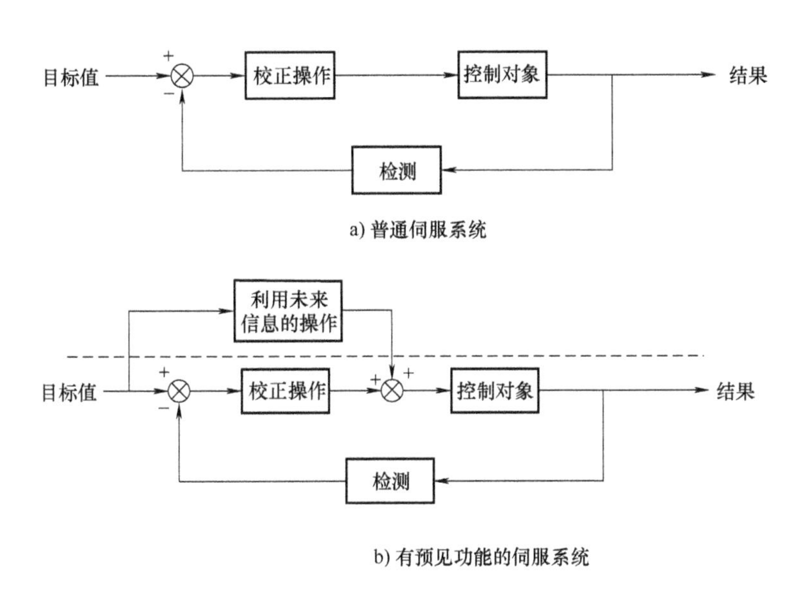

图 9-40　伺服系统的结构

图 9-41 是普通伺服系统与有预见功能的伺服系统的频率特性的典型例子。由图比较可知，增益特性大致相同，而相位特性则有较大的差别。即有预见功能的伺服系统的目标值与被控量之间的相位延迟小。简单地说，即被控量能没有延迟地跟踪目标值，这一点从预见控制利用未来信息这一基本出发点来看是合情合理的。

我们通过不利用未来信息，与利用未来信息时二者进行比较，比较的标准是下面的评价函数。

评价函数=[误差的平方]+[控制输入的平方]

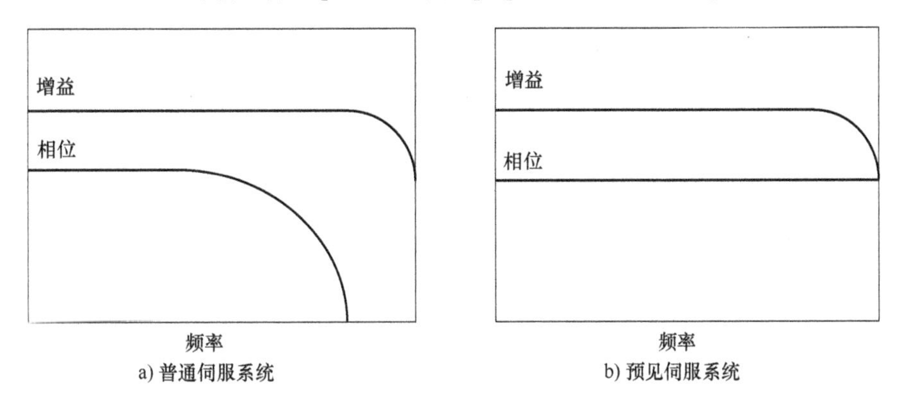

图 9-41　不同伺服系统的频率特性

利用未来信息时，评价函数比不利用未来信息的值必然要小；另外也很明显，还有某种程度以上的未来信息几乎没有效果。图 9-41 表示的是普通伺服系统和预见伺服系统特性（增益和相位），由图可见，加入预见控制的系统具有更好的特性。图 9-42 表明的是利用未来信息到什么程度就足够的问题，也能从理论上确定出来。简单地讲，它由构成预见伺服系统的反馈部分（见图 9-40b 的下侧部分）的特征值的大小来确定。定性地讲就是，若反馈部分动作快，则只要较近期的未来信息就够了；若反馈部分动作慢，反应迟钝，就有必要用到较远的未来信息。总之，预见信息基本上是作为前馈补偿使用的，所以与整个系统的稳定性及对参数变化的鲁棒性等没有关系。要改善的个别目标值响应性能及抑制干扰，只要增加预见前馈补偿即可。另外，不使用预见控制而只使用当前时刻值，进行前馈控制补偿是预见前馈补偿的一个特例。

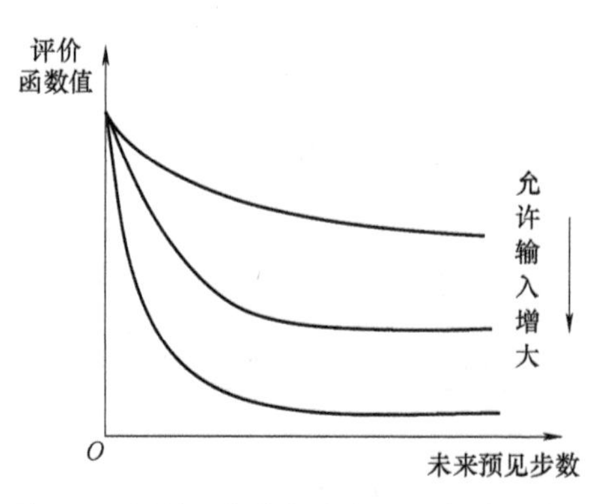

图 9-42　评价函数值与未来预见步数的关系

9.7.3　最优预见伺服系统的分类

预见伺服系统谋求在目标值信号及干扰信号的未来信息可被利用时，有效地利用这些信息以改善控制性能。从结构上看，预见伺服系统是在通常伺服系统上加上未来信息的预见补偿得到的。因此，可以期望其稳定性等仍和原来一样，而由于利用了未来信息使跟踪目标值性能更好且输入的峰值减小等。基于最优调节技巧的预见伺服系统根据目标值的不同，从大的方面可以分以下两种情况：

1）利用一个二次型评价函数进行反馈控制系统及预见控制部分的设计（称为最优预见伺服系统）。

2）对已设计好的反馈控制系统再设计预见控制部分，叫最优预见 FF（前馈）补偿系统。

情况 1）的目的是通过实施预见控制进一步减小这个二次型评价函数值。即反馈控制系统与预见前馈补偿是作为自动控制系统来说，将前两者当作同等地位来考虑的，通常所说的最优预见伺服系统也是这样。从另一方面看，现在不仅仅使用最优控制，而以古典控制理论为基础的 PID 控制、I-PD 控制，或以极点配置为基础的控制及自适应控制等的控制方法都在使用。对系统参数为常数的系统采用某种形式使用未来信息以进行最优前馈补偿即为第 2）种形式，应用这种方法，对各种各样的反馈控制系统都可以实现，对已运转的系统也很容易改造成为预见伺服系统，提高其动态跟踪性能。

因为本文的篇幅，更具体的设计、理论分析和实际应用就不详述了。

至于其他控制方法，H^{∞} 控制、智能控制（包括模糊控制、神经网络控制等）由于篇幅所限，本书不做介绍，有兴趣的读者，可以查找相应资料自学。

9.8　自抗扰控制技术

9.8.1　概述

自抗扰控制技术是中国科学院韩京清研究员在 20 世纪 90 年代提出的一种新抗扰技术。这种技术的核心是采用一种所谓的自抗扰控制（Auto/Active Disturbance Rejection Controller,

ADRC）来取代传统的 PID 控制作用。

已经论述过，PID 控制原理是基于系统所产生的误差用闭环反馈来消除。具体来说，就是利用误差的过去、现在与将来的变化趋势的线性组合作为控制规律来消除误差，使被控对象的输出与所要求的理想状态在全过程控制中保持一致，也就是误差恒为零。PID 控制在近百年的发展中，在人类社会各个领域中，成为科学技术和工程技术不可或缺的一个基本控制手段。但人类碰到的控制问题错综复杂，上天下海，在其间一定会碰到不少困难的控制问题，对于这些难题，不是一般的 PID 技术所能轻易完美解决好的。所以，必须发挥 PID 的优势长处，开创新的控制技术，自抗扰控制技术的出现，便是这种思想之一。例如，工业生产线上大量使用的多关节工业机器人，焊接、装配等高精度作业场合，都十分需要交流永磁电动机伺服系统具有强大的抗干扰能力，以克服关节机器人惯量负载变化大、非线性的变化，实现精确控制，所以 ADRC 在这里找到了最佳的应用。

在实际中应用的工业关节机器人都是多节的，一般 5~6 个关节，也有相应多个臂，在运行过程中，若臂和最前端的执行器在一定的安全空间范围内运行，这是相当复杂的。文献［14］为 ADRC 的应用提供了一个良好的典型案例，据此做相应介绍。

9.8.2 机器人关节负载数学模型

通过对多关节工业机器人动力学和运动学的分析，得出其动力学方程为

$$\boldsymbol{D}(q)\ddot{q}+\boldsymbol{C}(q,\dot{q})+\boldsymbol{G}(q)=\boldsymbol{\tau}=\begin{bmatrix}\tau_1\\ \vdots\\ \tau_n\end{bmatrix} \tag{9-79}$$

式中，$\boldsymbol{D}(q)$ 为惯性矩阵；$\boldsymbol{C}(q,\dot{q})$ 为离心力和哥氏力矩阵；$\boldsymbol{G}(q)$ 为重力项矩阵，q、$\dot{q}$、$\ddot{q}$ 分别为关节的角位移、角速度和角加速度；$\boldsymbol{\tau}$ 为一个关节机器人的总力矩，即 τ_1，…，τ_n 为一个机器人各关节力矩分量。

若机器人如焊接、喷漆机器人一般运行速度不高，处于低速运行状态，离心力和哥氏力影响较小可以忽略。

为研究方便起见，现把一复杂的多关节机器人的多关节结构与空间运动，简化成一个单关节两臂二自由度的平面的简化结构，如图 9-43 所示。如 m_1、m_2 分别表示臂杆 1 和臂杆 2 的质量，且 $m_1=m_2=3\text{kg}$；L_1、L_2 为臂杆 1、臂杆 2 的长度，且重心在臂杆的中心，即 $p_1=\frac{1}{2}L_1=0.3\text{m}$，$p_2=\frac{1}{2}L_2=0.3\text{m}$；$\theta_1$ 和 θ_2 分别为臂杆 1 和臂杆 2 的转角，范围在 0°~180°；重力加速度 $g=9.8\text{m/s}^2$。

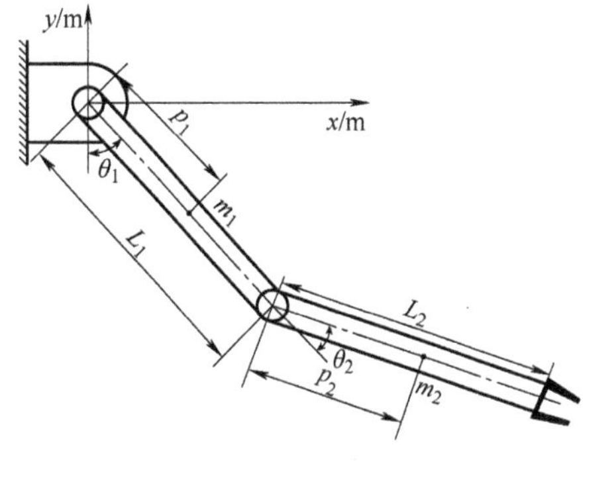

图 9-43 二自由度平面关节机器人

设末端位置为 (x,y)，单位 m；t 为时间，单位 s。若末端位置从（0.3,0.5）以 1.25m/s 匀速运动到（0.3,-0.5），可以得到在关节点为原点的 xOy 平面上末端位置坐标。

$$\begin{cases}x=0.3\\ y=0.5-1.25t\end{cases} \tag{9-80}$$

关节角位移 $\boldsymbol{q}$ 为

$$\boldsymbol{q}=\begin{bmatrix}\theta_1\\ \theta_2\end{bmatrix}=\begin{bmatrix}\arctan\dfrac{x}{-y}-\arccos\dfrac{x^2+y^2+L_1^2-L_2^2}{2L_1\sqrt{x^2+y^2}}\\ \arccos\dfrac{x^2+y^2-L_1^2-L_2^2}{2L_1L_2}\end{bmatrix}\tag{9-81}$$

关节角速度 $\dot{\boldsymbol{q}}$，关节角加速度 $\ddot{\boldsymbol{q}}$ 分别为

$$\begin{cases}\dot{\boldsymbol{q}}=\begin{bmatrix}\dfrac{\mathrm{d}\theta_1}{\mathrm{d}t} & \dfrac{\mathrm{d}\theta_2}{\mathrm{d}t}\end{bmatrix}^{\mathrm{T}}\\ \ddot{\boldsymbol{q}}=\begin{bmatrix}\dfrac{\mathrm{d}^2\theta_1}{\mathrm{d}t^2} & \dfrac{\mathrm{d}^2\theta_2}{\mathrm{d}t^2}\end{bmatrix}^{\mathrm{T}}\end{cases}\tag{9-82}$$

动力学方程中的惯性矩阵为

$$\boldsymbol{D}(\boldsymbol{q})=\begin{bmatrix}d_1 & d_2\\ d_2 & m_2p_2^2\end{bmatrix}\tag{9-83}$$

其中，$d_1=m_1p_1^2+m_2(L_1^2+p_2^2)+2m_2L_1p_2\cos\theta_2$，$d_2=m_2p_2(p_2+L_1\cos\theta_2)$，离心力和哥氏力矩阵 $\boldsymbol{C}(q,\dot{q})$ 为

$$\boldsymbol{C}(\boldsymbol{q},\dot{\boldsymbol{q}})=\begin{bmatrix}m_2L_1p_2\sin\theta_2(-\dot{\theta}_2^2-2\dot{\theta}_1\dot{\theta}_2)\\ m_2L_1p_2\sin\theta_2\dot{\theta}_1^2\end{bmatrix}\tag{9-84}$$

重力项矩阵为

$$\boldsymbol{G}(\boldsymbol{q})=\begin{bmatrix}(m_1p_1+m_2L_1)g\sin\theta_1+m_2p_2g\sin(\theta_1+\theta_2)\\ m_2p_2g\sin(\theta_1+\theta_2)\end{bmatrix}\tag{9-85}$$

将式（9-80）代入式（9-81），通过式（9-83）~式（9-85）计算式（9-79），得出关节输出力矩的变化曲线，如图 9-44 所示。

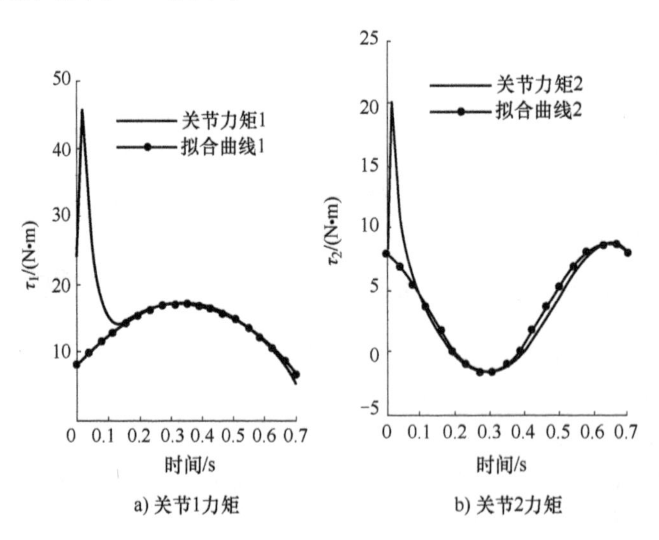

图 9-44　关节输出力矩-时间曲线

在图 9-44 中，拟合曲线 1 为 $\tau_1=17.1\sin(3.1t+1.16)$，拟合曲线 2 为 $\tau_2=5.18\sin(8.75t-10.5)+3.52$。

9.8.3　驱动工业关节式机器人的永磁交流伺服系统

驱动机器人关节的交流伺服电动机采用 48V、200W 的面装式永磁同步电动机，其轴端输出接减速比 $i=100:1$ 的行星轮减速器。在 d-q 轴同步旋转参考系下，建立电动机的数学模型，定子电压方程为

$$\begin{cases}u_{\mathrm{d}}=R_{\mathrm{s}}i_{\mathrm{d}}+L_{\mathrm{d}}\dfrac{\mathrm{d}i_{\mathrm{d}}}{\mathrm{d}t}+\omega_{\mathrm{m}}p_{\mathrm{n}}L_{\mathrm{q}}i_{\mathrm{q}}\\ u_{\mathrm{q}}=R_{\mathrm{s}}i_{\mathrm{q}}+L_{\mathrm{q}}\dfrac{\mathrm{d}i_{\mathrm{q}}}{\mathrm{d}t}-\omega_{\mathrm{m}}p_{\mathrm{n}}L_{\mathrm{d}}i_{\mathrm{d}}+\omega_{\mathrm{m}}p_{\mathrm{n}}\psi_{\mathrm{f}}\end{cases}\tag{9-86}$$

式中，u_{d}、u_{q} 为永磁伺服电动机 d、q 轴定子电压；R_{s} 为定子电枢绕组的电阻；i_{d}、i_{q} 为电动机的 d、q 轴电流；L_{d}、L_{q} 为电动机 d、q 轴电感；p_{n} 为电动机极对数；ω_{m} 为电动机转子的机械角速度；ψ_{f} 视为转子永磁体基波励磁磁场链过定子绕组的磁链。

永磁电动机产生的电磁转矩及转矩方程为

$$T_{\mathrm{e}}=\frac{3}{2}p_{\mathrm{n}}[\psi_{\mathrm{f}}i_{\mathrm{q}}+(L_{\mathrm{q}}-L_{\mathrm{d}})i_{\mathrm{d}}i_{\mathrm{q}}]\tag{9-87}$$

式中，T_{e} 为电动机的电磁转矩；ψ_{f} 为永磁体的磁链。

对于面装永磁电机 $L_{\mathrm{d}}=L_{\mathrm{q}}$，所以 $L_{\mathrm{d}}-L_{\mathrm{q}}=0$，没有磁阻转矩，得到更简化电动机轴的转矩平衡方程式为

$$\begin{cases}J\dfrac{\mathrm{d}\omega_{\mathrm{m}}}{\mathrm{d}t}=T_{\mathrm{e}}-T_{\mathrm{L}}-B\omega_{\mathrm{m}}\\ T_{\mathrm{e}}=K_{\mathrm{t}}i_{\mathrm{q}}\\ \omega_{\mathrm{m}}=\dfrac{\mathrm{d}\theta_{\mathrm{m}}}{\mathrm{d}t}\end{cases}\tag{9-88}$$

式中，T_{L} 为电动机轴端负载输入力矩；J 为电动机转子惯量；B 为电动机转轴的黏滞摩擦系数；K_{t} 为电动机转矩系数；ω_{m} 为电动机角速度。

根据式（9-86）~式（9-88）建立关节驱动伺服系统三环控制系统模型，如图 9-45 所示。

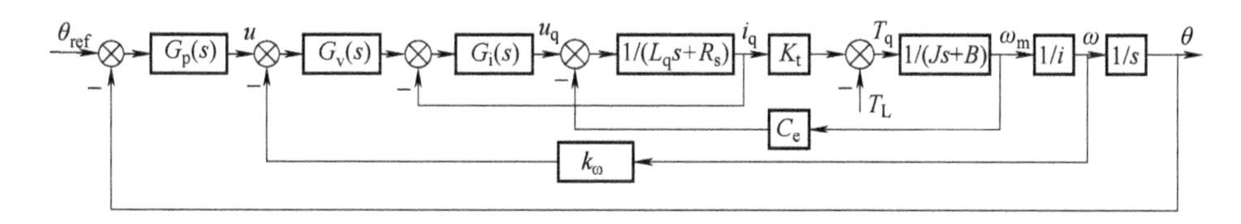

图 9-45　工业机器人关节伺服系统模型框图

图 9-45 中，θ_{ref} 为目标位置参考信号；u 为位置控制器的输出控制量；K_{ω} 为速度反馈增益；i 为减速器速比；$G_{\mathrm{p}}(s)$、$G_{\mathrm{v}}(s)$、$G_{\mathrm{i}}(s)$ 分别为位置、速度、电流控制器的传递函数

$$G_{\mathrm{i}}(s)=\frac{K_{\mathrm{i}}(1+T_{\mathrm{i}}s)}{T_{\mathrm{i}}s},G_{\mathrm{v}}(s)=\frac{K_{\mathrm{v}}(1+T_{\mathrm{v}}s)}{T_{\mathrm{v}}s}\tag{9-89}$$

通过零极点配置的方法，设置 $T_i = L_q/R_s$，$T_v = J/B$，并进行 K_v、K_i 的参数整定，使系统速度-电流环部分的稳定输出，实现速度闭环控制。为了简化分析，忽略很小的电动机电感系数 L_q，简化的传递函数为

$$G(s)=\frac{W(s)}{U(s)}=\frac{\dfrac{1}{K_\omega}}{1+\dfrac{iC_e}{K_\omega G_v(s)G_i(s)}+\dfrac{(Js+B)i}{K_\omega K_t G_v(s)}+\dfrac{(Js+B)(L_q s+R)i}{K_\omega K_t G_v(s)G_i(s)}}$$

$$=\frac{\dfrac{1}{K_\omega}}{1+\dfrac{iC_e L_q Js^2}{K_\omega(Js+B)(L_q s+R_s)}+\dfrac{Jsi}{K_v K_t K_\omega}+\dfrac{JL_q is^2}{K_v K_t K_\omega K_i}}\approx\frac{1}{K_\omega+\dfrac{Jsi}{K_v K_t}} \tag{9-90}$$

式中，$W(s)$ 为速度输出的拉氏变换；$U(s)$ 为位置控制器输出控制量的拉氏变换。把式（9-90）写成一阶惯性环节的形式为

$$G(s)\approx\frac{K}{1+Ts} \tag{9-91}$$

式中，$K=\dfrac{1}{K_\omega}$，rad/(V·s)；$T=\dfrac{Ji}{K_v K_t K_\omega}$为系统时间常数。

根据系统参数（见表 9-1）所示，在 Simulink 中搭建模型，参数整定得到

$$G_v(s)=0.5+\frac{5}{s},\quad G_i(s)=6+\frac{871}{s},\quad G(s)\approx\frac{0.105}{0.0056s+1}$$

绘制出实际模型和简化模型的伯德图，如图 9-46 所示。

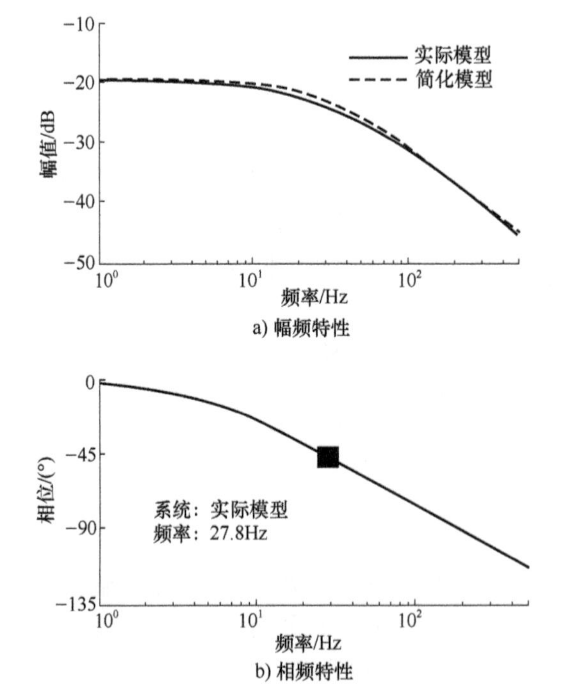

图 9-46　伺服系统实际模型和其简化模型伯德图

表 9-1　伺服系统参数

参　数	数　值
额定转速 n/(r/min)	3000
额定功率 P/(W)	200
额定转矩 T_e/(N · m)	0.64
峰值转矩 T_p/(N · m)	1.91
反电势系数 C_e/(V/(rad/s))	0.0764
电动机转矩系数 K_t/(N · m/A)	0.112
电动机转动惯量 J/(kg · m^2)	0.175×10^{-4}
电感系数 L_q/(mH)	1.01
电动机电枢 R_s/Ω	0.15
电动机极对数 p_n/对	4
减速比 i	100 : 1
速度反馈系数 K_ω/(V · s/rad)	9.55

通过图 9-46 所示伯德图频域分析可知，实际模型系统相位值 ω_n 下降到$-45°$时，系统的转折频率 $\omega_n=27.8\text{Hz}=175\text{rad/s}$，$T=1/\omega_n=0.0057\text{s}$，数值上与计算得到的简化模型几乎相等。可以证明在中低频段，速度-电流环部分实际模型近似于简化后的一阶惯性环节，传递函数如式（9-87）所示，从而得出关节伺服系统二阶状态方程如下：

$$\begin{bmatrix}\dot{x}_1\\ \dot{x}_2\end{bmatrix}=\begin{bmatrix}0 & 1\\ 0 & a_1\end{bmatrix}\begin{bmatrix}x_1\\ x_2\end{bmatrix}+\begin{bmatrix}0\\ b\end{bmatrix}u(t)+\begin{bmatrix}0\\ 1\end{bmatrix}\Delta \tag{9-92}$$

式中，$a_1=-K_vK_tK_\omega/(Ji)$；$b=-K_tK_v/(Ji)$ 为控制通道增益；Δ 为未建模动态和系统建模误差；x_1 为关节伺服系统的角位移输出；x_2 为关节伺服系统的角速度输出。

9.8.4　变增益自抗扰位置控制器的设计

针对关节伺服系统的位置控制器设计了一种基于惯量估计的变增益自抗扰控制器，其原理上是一种基于线性扩张状态观测器的自适应鲁棒滑模控制（Adaptive Robust Sliding Mode Control Based on Linear Extended State Observer，ARSC+LESO），包括跟踪微分器（Tracking Differentiator，TD）、自适应鲁棒滑模控制（Adaptive Robust Sliding Mode Control，ARSC）、线性扩张状态观测器（LESO），整个位置的控制结构原理如图 9-47 所示。

9.8.4.1　跟踪微分器（Tracking Differentiator，TD）

工业机器人关节伺服系统有一定的惯性，位置输出又是动态输出。跳变的位置信号会产生较大的初始误差，使得位置控制量 u 突然增大，从而产生初始冲击，产生较大的超调量，这是不希望的，所以要规划安排好 TD 作为过渡过程，以降低初始误差过大造成不必要的电气与机械冲击。同时还要给出微分信号，适当加快位置过渡过程，还应起到一定的滤波效果，避免了在“稳态”时，产生高频振颤。

离散形式的跟踪微分器如下：

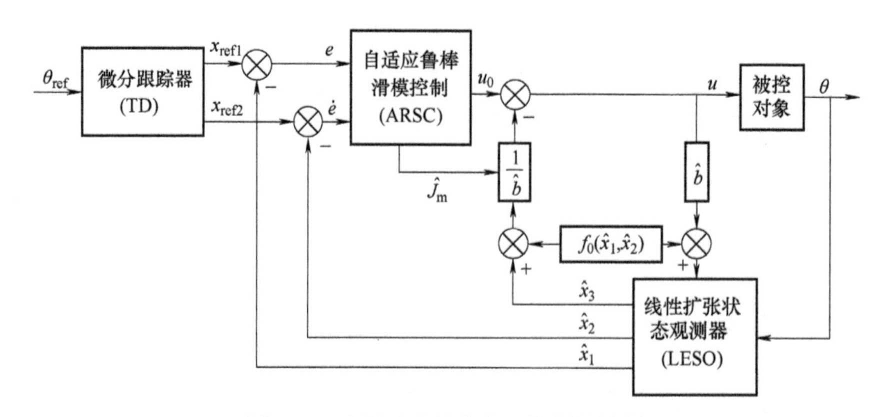

图 9-47　变增益自抗扰位置控制器结构

$$
\begin{cases}
x_{ref1}(k+1)=x_{ref1}(k)+hx_{ref2}(k)\\
x_{ref2}(k+1)=x_{ref2}(k)+hfst(\cdot)
\end{cases}
\tag{9-93}
$$

式中，h 为采样周期；x_{ref1}，x_{ref2} 为跟踪微分器输出信号，分别趋近于位置参考信号 θ_{ref} 和其微分信号 $\dot{\theta}_{ref}$；$fst(\cdot)$ 为最速控制综合函数如下：

$$
fst(\cdot)=fst(x_{ref1}(k)-\theta_{ref}(k),x_{ref2}(k),\delta,h)=
\begin{cases}
-\delta\dfrac{a}{d}, & |a|\leqslant d\\
-\delta \mathrm{sgn}(a), & |a|>d
\end{cases}
\tag{9-94}
$$

使 $r_1=x_{ref1}(k)-\theta_{ref}(k)$，$r_2=x_{ref2}(k)$，则

$$
a=\begin{cases}
r_2+\dfrac{(a_0-d)}{2}\mathrm{sgn}(z), & |z|>d_0\\
r_2+\dfrac{z}{h}, & |z|\leqslant d_0
\end{cases}
\tag{9-95}
$$

式中，$a_0=\sqrt{d_2+8\delta|z|}$，$d=h\delta$，$z=r_1+hr_2$，$d_0=hd$；$\theta_{ref}(k)$ 为第 k 时刻的目标位置参考信号；δ 为决定跟踪速度快慢的参数。

9.8.4.2　线性扩张状态观测器（Linear Extended State Observer，LESO）

由系统二阶状态方程式（9-92）得到扩张状态空间形式为

$$
\begin{cases}
\dot{x}_1=x_2\\
\dot{x}_2=x_3+bu+a_1x_2\\
\dot{x}_3=g(x,T_L)\\
x_1=\theta
\end{cases}
\tag{9-96}
$$

式中，$g(x,T_L)$ 为伺服系统总扰动 Δ 的微分，且 Δ 有界，表示为 $|\Delta|\leqslant D$；x_3 为系统的扩张状态。

设计系统 LESO 方程为

$$
\begin{cases}
\dot{\hat{x}}_1=\hat{x}_2+3\omega_o(x_1-\hat{x}_1)\\
\dot{\hat{x}}_2=\hat{x}_3+3\omega_o^2(x_1-\hat{x}_1)+a_1\hat{x}_2+\hat{b}u\\
\dot{\hat{x}}_3=3\omega_o(x_1-\hat{x}_1)\\
x_1-\hat{x}_1=y-\hat{x}_1
\end{cases}
\tag{9-97}
$$

式中，$\hat{x}_1$ 为位置输出的估计值；$\hat{x}_2$ 为速度输出的估计值；$\hat{x}_3$ 为总扰动的估计值；$\hat{b}$ 是 b 的估计值，主要是随系统转动惯量而变化；ω_o 为 LESO 带宽，式中取带宽为实际控制带宽 ω_c 的 3~5 倍，由此进行扰动估计。

9.8.4.3　变增益自抗扰控制

定义滑模函数为

$$s=\dot{e}+ce=(x_2-\dot{x}_{\text{ref1}})+ce \tag{9-98}$$

式中，$e=x_1-x_{\text{ref1}}$ 为系统位置的跟踪误差；$c>0$ 为滑模面待设计参数。

由于系统转动惯量 J 的不确定性，根据系统状态方程设计不确定性参数 J_{m} 为

$$J_{\text{m}}=kJ=\frac{1}{b} \tag{9-99}$$

式中，$k=i/K_{\text{i}}K_{\text{v}}$。根据系统状态方程可得

$$J_{\text{m}}\dot{s}=J_{\text{m}}(\dot{x}_2-\ddot{x}_{\text{ref1}}+c\dot{e})=u+J_{\text{m}}(a_1x_2+\Delta-\ddot{x}_{\text{ref1}}+c\dot{e}) \tag{9-100}$$

根据系统鲁棒稳定性要求定义 Lyapunov 函数

$$V=\frac{1}{2}J_{\text{m}}s^2+\frac{1}{2\gamma}\tilde{J}_{\text{m}}^2 \tag{9-101}$$

式中，$\tilde{J}_{\text{m}}=\hat{J}_{\text{m}}-J_{\text{m}}$；$\hat{J}_{\text{m}}$ 为 J_{m} 的估计；$\gamma>0$。

$$\dot{V}=J_{\text{m}}s\dot{s}+\frac{1}{\gamma}\tilde{J}_{\text{m}}\dot{\hat{J}}_{\text{m}}=s[u-J_{\text{m}}(\ddot{x}_{\text{ref1}}-c\dot{e})+J_{\text{m}}\Delta+J_{\text{m}}a_1x_2]+\frac{1}{\gamma}\tilde{J}_{\text{m}}\dot{\hat{J}}_{\text{m}} \tag{9-102}$$

设计鲁棒控制律为

$$u_0=\hat{J}_{\text{m}}(\ddot{x}_{\text{ref1}}-c\dot{e})-ks-\eta\text{sgn}(s) \tag{9-103}$$

式中，k，η 为控制器参数，则总的位置环控制律 u 为

$$u=u_0-\frac{\hat{x}_3+a_1x_2}{\hat{b}}=\hat{J}_{\text{m}}(\ddot{x}_{\text{ref1}}-c\dot{e})-ks-\eta\ \text{sgn}\ (s)-\frac{\hat{x}_3+a_1x_2}{\hat{b}} \tag{9-104}$$

将式（9-104）代入式（9-102）可得

$$\begin{aligned}\dot{V}&=s\left[\hat{J}_{\text{m}}(\ddot{x}_{\text{ref1}}-c\dot{e})-ks-\eta\text{sgn}(s)-\frac{\hat{x}_3+a_1x_2}{\hat{b}}+J_{\text{m}}a_1x_2+J_{\text{m}}\Delta-J_{\text{m}}(\ddot{x}_{\text{ref1}}-c\dot{e})\right]+\frac{1}{\gamma}\tilde{J}_{\text{m}}\dot{\hat{J}}_{\text{m}}\\&=s[-\eta\text{sgn}(s)-ks+\tilde{J}_{\text{m}}(\ddot{x}_{\text{ref1}}-c\dot{e})-\hat{J}_{\text{m}}(\hat{x}_3+a_1x_2)+J_{\text{m}}(\Delta+a_1x_2)]+\frac{1}{\gamma}\tilde{J}_{\text{m}}\dot{\hat{J}}_{\text{m}}\\&=-ks^2-\eta|s|+s[J_{\text{m}}(\Delta+a_1x_2)-\hat{J}_{\text{m}}(\hat{x}_3+a_1x_2)]+\tilde{J}_{\text{m}}[s(\ddot{x}_{\text{ref1}}-c\dot{e})+\frac{1}{\gamma}\dot{\hat{J}}_{\text{m}}]\end{aligned} \tag{9-105}$$

取自适应律为

$$\dot{\hat{J}}_{\text{m}}=-\gamma s(\ddot{x}_{\text{ref1}}-c\dot{e}) \tag{9-106}$$

为了防止估计误差过大，而导致控制量计算偏差，通过自适应函数的设计，使 $\hat{J}_{\text{m}}$ 保持在 $[J_{\text{m min}},J_{\text{m max}}]$ 范围内。

$$\begin{gathered}\dot{\hat{J}}_{\text{m}}=\text{Proj}_{\hat{J}}[-\gamma s(\ddot{x}_{\text{ref1}}-c\dot{e})]\\\text{Proj}_{\hat{J}}(\cdot)=\begin{cases}0 & \hat{J}_{\text{m}}\geqslant J_{\text{m max}}\text{且}\cdot>0\\0 & \hat{J}_{\text{m}}\leqslant J_{\text{m min}}\text{且}\cdot<0\\\cdot & \text{其他}\end{cases}\end{gathered} \tag{9-107}$$

当 $\hat{J}_{\mathrm{m}}$ 超过最大值，且其仍有增大的趋势时，使其一阶导数为 0，其值保持最大状态；当 $\hat{J}_{\mathrm{m}}$ 小于最小值，且有继续减小的趋势时，使其一阶导数为 0。

已知 $|\Delta|\leqslant D$，$\hat{J}_{\mathrm{m}}$ 在 $[J_{\mathrm{m\,min}},J_{\mathrm{m\,max}}]$ 范围内，得出 $\hat{J}_{\mathrm{m}}$ 有界。参考文献［16］中已经证明 LESO 的渐近稳定性，可知 $\hat{x}_3$ 收敛，由此可以推出

$$
\begin{aligned}
&J_{\mathrm{m}}(\Delta+a_1x_2)-\hat{J}_{\mathrm{m}}(\hat{x}_3+a_1x_2)=J_{\mathrm{m}}(\Delta-\hat{x}_3)-\tilde{J}_{\mathrm{m}}a_1x_2-\tilde{J}_{\mathrm{m}}\hat{x}_3\\
&\Rightarrow|-\tilde{J}_{\mathrm{m}}a_1x_2+J_{\mathrm{m}}(\Delta-\hat{x}_3)-\tilde{J}_{\mathrm{m}}\hat{x}_3|\leqslant\zeta
\end{aligned}
\tag{9-108}
$$

使 $k>0$，$\eta\geqslant\zeta$ 则

$$
\begin{aligned}
\dot{V}&=-ks^2-\eta|s|+[J_{\mathrm{m}}(\Delta+a_1x_2)-\hat{J}_{\mathrm{m}}(\hat{x}_3+a_1x_2)]s\leqslant-ks^2-\eta|s|+\zeta s\\
&\leqslant-ks^2\leqslant0
\end{aligned}
\tag{9-109}
$$

当且仅当 $s=0$ 时，$V=\tilde{J}_{\mathrm{m}}^2/2\gamma>0$，其他情况下 $J_{\mathrm{m}}>0$，由式（9-101）和式（9-109）可知，$\dot{V}<0$，$V>0$ 恒成立，由此得出关节伺服系统渐近稳定。

复习题及思考题

（1）PID 控制有哪些优点？

（2）P、I、D 分别表示何种控制规律？写出各自的传递函数。

（3）应该如何选择具体的 PID 控制规律？

（4）抖振产生的本质原因有什么？

（5）什么是鲁棒性，鲁棒性可分为哪两种？

第 10 章　jerk 的理论和实际意义

10.1　什么是 jerk

传统的牛顿力学中，有位移、速度和加速度等运动学和动力学概念，这是大家都非常熟悉的物理量，并且广泛地应用在力学的运动学和动力学中。但在实际中，人们普遍认为，位移的变化即为速度，速度的变化即为加速度，那么按此推演下去，加速度的变化又是什么呢？由于在经典力学中，并未给出这一问题的答案，也未深究下去，在无形之中，人们就认为没有什么客观需要研讨下去。所以长期以来，人们只讨论到加速度为止，而不去研究加速度的变化率，这实际上默认为加速度就是常数了。可是在现实中，却存在着加速度是变化的事实，不但找到它存在的事实，而且认识到如何利用它的可用性和如何克服它的破坏性。所以提出了加速度变化率的概念。

加速度随时间的变化率就定义为加加速度，它由下式表示

$$j=\frac{\mathrm{d}a}{\mathrm{d}t}=\frac{\mathrm{d}^2v}{\mathrm{d}t^2}=\frac{\mathrm{d}^3s}{\mathrm{d}t^3} \tag{10-1}$$

式中，a、v、s、t 分别为加速度、速度、位移和时间。

加加速度又称为急动度，是描述加速度变化快慢的一个物理量，加加速度是由加速度的变化量和时间决定的。急动度是一个矢量，它有数量的大小和方向。急动度的符号表示尚没有一般的共识，但大多数情况下使用 j，它是 jerk 缩写的字头。在国际单位制中，急动度的单位是米每三次方秒（$\mathrm{m\cdot s^{-3}}$ 或 $\mathrm{m/s^3}$）。

10.2　为什么引入讨论 jerk 的学习

高档数控机床是国家的一种战略物资，是一个国家综合科技和国力的全面体现。数控系统计算机数字控制（Computer Numberical Control，CNC）技术经过几代更新换代，现在已进入通用化个人计算机（Personal Computer，PC）时代，与之相匹配的伺服进给驱动系统也进入了交流永磁伺服电动机的交流化时代，对伺服控制提出了更高的要求。

当前的 PC 数控系统因为它与计算机技术同步发展，而具有超强的数据运算与存储能力，远非几十年前传统的数字控制（Numerical Control，NC）系统可比，可以实现高精度与高速度并存的复杂机械零部件加工，在许多情况下就可能会碰到加工件轮廓发生突变的情况，造成要求机床切削刀具运动轨迹突转弯，这样需要将进给速度从高速一下降到较低值，才能平安转过弯来。因此，需要提前发现运动轨迹突变转弯，以便提前减速，为实现这一需求，就要求 CNC 系统具有前瞻控制能力。如果在加工过程中遇到如图 10-1 所示那种轨迹突然变化，就需要采用前瞻控制技术。

如图10-1所示，刀具运动轨迹在P_i点附近出现急转弯时，为此保证在PC数控系统中有前瞻控制模块，根据预处理模块输出的数据，按照减速特征识别方法，及时发现刀具运动路径的突变，并根据进给速度变化情况确定是否需对其进行处理。a_{max}和j_{max}约束模块，模块的功能是根据加工要求和机床特性生成a_{max}和j_{max}的约束值，再由运动参数优化模块对数据缓冲区的数据区的队列先进先出（First In First Out，FIFO）中对微线段进给速度实行修正。整体上实现对速度、加速度、加加速度的优化修正，限制了a_{max}和j_{max}的超限值，满足约束要求。微线段极短，数量很大。这就要求数据缓冲存储容量大，只有在PC中才具备这样的条件。这是PC数控CNC对控制伺服系统的一个独具的优势。而作为一个独立工作的交流伺服系统驱动装置本身就没有这么大的存储空间，所以，用在其他条件下，为了也具有这种前瞻控制能力，就必须另辟蹊径。所以说明，引入jerk是很需要的，是客观需要才出现的。

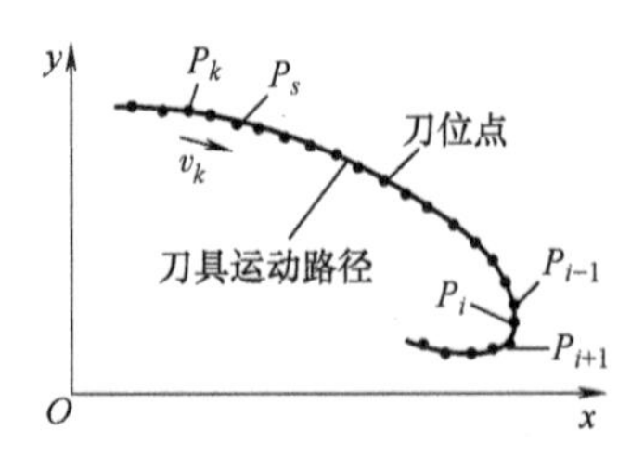

图10-1　轨迹前瞻控制示意图

10.3　传统的三环伺服系统是否能增扩为四环控制

第四环当然是在三环之内，增加对加速度变化率的控制环。要增加第四内环，就必须有相应的检测反馈装置才能构成完全的闭环控制。由第5章的第3节和第5节加速度传感器讲述中可知，目前加速度传感器用得较多的是压阻式加速度传感器，而压电式应用较少，也很少见其他类型的实用加速度传感器，而且仅能用于直线运动的场合。旋转运动不能采用上述传感器，因为在旋转运动中，物体的加速度有大小的变化，而且方向也时刻在变化。因此，在旋转运动中，往往采用速度传感器，经过微分后取得加速度信号。在取得加速度信号后，对其再次微分，就可以得到加加速度信号（即jerk）。不过经过二次连续微分处理，信号中所携带的噪声混在其中，就很难获得jerk的真实信号了。

伺服系统的电力拖动平衡方程式为

$$J\frac{\mathrm{d}\omega}{\mathrm{d}t}=M_{em}-M_{fz}=K_M(i_q-i_{fz}) \tag{10-2}$$

在伺服系统负载基本上是恒转矩负载的情况下，对式（10-2）进行微分，就可以得到

$$j=J\frac{\mathrm{d}^2\omega}{\mathrm{d}t^2}=K_M\frac{\mathrm{d}i_q}{\mathrm{d}t}+\frac{\mathrm{d}M_{fz}}{\mathrm{d}t}=j=K_M\frac{\mathrm{d}i_q}{\mathrm{d}t} \tag{10-3}$$

式中，$\frac{\mathrm{d}\omega}{\mathrm{d}t}$为加速度，而$\frac{\mathrm{d}^2\omega}{\mathrm{d}t^2}$就是加加速度，即为$j$。

就式（10-3）来看，由于恒转矩负载性质，所以其变化$\mathrm{d}M_{fz}/\mathrm{d}t\approx 0$，在永磁交流伺服电动机的情况下，如若$i_d=0$控制，则会有$j=K_M(\mathrm{d}i_q/\mathrm{d}t)(\because M_{em}=K_Mi_q)$。

这就是说，交流伺服电动机加速度相当于电动机的交轴电i_q，而加加速度j，即相当交轴电流的微分$\mathrm{d}i_q/\mathrm{d}t$，即有

$$jerk=\frac{\mathrm{d}i_q}{\mathrm{d}t} \tag{10-4}$$

结论是加加速度就相当于电流i_q对时间的变化率，这就是说，能真正及时检测出$\mathrm{d}i_q/\mathrm{d}t$，

并能控制它（电流 i_q 的变化率）就是一个非常关键的问题。

这一设想把检测加加速度的困难，由机械传感器检测机械量的困难，就转换到对电流的电量检测了。

这就归为如何快速地检测出电流及其变化率。在第 5.6 节中所介绍电流传感器如图 5-26 所示。它是属于直接检测式霍尔电流传感器，它的绝缘性能好（主电路与检测电流的强弱电路分开）、耐压等级高，测量电流范围广，对任意波形的电流，如直流、交流、脉冲、三角波等形式的电流，甚至对瞬态峰值电流也能真实地得到反映，而传感器的成本又低、性能较稳定、线性度好、响应快。在要求高时，可选用灵敏度高的霍尔元件，即 K_H 越高越好。

$$U_H = K_H I_C B \tag{10-5}$$

这样就可由式（10-5）看出，在霍尔元件中通以恒定的控制电流 I_C 时，就可以得到霍尔器件的输出霍尔电压 U_H 就与 B 成正比（B 为磁感应强度），而 B 与被测主电路中的被测电流 I_1 成正比。所以就有 U_H 与 I_1 成正比的结论，U_H 的高低与变化就代表了被测电流 I_1 的大小与变化。为研究方便，现将电流传感器的电路图再次引用，如图 10-2 所示。为了提前尽快检出电流变化率（即 di_q/dt），将从图中的 A_1 运算放大器的输入端引出电流变化率信号，并入滤除噪声的高频小电容。而在运算放大器 A_2 的输出端引出经过二级放大处理的电流信号，或经过变换输出端引出 i_q 的反馈信号。这需要进一步研究它的适时性，才能在构成四环系统最内环中起到应有的作用。

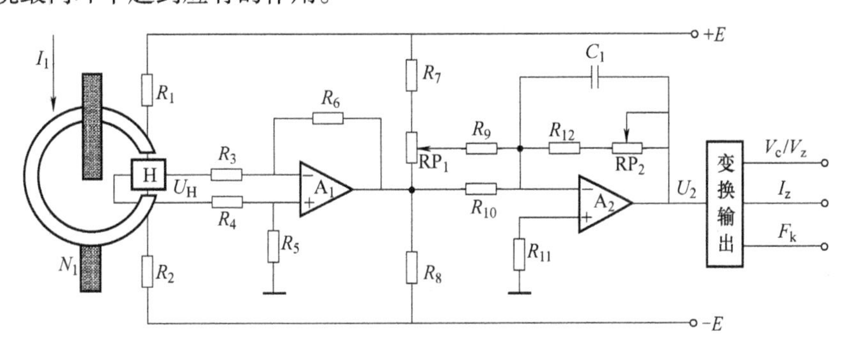

图 10-2　直接检测式霍尔电流传感器原理图

10.4　jerk 控制在数控机床中的应用

在高速高精度数控机床进行工件加工时，编程给出的刀位点往往很密集，连接刀位点的微线段长度极短，以保证加工精度；另一方面，为实现高速加工，必须大幅度提高进给速度，当碰到加工轨迹急转弯时，将会产生巨大的加（减）速度变化，这不仅会造成轮廓误差的增大，同时也会给结构产生非常大的机械冲击，使其难以承受。这时在高速高精加工中必须增设 jerk 控制环节，实现所谓的前瞻控制。一个具体应用实例是美国 Anorad 公司的超高精度龙门数控机床的数控系统中，高性能数字化伺服控制器 PCI-2000 中，在采用了速度前馈、加速度前馈、凹形切口低通滤波器等先进的 PID 补偿技术后，在加速度的变化过程中，采用了 jerk 控制的新方法。在确保了轨迹精度达到亚微米级的同时，有效地实现了机械冲击的最小化。jerk 信号对旋转电动机来说，暂时尚无好方法检出。只可在检出电流或加速度信号后，求取其变化率，将其近似视为 jerk 信号参与系统闭环反馈控制。jerk 的幅值太小，以及对其连续变化能实行平滑的任意调节，的确是当前高速高精度数控机床最重要的伺服技术了。

通过分析旋转电动机的转矩动态平衡方程式，可知在 PMSM 中，加速度就相当于交轴电流 i_q，如果能平滑地控制交轴电流的变化率，也就相当于控制加加速度 jerk 了。这可能是解决 PMSM 电动机的电流及其变化率一个较为可行的办法了。应该指出，Anorad 公司的应用，我们只见过它的报道，而未曾给出具体的实施方案。文中提出的看法仅供学习参考。

10.5 jerk 在非切削加工领域中的应用

在工程学中，经常提到急动度这一概念，特别是在交通运输、高层建筑、材料应用等领域中。交通工具在加速时，将使乘客产生不舒适感，这种不舒适感不仅源自加速度，也与急动度有关。在这种情况下，加速度反映人体器官在加速运动时，感受到的力；急动度则反映了这个作用的变化快慢。所以在发射载人飞船时，加速度本身的大小以及它的变化（急动度）的大小也必须经受到一定的限制，控制在人体所能承受的范围内。

在电梯升降，汽车、火车等载人工具加速度转弯的过程中，加速度和急动度对人体的效应一般会同时存在，因而在交通工具设计上，急动度就是必须要考虑的因素。对于材料的应用，急动度相当于一种“柔性碰撞”，会使材料产生疲劳，因此在机械设计和高层建筑的抗风、抗震设计中也需要考虑急动度限制问题。

此外，在物理学和非线性动力学研究分析中，急动度也有一定的应用。我们最关注的是在机械加工中的应用。

10.6 怎么看待 jerk 问题

最近几年来，由于新技术的发展，人们对 jerk 的理论研究和应用重视起来。搞物理的学者们开始提出 jerk 有关的力学理论问题，搞工程技术人员开始在数控机床、机器人、交通工程以及各种工艺生产线中，进行了研究和应用。在军工武器部门，针对高机动目标需要跟踪的快速性和精准性要求，提出了各种新型的 jerk 模型和跟踪算法进行研究，能以迅雷不及掩耳之势精准而快速地击中机动目标。

在国内，对 jerk 还有不同的看法，特别是在物理学界有一种意见。认为二阶微分方程有几百年的历史，很好地描述了宏观物质的牛顿力学定律（运动规律），创造了辉煌的成就。同时二阶微分方程还准确地描述微观物质，包括微观粒子、波与场的运动规律，并经过了近百年的理论与实践考验所证实。用以描述这些规律的麦克斯韦方程、薛定谔方程、狄拉克方程，都是描述电磁场、量子力学的物质运动且皆属二阶微分（偏微分）方程，并没用三阶及以上阶数的微分方程。而主张引入 jerk 物理量的学者认为，它引入后，解决了许多现实的问题，对此已在前面述及。我们是关注这一问题，并持开放学习的态度，相信时间是公正的。

那么我们就用唐代的伟大诗人杜甫在《登高》的诗中两句：无边落木萧萧下，不尽长江滚滚来，来结束本章与本书吧！

复习题及思考题

（1）什么是 jerk？单位是什么？

（2）举例说明哪些领域应用 jerk。

参考文献

[1] 赵希梅. 交流永磁电机进给驱动伺服系统 [M]. 北京：清华大学出版社，2017.

[2] 郭庆鼎，王成元. 交流伺服系统 [M]. 北京：机械工业出版社，1994.

[3] 陈伯时. 电力拖动自动控制系统 [M]. 3 版. 北京：机械工业出版社，2003.

[4] 寇宝泉，程树康. 交流伺服电机及其控制技术 [M]. 北京：机械工业出版社，2008.

[5] 郭庆鼎，王成元，周美文，等. 直线交流伺服系统的精密控制技术 [M]. 北京：机械工业出版社，2000.

[6] 王丰尧. 滑模变结构控制 [M]. 北京：机械工业出版社，1995.

[7] 孙迪生，王炎. 机器人控制技术 [M]. 北京：机械工业出版社，1997.

[8] 周凯. PC 数控原理、系统及应用 [M]. 北京：机械工业出版社，2006.

[9] 胡寿松. 自动控制原理 [M]. 3 版. 北京：国防工业出版社，1994.

[10] 王成元，夏加宽，孙宜标. 现代电机控制技术 [M]. 北京：机械工业出版社，2009.

[11] 张莉松，胡祐德，徐立新. 伺服系统原理与设计 [M]. 3 版. 北京：北京理工大学出版社，2008.

[12] 韩京清. 从 PID 技术到"自抗扰控制"技术 [J]. 控制工程，2002，9 (3)：13-13.

[13] 姜伟，裘锦霄，郑颖，等. 基于惯量估计的工业机器人关节伺服系统变增益自抗扰控制 [J]. 仪器仪表学报，2020 (5)：118-128.

[14] 郭庆鼎，赵希梅. 直流无刷电机原理与技术应用 [M]. 北京：中国电力出版社，2008.

[15] UNDERWOOD S J，HUSAIN I. Online parameter estimation and adaptive control of permanent-magnet synchronous machines [J]. IEEE Transactions on Industrial Electronics，2010，57 (7)：2435-2443.

[16] 郭庆鼎，孙宜标，王丽梅. 现代永磁电动机交流伺服系统 [M]. 北京：中国电力出版社，2006.

[17] 郭庆鼎，王成元. 异步电动机的矢量变换控制原理及应用 [M]. 沈阳：辽宁民族出版社，1988.

[18] FU D，ZHAO X，ZHU J. A novel robust super-twisting nonsingular terminal sliding mode controller for permanent magnet linear synchronous motors [J]. IEEE Transactions on Power Electronics，2022，37 (3)：2936-2945.

[19] 张康，王丽梅. 基于位置偏差解耦的直驱 H 型平台滑模同步控制 [J]. 中国电机工程学报，2021，41 (21)：7486-7496.

[20] 原浩，赵希梅. 基于全局任务坐标系的直驱 XY 平台学习互补滑模轮廓控制 [J]. 电工技术学报，2020，35 (10)：2141-2148.

[21] JIN H，ZHAO X，WANG T. Modified complementary sliding mode control with disturbance compensation for permanent magnet linear synchronous motor servo system [J]. IET Electric Power Applications，2020，14 (11)：2128-2135.

[22] 金鸿雁，赵希梅，原浩. 永磁直线同步电机动态边界层全局互补滑模控制 [J]. 电工技术学报，2020，35 (9)：1945-1951.

[23] 王丽梅，孙璐，初升. 基于经验模态分解算法的永磁直线同步电机迭代学习控制 [J]. 电工技术学报，2017，32 (6)：164-171.

[24] YUAN H，ZHAO X. Advanced contouring compensation approach via Newton ILC and adaptive jerk control for biaxial motion system [J]. IEEE Transactions on Industrial Electronics，2022，69 (5)：5081-5090.

[25] ZHAO X，WANG T，JIN H. Intelligent second-order sliding mode control for permanent magnet linear synchronous motor servo systems with robust compensator [J]. IET Electric Power Applications，2020，14 (9)：1661-1671.

[26] JIN H, ZHAO X, WANG T. Adaptive backstepping complementary sliding mode control with parameter estimation and dead-zone modification for PMLSM servo system [J]. IET Power Electronics, 2021, 14 (4): 785-796.
[27] 张康，王丽梅. 基于反馈线性化的永磁直线同步电机自适应动态滑模控制 [J]. 电工技术学报, 2021, 36 (19): 4016-4024.
[28] 孙宜标，仲原，刘春芳. 基于 LMI 的直线伺服滑模位移跟踪控制 [J]. 电工技术学报, 2019, 34 (1): 33-40.
[29] 夏加宽，康乐，詹宇声，等. 表贴式三相永磁同步电机极槽径向力波补偿模型及参数辨识 [J]. 电工技术学报, 2021, 36 (8): 1596-1606.
[30] 彭兵，张囡，夏加宽，等. 永磁直线电机端部效应力的解析计算 [J]. 中国电机工程学报, 2016, 36 (2): 547-553.
[31] 姬相超，赵希梅. 永磁直线同步电动机的自适应时滞控制 [J]. 电工技术学报, 2020, 35 (6): 1231-1238.
[32] 金鸿雁，赵希梅. 基于互补滑模控制和迭代学习控制的永磁直线同步电动机速度控制 [J]. 控制理论与应用, 2020, 37 (4): 918-924.
[33] 赵希梅，王浩林，朱文彬. 基于自适应模糊控制器和非线性扰动观测器的永磁直线同步电机反馈线性化控制 [J]. 控制理论与应用, 2021, 38 (5): 595-602.
[34] ZHANG K, WANG L, FANG X. High-order fast nonsingular terminal sliding mode control of permanent magnet linear motor based on double disturbance observer [J]. IEEE Transactions on Industry Applications, 2022, 58 (3): 3696-3705.
[35] 严乐阳，叶佩青，张辉，等. 基于多周期迭代滑模控制的直线电机干扰抑制 [J]. 电机与控制学报, 2017, 21 (1): 8-13.
[36] 李争，肖宇，孙鹤旭，等. 基于速度前瞻的双轴直线电机交叉耦合控制策略 [J]. 电工技术学报, 2021, 36 (5): 973-983.
[37] 金鸿雁，赵希梅，王天鹤. 基于扰动观测器的永磁直线同步电动机自适应反推互补滑模控制 [J]. 中国电机工程学报, 2022, 42 (6): 2356-2364.
[38] 赵希梅，吴勇慷. 基于多阶段速度规划的 PMLSM 自适应反推滑模控制 [J]. 电工技术学报, 2018, 33 (3): 662-669.
[39] 王丽梅，孙璐. 基于经验模态分解算法的直驱 XY 平台交叉耦合迭代学习控制 [J]. 中国电机工程学报, 2016, 36 (17): 4745-4752.
[40] 黄旭珍，张成明，梁进，等. 考虑定位力及摩擦力的永磁同步直线电机系统预定位估计算法 [J]. 中国电机工程学报, 2021, 41 (4): 1496-1504.